要塞化する琉球弧

——怖るべきミサイル戦争の実験場！

はじめに

２０１９年3月26日、琉球弧において、自衛隊の宮古島駐屯地、奄美駐屯地、奄美・瀬戸内分屯地が開設・開隊した。２０１６年3月与那国駐屯地の開設に続く、南西シフト態勢下の４つ目の基地開設である。そして、今年3月1日、石垣島では、ミサイル基地建設のための造成工事が始まり、住民たちの激しい抗議をよそに、今、連日工事が続いている。

だが、開隊したとはいえ、宮古島を始め、いずれの基地も様々な矛盾を露呈しつつある。宮古島・与那国島では、住民にとってもっとも危険な弾薬庫を「保管庫」「貯蔵庫」として偽り、住民や自治体さえも騙して造ってきた。

奄美大島では、奄美大熊地区、瀬戸内町節子地区の２つの基地の敷地面積を、住民はもとより、自治体にまで隠して造っていた。地元の建設業界に対し、それぞれ30、28ヘクタールとして公表していた基地の大きさは、当初の2倍の規模であることが判明した。また、この瀬戸内町節子地区に造られている弾薬庫は、約31ヘクタールという規模の、とてつもない巨大なミサイル弾薬庫であることが判明した。

住民どころか、地元自治体にも押し隠し、配備部隊の規模や任務さえ偽り強行しようとしているのが、この自衛隊の先島―南西諸島配備なのだ。

自衛隊は、創設時から「戦車」を「特車」、「歩兵」を「普通科」などと言い換え、あるいは「軍隊」を「警察予備隊→保安隊→自衛隊」と言い換え、国民を欺いてきたが、いままた同じことを南西諸島でも繰り返している。ここでは、防衛省は当初から、「災害派遣等の警備部隊等を配備する」と住民へ説明してきた。しかし、配備の主力は、ミサイル部隊であった。

重大な問題は、この主力配備のミサイル部隊配備についても、今なおその全体像を隠し続けていることだ。この詳細は本文で述べるが、結論から言えば、自衛隊（および米軍）は、これら南西諸島を「ミサイル戦争の実験場」にしようとしているということだ。

すでに、明らかになっている、車載型の地対艦・地対空ミサイル部隊の作戦運用は、島々の全てを戦場化する怖るべき戦闘態勢である。だが、この対艦・対空ミサイル部隊に加え、新防衛大綱では、「島嶼防衛用高速滑空弾部隊・2個高速滑空弾大隊」の配備が、南西諸島に決定された。さらに、極高速滑空弾の開発、スタンド・オフ・ミサイルの配備、島嶼間巡航ミサイルの開発も決定されている。そして、間違いなく「中国軍の弾道ミサイル対処」として、PAC3なども また配備されるだろう。

つまり、政府・自衛隊は、「南西諸島は日本防衛の最前線」（岩屋毅防衛大臣）とし、「ミサイル戦争の実験場」として位置付けたということだ。INF全廃条約の破棄による、米中、特に米日中の、中距離ミサイル軍拡競争もまた、この南西シフト態勢で加速度的に広がっていく。進行している事態は、日米の南西シフト態勢を媒介とする、対中国軍拡競争の本格的始まりである。これをメディアでは「新冷戦」としているが、現実は東シナ海・南シナ海での「Warm War」（暖かい戦争）として火を噴くであろう。

だが、重大な問題は、自衛隊の琉球弧への急激な配備が進み、これを水路として対中国の軍拡競争が激化しているにも拘わらず、この軍拡─戦争の危機を止めようとする勢力が、ほとんどいないということだ。国会では、自衛隊の琉球弧配備への論議がほとんどない。既存の反戦平和勢力は、ほんの一部を除きこの状況に沈黙。メディアはまた、これをいいことに報道規制を敷く（奄美の自衛隊配備については、全てのメディアが完全沈黙）。

この現実の中でも、琉球弧の人々の、基地を拒む意思はくじかれてはいない。石垣島では、基地建設を何年もの間、跳ね返してきている。宮古島では、未だにミサイル部隊配備を阻止している（保良弾薬庫の建設阻止）。

政府・自衛隊が目論んでいるのは、島々の住民の抵抗の意思を打ち砕き、既成事実をつくり上げることだ。だから、未だ工事中であるにも拘わらず、基地の開設を宣言したのだ（奄美・瀬戸内弾薬庫の完成は２０２４年、本文参照）。

先島─奄美─種子島を含む琉球弧でのたたかいは、これからである。これら島々に連帯し、琉球弧の要塞化に抗する声を全国─アジア・世界に広げよう。本書がこのための一助となれば、と切に願う。

小西　誠

目次

注1　陸海空の自衛隊は、それぞれ陸自、海自、空自と略す。

注2　先島―南西諸島の写真は、筆者撮影の他、現地の方々特に、「沖縄ドローンプロジェクト」の協力を得て掲載。また、自衛隊の装備品などは、防衛省関連サイトからの引用。

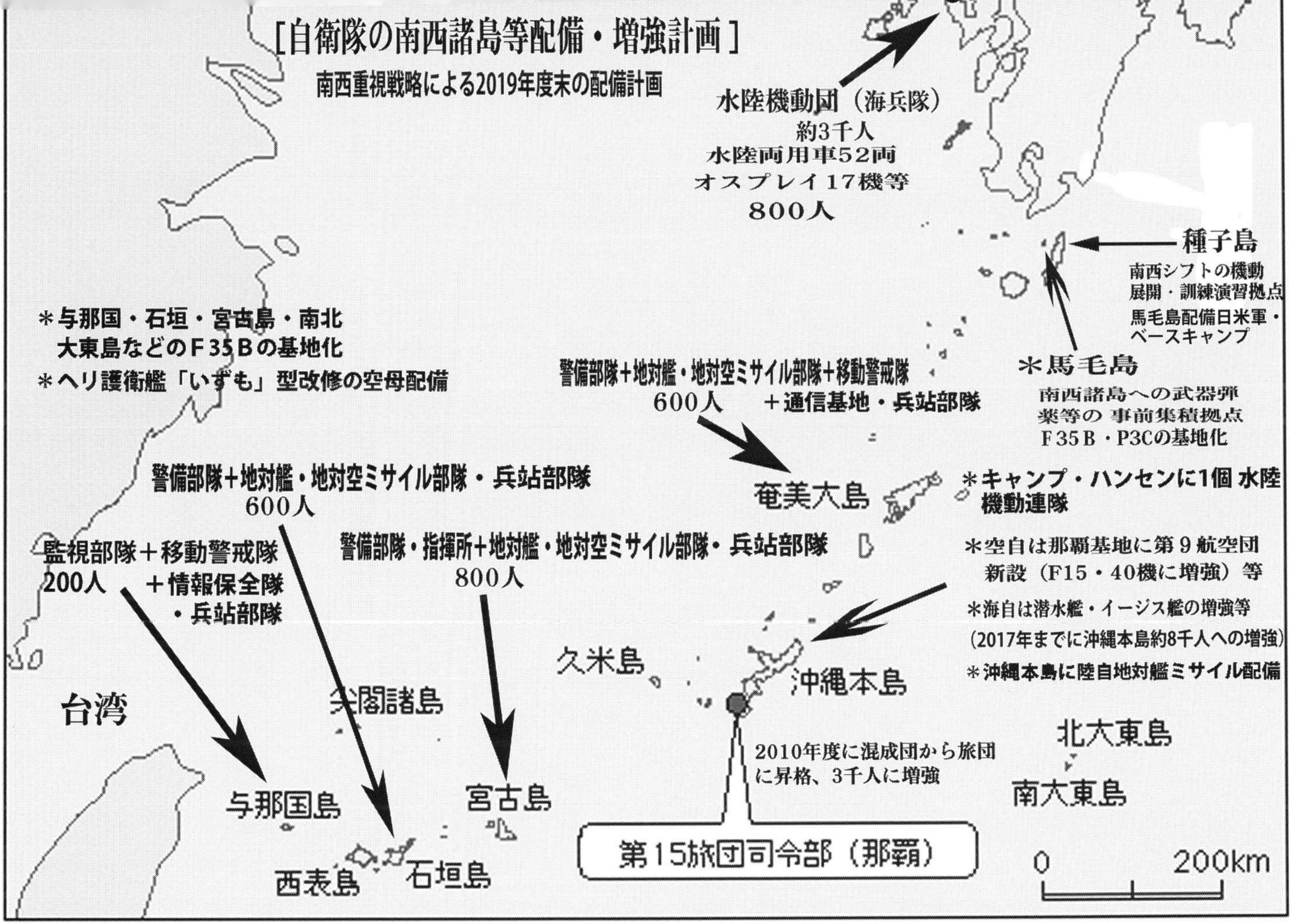
[自衛隊の南西諸島等配備・増強計画]
南西重視戦略による2019年度末の配備計画
水陸機動団（海兵隊）
約3千人
水陸両用車52両
オスプレイ17機等
800人
種子島
南西シフトの機動展開・訓練演習拠点
馬毛島配備日米軍・ベースキャンプ
＊与那国・石垣・宮古島・南北大東島などのF35Bの基地化
＊ヘリ護衛艦「いずも」型改修の空母配備
警備部隊＋地対艦・地対空ミサイル部隊＋移動警戒隊
600人
＋通信基地・兵站部隊
＊馬毛島
南西諸島への武器弾薬等の 事前集積拠点
F35B・P3Cの基地化
警備部隊＋地対艦・地対空ミサイル部隊・兵站部隊
600人
奄美大島
＊キャンプ・ハンセンに1個 水陸機動連隊
監視部隊＋移動警戒隊
200人
＋情報保全隊
・兵站部隊
警備部隊・指揮所＋地対艦・地対空ミサイル部隊・兵站部隊
800人
＊空自は那覇基地に第９航空団新設（F15・40機に増強）等
＊海自は潜水艦・イージス艦の増強等
(2017年までに沖縄本島約8千人への増強)
＊沖縄本島に陸自地対艦ミサイル配備
久米島
沖縄本島
台湾
尖閣諸島
北大東島
2010年度に混成団から旅団に昇格、3千人に増強
南大東島
与那国島
宮古島
第15旅団司令部（那覇）
0
200km
西表島
石垣島

第1章　着工された石垣島自衛隊基地
——抵抗の砦・石垣島を守れ！

環境アセス逃れの強行着工

２０１９年３月１日、石垣島・平得大俣地区の自衛隊基地予定地の一部で、造成工事が始まった。着工されたのは、基地予定地約46ヘクタールの北東部、ジュマール・ゴルフ場内の約０・５ヘクタールだ（下・左写真）。

　この強制着工は、沖縄県の環境影響評価（アセスメント）条例の適用を逃れるための姑息な手段であった。年度内着工であれば、20ヘクタール以上の新環境アセスを規定した条例適用を避けられるというのだ。

　造成予定地は、カルト団体「幸福の科学」会員であり、自民党市議の所有するゴルフ場である。この用地が、な

ぜ選ばれたのか――ここには大きな疑惑がある（後述）。

石垣島の農業の一大生産地・平得大俣

造成工事が始まったのは、ジュマール・ゴルフ場13ヘクタールの一部（16頁）で、全体の基地予定地は、石垣市市有地・県有地（八重山農林高校演習地）、民有地（農家）など46ヘクタールだ。また、基地予定地は、農家・集落の一部を含んでいるが、開南集落のギリギリ迫るところまで施設が設計されている。

石垣島の最高峰・於茂登岳だけの麓、自然と動植物が豊かなこの地に、今、巨大軍事基地の建設という歴史的な暴挙が始まりつつある。

着工はまだ全体の一部だ！

だが、写真を見てほしい。造成工事は、ジュマール・ゴルフ場のほんの一部にすぎない。着工から4カ月がたっているにも拘わらず、予定地の一部を掘り起こしているだけだ。

もちろん、この経過には、特別天然記念物で絶滅危惧種のカンムリワシの生息地を破壊するのを許さない、石垣島農民の水の供給地の破壊を許さない、という住民らの粘り強いたたかいがある。

つまり、工事は、「環境アセス逃れのための着工」に過ぎないのだ（頁下・左は於茂登前岳から見た工事現場）。

ふたたび土地を盗られる！

２０１９年６月下旬、筆者は、この自衛隊基地予定地である平得大俣地区を三度、視察・調査してきた。工事の進捗状況や問題点を探るためだ。

道案内をして下さったのは、「石垣島に軍事基地をつくらせない市民連絡会」の共同代表を務める嶺井善さん。嶺井さんは、サトウキビ農家で、於茂登公民館の前館長でもある。

２０１６年1月、沖縄防衛局が、この集落に基地建設説明会を開こうとしたとき、集落の全会一致で反対決議をとりまとめたのが嶺井さんだ。

「沖縄本島でも土地を基地に盗られたのに、またここでも土地を基地に盗られるのか。なぜ同じ思いをしなくちゃならないのか」と嶺井さん。

嶺井さんが語るように、於茂登集落を始めとする平得大俣は、沖縄本島からの入植者で開拓された土地だ。『ドキュメント八重山開拓移民』（金城朝夫著・あ～まん企画）は、於茂登部落の成り立ちを以下のように記している。

「移民団の構成は、軍用地に土地を接収された北谷村の3区の通称ウフモーと呼ばれていた地域の人々を中心とする11戸と、玉城村と志堅原地区の7戸、地元から与那国2戸の計20戸」

「1957年、最後の琉球政府計画移民として於茂登に入植した20戸のうち11戸は、米軍用地として土地を接収された家族だった」

嶺井さんの案内で、基地建設予定地をはじめ、マン

グローブが茂る宮良川と取水地などを見て回った。嶺井さんが、特に見てほしいと案内して下さった、宮良川の川岸の斜面・清流の流れる場所は「聖地」のようだった。
その上の小さな水溜まりには、なんと巨大ウナギが生息していた！ 嶺井さんによると、1メートル50センチを超えるウナギも捕ったことがあるという。
平得大俣地区は、島の中心部にあり、水に恵まれ、市街地にも近い最高の場所だ。サトウキビ、マンゴー、パイナップルなどの生産が盛んで、石垣島だけでなく沖縄県全体の一大農業生産地でもある。

平得大俣に建設予定のミサイル軍事基地

平得大俣地区は、於茂登岳の麓に広がる於茂登、開南、川原、嵩田の4つの集落からなる地域で、それぞれが自治公民館を構成する。

4つの集落は、基地建設にも多数で反対決議をあげているだけでなく、沖縄防衛局の基地建設に関する説明会の強行にも反対し、たたかっている。

この豊かな農地・農村に、今巨大なミサイル基地が造られようとしている。

2019 年 3 月からジュマール・ゴルフ場で始まった駐屯地造成工事（上・下・前頁）。
工事はまだ一部だけだが、用地内から琉球花崗閃緑岩がゴロゴロでてくる

石垣島に配備が予定されている陸自部隊は、警備部隊（普通科部隊）、地対艦ミサイル部隊（12式地対艦ミサイル・SSM）、地対空ミサイル部隊（03式中距離地対空ミサイル・中SAM）の約600人である。

ここには、宮古島、与那国島、奄美大島に配備された情報保全隊や警務隊も必然的に配備される（後述）。

これらの部隊を配備する基地には、隊庁舎、車両整備場などの多数の駐屯地施設をはじめ、射撃場・弾薬庫4棟や広大な軍事訓練場、グラウンド（ヘリパッド兼用）も含まれている。

問題は、配備される予定の主力部隊、地対艦・地対空ミサイル部隊だ。これらの部隊は、いずれも車載式・移動型のミサイル搭載部隊だ。

この対艦・対空ミサイル部隊の任務は、中国軍を宮古海峡などの琉球弧へ封じ込める、「通峡阻止作戦」および島々への「着上陸戦闘対処」を想定したものだ。

このために、陸自のミサイル部隊は、中国軍の多数の弾道・通常ミサイルの飽和攻撃を回避するために、島中を移動し、攻撃を回避しながら生き残り、ミサイル戦闘を行う。発射→移動、発射→移動を繰り返すことが、こ

ジュマール・ゴルフ場入口の建物には「幸福実現党」代表のポスターが貼られ、前の道路には自衛隊誘致ののぼりが多数立てられている

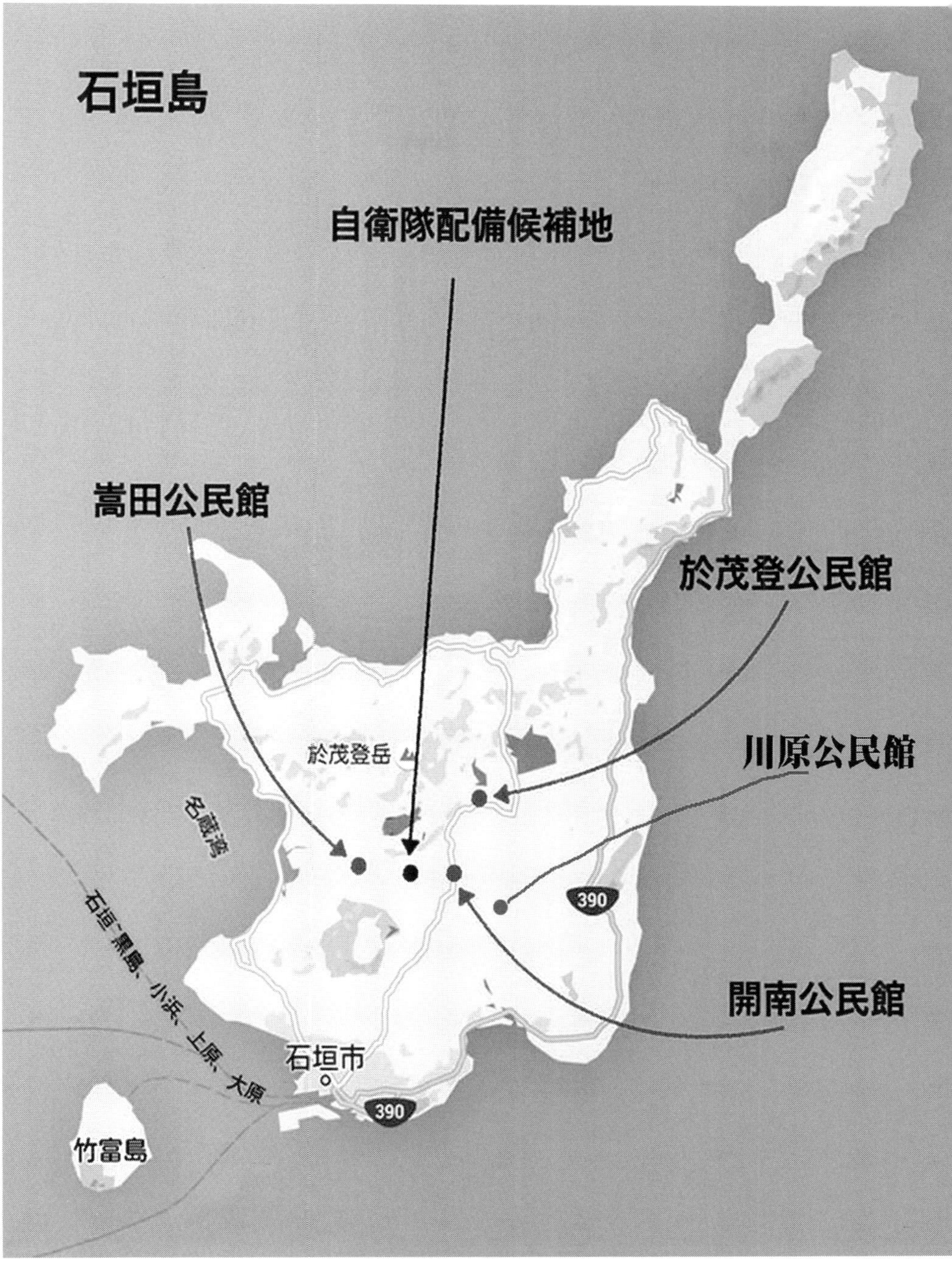
石垣島
自衛隊配備候補地
嵩田公民館
於茂登公民館
川原公民館
開南公民館
於茂登岳
名蔵湾
石垣-黒島、小浜、上原、大原
石垣市
390
390
竹富島

のミサイル戦の特徴である。

　このような移動式のミサイル部隊の戦闘態勢は、当然のように島中を戦場と化す。山村や海岸地帯を移動するだけではない。住民居住地・市街地さえ戦場と化す。

　それだけではない。配備される於茂登岳の周辺地帯には、ミサイル部隊の抗堪《こうたん》性を増すために、無数の地下トンネルや地下施設が造られる。現代のミサイル戦争は、まさに地下壕戦でもあるからだ（抗堪性とは、軍事施設が、敵の攻撃に耐えてその機能を維持する能力）。

　そして、石垣島をはじめ、先島―南西諸島に配備されるミサイル部隊の任務とするものは、まさしくハリネズミのように先島―南西諸島―琉球弧に「ミサイル防衛網」を築き上げ、全ての島々をミサイル戦争の戦場と化すのだ。

ミサイル弾薬庫の危険性

　ここで、もう1つ指摘すべき重要なことは、平得大俣に造られるミサイル弾薬庫の危険性についてだ。詳しくは、宮古島のミサイル弾薬庫の箇所で述べるが、ここの弾薬庫もまた、住宅地に近い場所に造られようとしてい

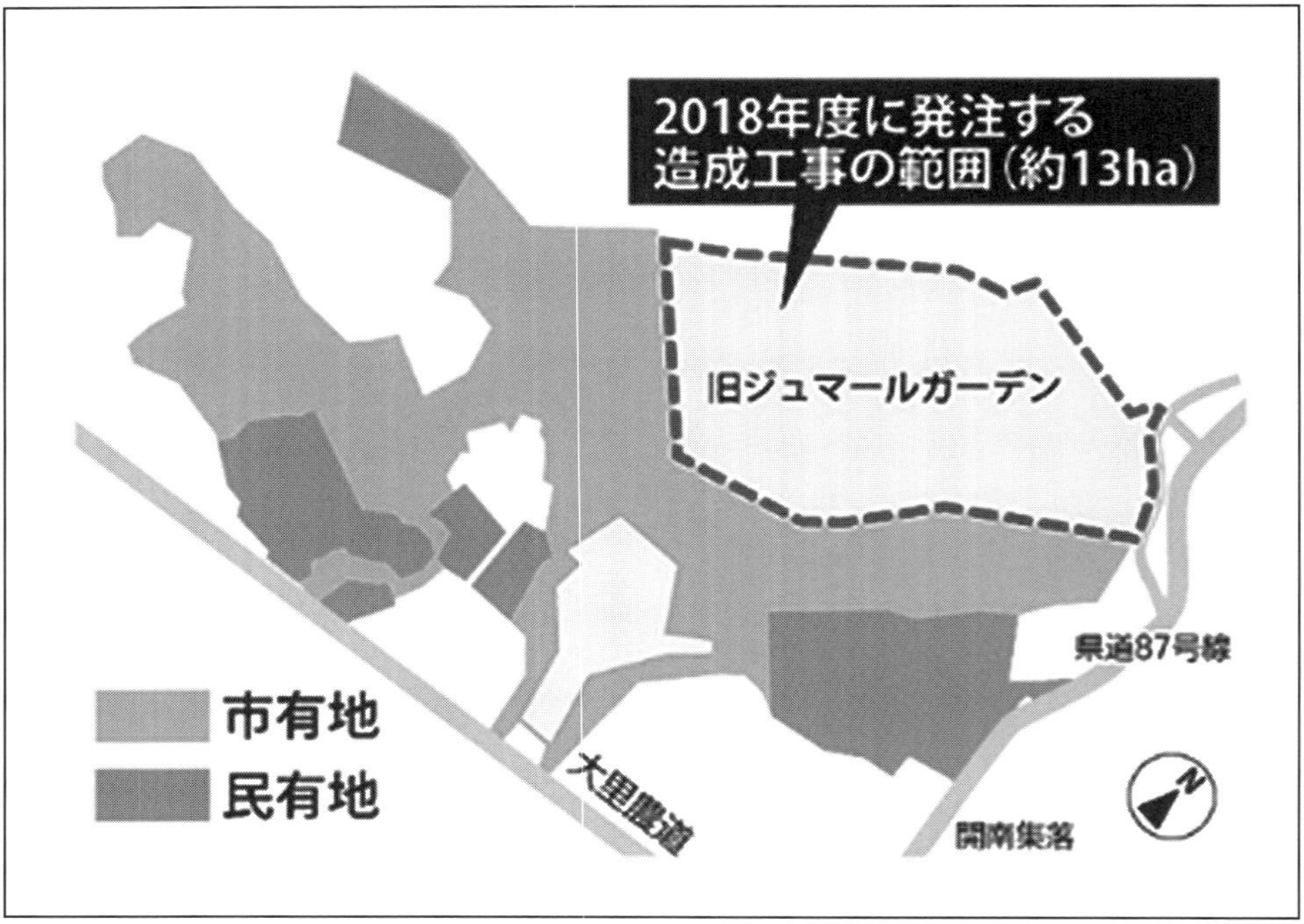

「平得大俣の東側にある市有地及びその周辺」における施設配置案

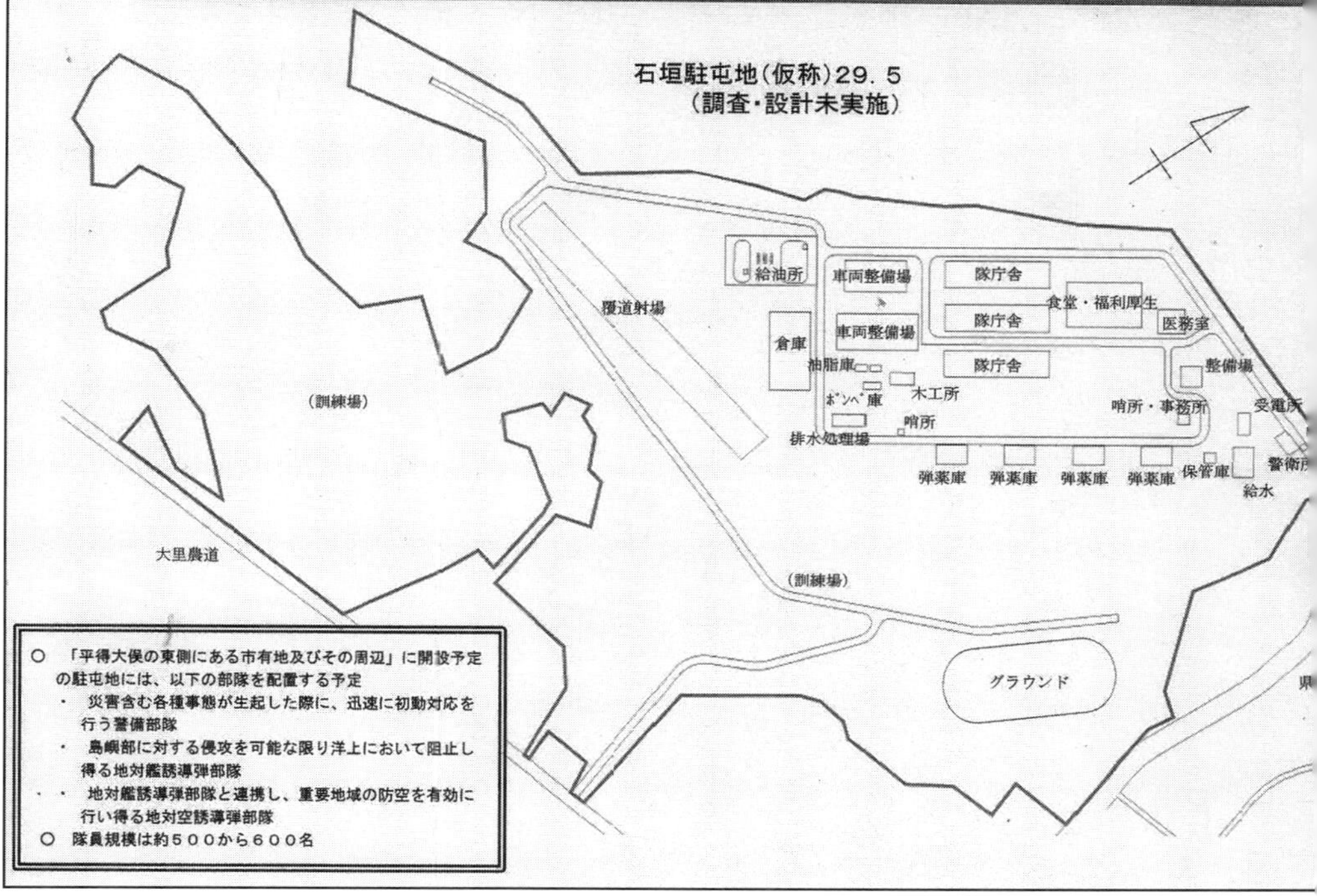

「平得大俣の東側にある市有地及びその周辺」における施設配置案の概要

施設名称	用途	規模・構造
隊庁舎(3棟)	事務を行う庁舎、駐屯地内に居住する隊員のための隊舎を合棟した施設	RC-2(一部B-1)　計約　15,000㎡
車両整備場(2棟)	自衛隊車両の整備を行う施設	RC-1　計約　2,900㎡
弾薬庫(4棟)	地対艦誘導弾、地対空誘導弾及び警備に必要な小銃弾などを関係法令に基づき安全に保管する施設	RC-1　計約　2,100㎡
覆道射場	隊員の射撃訓練を屋内で行う施設	RC-1　計約　9,100㎡
排水処理場	駐屯地の排水を処理する施設	RC-1　計約　10㎡
食堂・福利厚生施設	隊員の食堂及び福利厚生を行う施設を合棟した施設	RC-2(一部RC-1)　計約　3,400㎡
医務室	隊員の健康管理を行う施設	RC-1　計約　500㎡
倉庫	隊員の装備品等の保管施設	RC-1　計約　2,100㎡
整備場	自衛隊装備品の整備を行う施設	RC-1　計約　300㎡
保管庫	警備に必要な発煙筒などを関係法令に基づき安全に保管する施設	RC-1　計約　20㎡
給油所	自衛隊車両への給油を行う施設	RC-1　計約　300㎡
木工所	駐屯地の補修に使用する建築材料の加工等を行う施設	RC-1　計約　300㎡
警衛所	駐屯地の警備を行う隊員が勤務する施設及び消防車庫	RC-1　計約　300㎡
受電所	駐屯地への給電を行う施設	RC-1　計約　400㎡
給水所	駐屯地への給水を行う施設	RC-1　計約　100㎡
その他附帯施設	油脂類の保管施設、駐屯地出入口を警備する隊員の詰所など	一式

※規模・構造は現時点のものであり、今後の設計により変更することがあり得る。

ることだ。17頁、19頁の図・写真を見てほしい。

基地は、開南集落のギリギリに沿って図面が描かれているが、ミサイル部隊の弾薬庫もまた、開南集落の間近に造られようとしている。筆者の現地での目算では、弾薬庫から集落まで約150メートルぐらいであろうか。

この弾薬庫までの距離（保安距離）は、通常の小・重火器を保管する弾薬庫ならともかく、ミサイル弾薬庫としては、不適切で危険極まりない。

言うまでもなく、通常火器の弾薬とミサイル弾体は、決定的に異なる。対艦・対空ミサイルの破壊力は、すさまじいものだ。とりわけ、地対艦ミサイルの破壊力は、数発で戦艦を沈めるぐらいの破壊力がある。

地対艦ミサイルの弾体重量は、約700キロ、地対空ミサイルの弾体重量は約570キロとされるが、この破壊力からして「本土」では、こんな住宅地に近い場所への配備は全く考えられない。

後述する奄美大島のミサイル弾薬庫も、集落から約1

キロ近く離れた山中であり、しかも山をくり抜くトンネルの中に造られようとしている。北海道などのミサイル部隊の弾薬庫も、同様だ。

さらに、配備されるミサイル部隊の弾体数は、「平時」の配備だ。「有事」には、予定される1個中隊のミサイル部隊だけではなく、連隊、しかも数個連隊規模のミサイル部隊とその弾体が配備される。

同様に有事には、中国軍の初期の攻撃では、この基地のミサイル弾薬庫が集中的に狙われることは、あまりにも常識である。つまり、このミサイル基地と弾薬庫一帯は、全てが破壊され尽くすのだ。

こういう場所に地対艦、地対空ミサイル部隊の弾薬庫を設置するというのは、防衛省・自衛隊には、常識が完全に欠落しているか、ミサイル戦争自体を「想定外」としている、というしかないと言うべきである。

2016年3月に開隊した与那国駐屯地、今年3月に開隊した宮古、奄美駐屯地に続き、ついに石垣島でも基地建設が始まった、ということから、全国の人々の中には、基地反対への諦めのような気分が現れているが、石垣島の基地建設は、まだ始まったばかりだ。

石垣島の市民らの粘り強いたたかい、住民投票請求をはじめ、あらゆる抵抗が、基地建設を押しとどめているのだ。

基地予定地とジュマール・ゴルフ場、開南集落

基地予定地・平得大俣選定の疑惑

さて、筆者の今回の石垣島の調査では、基地建設予定地に係わる重大な疑惑が明らかとなった。

現在、着工されたジュマール・ゴルフ場を中心とする平得大俣地域への基地用地の選定には、大きな疑義、土地売買利権さえも絡む疑惑があるということだ。

つまり、石垣島における基地建設予定地は、もともとは新石垣空港周辺地域――カラ岳北部・南部地域であった可能性があったのだ。

この度、筆者に寄せられた情報は、大手ゼネコンの関係者を介した、地元の人々からである。

左頁・23頁の、基地建設に係わる「I Project」という図面を参照してほしい。基地予定地は、石垣空港北――カラ岳の南北にわたる地域であり、詳細な基地予定地の図面ができあがっている。

沖縄防衛局作成の17頁の「平得大俣の施設配置案」と見比べてとよく分かる。同地に設置予定の、庁舎等の施設や弾薬庫・射撃場の配置なども、全く同様の配置である。違いは、基地の規模だ。平得大俣地区の46ヘクタールに対し、この基地は68ヘクタールという大規模なものである。

そして、重要なのは、この一帯は、住宅地などもほとんどなく、環境面からしても、本来、「最適地」たりうるものだ。

ところで、筆者の情報公開請求で2018年5月に提出された、自衛隊の南西シフト態勢に係わる320点・約5千頁の文書がある。

その中の1つに「南西地域資料収集整理業務報告書」(2014年3月、防衛省装備施設本部・アジア航測)という文書がある。これは民間委託によって、南西シフト

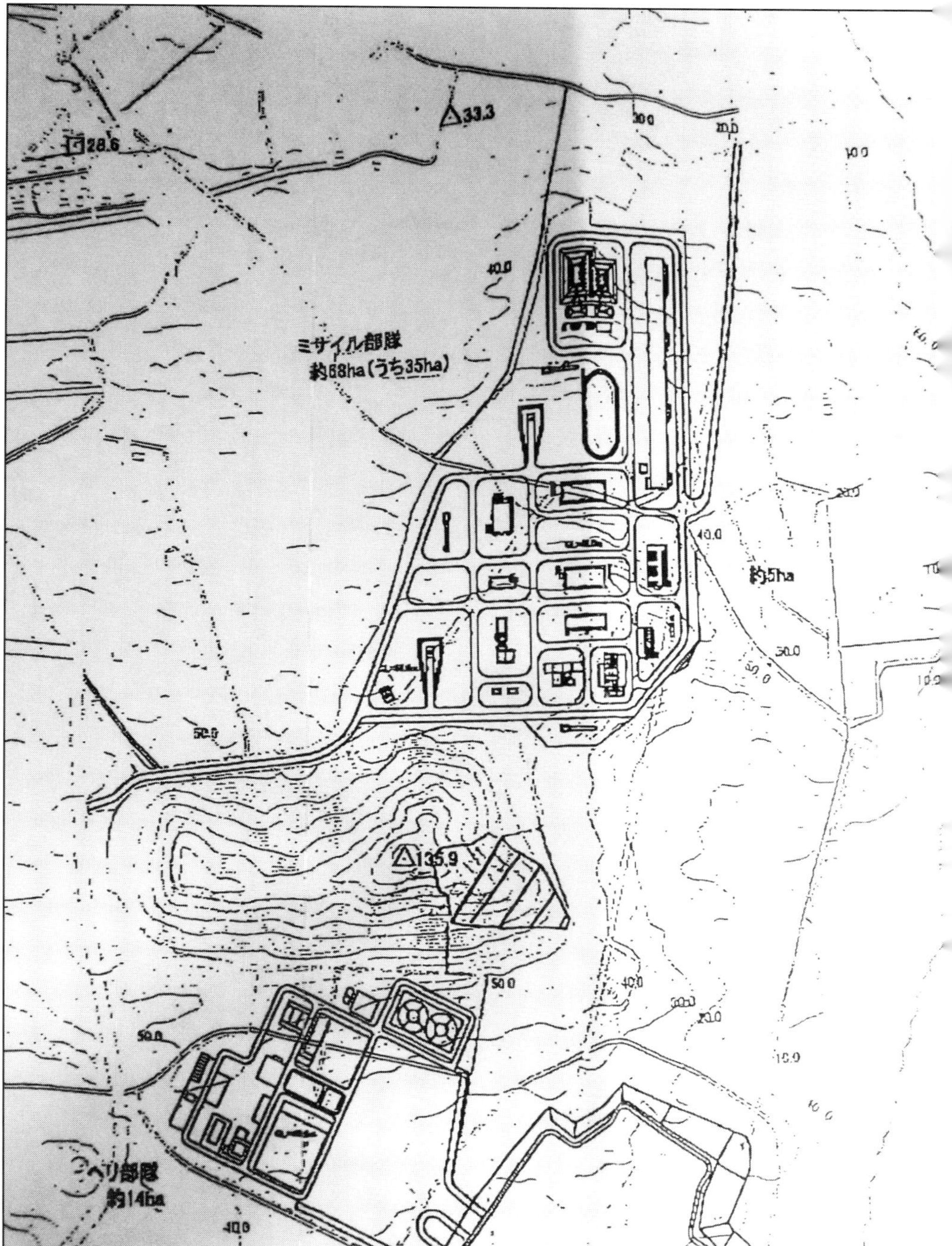

ゼネコンが作成した「Ｉ project」という図面

態勢下で琉球列島弧の島々への、部隊配備に係わる事前調査――西表島・石垣島・宮古島・奄美大島などの琉球列島弧の島々への、自衛隊配置計画の最初の基礎調査資料である（第1次選定エリアは、先島156箇所、奄美群島217箇所と膨大）。

　この中の石垣島については、「第1次選定エリア」として、57箇所が、第2次選定エリアとして、7箇所が記載されている（16頁〜、158頁〜）。

　そして、第2次選定エリアの最終的予定地として決定されたのが、平得大俣地区（59・60地区）、カラ岳地区（57地区）、「サッカーパーク・あかんま」などであった。

　問題は、この7箇所のうち、周辺に農地・住宅地が少なく、環境負荷も大きくない、用地買収も可能な地域は、添付のようにカラ岳周辺であることが明らかだったということだ。同文書では、以下のように記述する。

「適地エリアは●●●の●●●北側に位置する。南部は●●●からの傾斜によって少し高台となっている。北側は、東側の海に向かって斜面になっている。このような形状から造成工事は容易である」（177頁、●●●は「黒塗り箇所」）

「産業および周辺状況　放牧地およびサトウキビ畑、牧草地が適地エリアの主な利用」（同頁）

　記載されているように、新石垣空港まで南830メートルの距離にあり、カラ岳（標高135・9メートル）の北側に位置するこの場所こそ、詳細な図面が作成されていることから、石垣島基地建設の本当の予定地であったということだ。

石垣市と「幸福の科学」との癒着

　ところで、この石垣島における自衛隊用地の問題に関しては、かつて沖縄大学の高良沙哉氏が現地調査を行っている（『地域研究』２０１６年９月）。

　同氏によれば、石垣島・平得大俣への用地の選定については、政治的選定であり、また、現在の予定地とされている平得大俣地域自体も、２次選定エリアとされている場所から大きくズレていると指摘されている。

（http://okinawa-repo.lib.u-ryukyu.ac.jp/bitstream/20.500.12001/21390/1/No18p1.pdf）。

　決定的なのは、繰り返し述べてきたが、予定地とされたジュマール・ゴルフ場の所有者は、「幸福の科学会員」

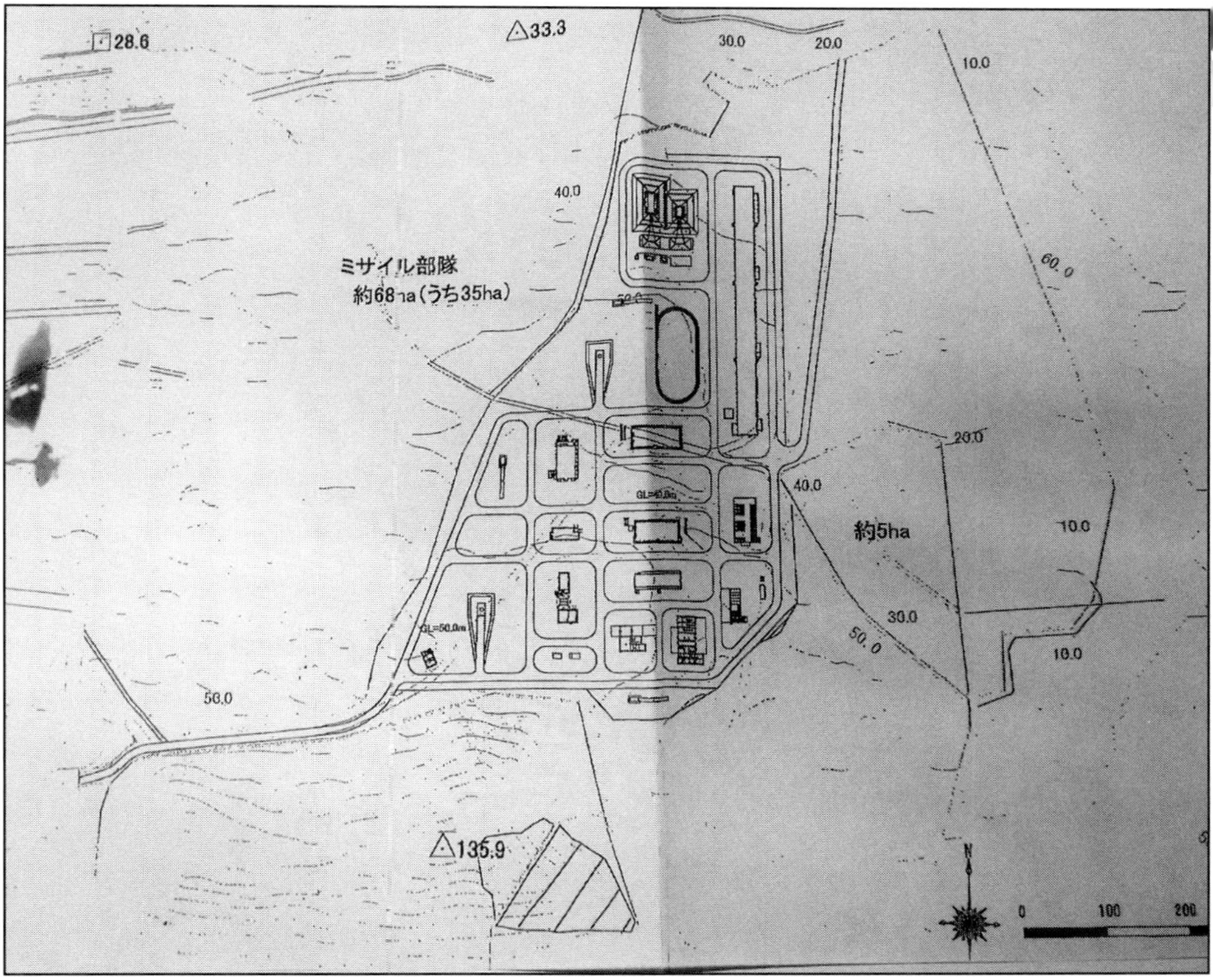
28.6
33.3
30.0
20.0
10.0
40.0
60.0
ミサイル部隊
約68ha（うち35ha）
GL=40.0m
20.0
40.0
約5ha
10.0
30.0
50.0
10.0
GL=50.0m
50.0
135.9
N
0
100
200

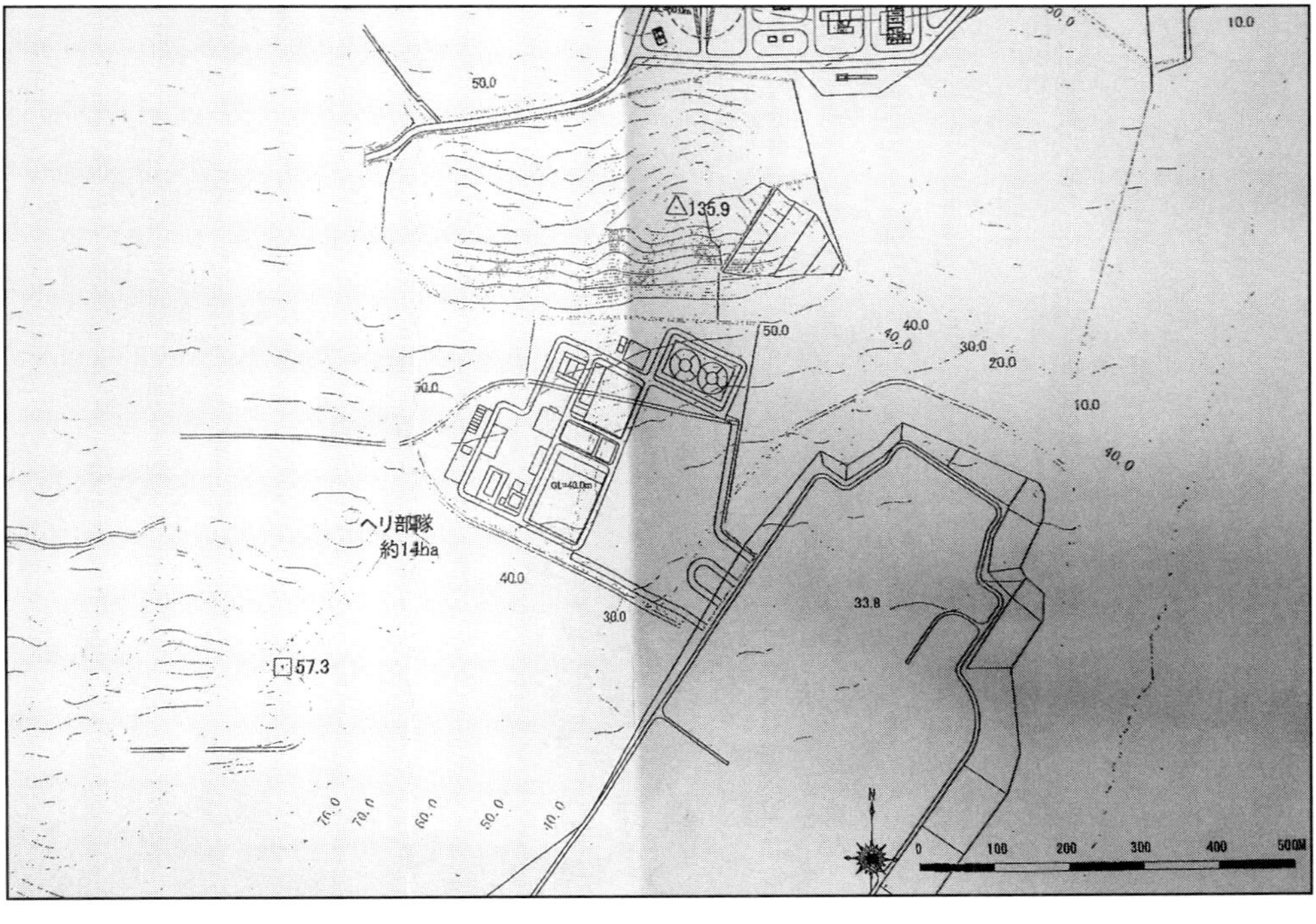
10.0
50.0
135.9
50.0
40.0
40.0
30.0
20.0
50.0
10.0
40.0
GL=40.0m
ヘリ部隊
約14ha
40.0
30.0
33.8
57.3
70.0
70.0
60.0
50.0
40.0
N
0
100
200
300
400
500M

であり、自民党の市議でもあるということだ。だから、この用地選定には、選定自体に「何らかの大きな工作」が働いたと思われる。

特に疑義が生じているのは、このジュマール・ゴルフ場の売買契約の非公開だ。

石垣市民の情報公開請求に対して、沖縄防衛局はジュマール・ゴルフ場の売買金額を非公表とする決定を行った。しかし、沖縄・熊本の各防衛局は、造成工事着工前に、筆者の情報公開請求に対して、宮古島・奄美大島とも、地権者との売買契約書の全てを公開している。

この状況では、ジュマールと石垣市との癒着、利権絡みの売買が行われているのではないか、という疑惑は深まるばかりだ。

防衛省施設案にあるように、平得大俣の基地予定地は、ジュマール・ゴルフ場だけでなく、深い谷を埋め立て、グラウンドなどを造るとされている。

しかし、予定地の南東部は、深さ9~15メートル、長さ600メートル以上にわたる大きな谷があり、工事の難度も、周辺の環境破壊も計り知れない場所だ。しかも、13頁や左の写真にあるように、予定地は地下に直径数メートル以上の琉球花崗閃緑岩が、ゴロゴロあるような場所である（沖縄防衛局『陸自石垣島測量調査』）。

予定されているヘリ基地建設

石垣島基地建設の、第2次選定エリアに関して明らかになった、もう1つの大きな問題がある。

ゼネコンが作成したカラ岳予定地の基地建設図面には、約14ヘクタールにものぼる、「ヘリ基地」が予定されていたということだ。21・23頁の図面を見てほしい。カラ岳の南、新石垣空港の北西側に沿って、「ヘリ部隊」として明記された図が描かれている。

これは、例えば奄美駐屯地の「ヘリパッド」という小さな規模ではなく、巨大な「ヘリ空港・基地」として予定されていることだ。

もともと石垣島では、当初からヘリ基地の建設がウワサをされていたが、やはり図面まで描かれてヘリ空港・基地建設が進んでいたということだ。

間違いなく、石垣島住民らが、基地建設を容認し、現在の基地建設が終了した後には、この「ヘリ空港・基地」

造成で処理ができなかったジュマール・ゴルフ場内の巨大転石の一つ

新石垣空港と管制塔

建設が動くことは明らかである。「島嶼戦争」、特に離島にとっては、軍事的・作戦的に「ヘリの作戦運用は必要不可欠」ということになるからだ。

新石垣空港の近くにヘリ基地建設計画があるということは、石垣空港の軍事利用とも関係する。後述するが、石垣空港、宮古島空港などは、例のF35Bの配備決定――「いずも」型護衛艦の改修空母の決定とともに、「島嶼戦争」の重要な航空基地として計画されている。

つまり、進行する陸自石垣島のミサイル基地建設は、さらなる石垣島の軍事化の始まりに過ぎないのだ。

造成工事着工に反対する石垣島住民のたたかい

２０１９年３月１日、沖縄防衛局は、環境アセス逃れのための基地着工を強行した。そのおよそ２週間前の２月13日には、石垣市民への「防衛省説明会」を開いたばかりであった。つまり、説明会なるものは、強行着工へ向けたアリバイ的地ならしに過ぎなかったということだ。

この暴挙に対して、石垣島住民たちは、直ちに抗議の声を上げ始めた。平得大俣集落の農民らを中心に、島の各地から住民らが駆けつけた（左頁）。

基地予定地の平得大俣、ジュマール・ゴルフ場は、市内からはかなり離れた場所にある。車がないと、駆けつけるのも難しい。

だが、山里節子さんらの「いのちと暮らしを守るオバーたちの会」や、「「石垣島に軍事基地をつくらせない市民連絡会」などの有志は、この始まった基地造成工事に抗して、連日、造成工事の監視態勢をとっている。

下記写真は、平得大俣の交差点。上へ進む道路がジュ

マール・ゴルフ場方向、左へ進む道路の先が嵩田集落にあたる。

造成工事着工が始まった3月1日、ジュマール・ゴルフ場前の集会には、沖縄本島の山城博治さんも駆けつけ、辺野古新基地反対とともに、石垣島をはじめとする先島―南西諸島への自衛隊基地建設に対しても、反対してたたかうことを表明した。

ようやく、先島のたたかいが、沖縄本島のたたかいと共同闘争として連帯すべきときがきたのだ。

中山石垣市長は、住民投票を行え！

平得大俣地区の農村青年・金城龍太郎代表を中心とした青年たちを軸にした住民投票を求める市民運動は、２０１８年10月から1カ月、署名運動を行い、なんと1万４８４４筆という数の署名を実現した。

地方自治法が要件とする有権者の50分の1、石垣市自治条例が要件とする有権者の４分1を、遥かに超える署名数だ。これは、石垣島有権者人口のおよそ４割に達する。

ところが、中山市長と石垣市議会は、これらの住民投票要求に対して、石垣市自治条例では、市議会の決議が必要だという理由で、市議会に否決させ、住民投票を行わないことを宣言した。

だが、石垣市の自治基本条例第28条は「市民のうち本市において選挙権を有する者は……その総数の４分の１以上の連署をもって、その代表者から市長に対し住民投票実施を請求することができる。……市長は、第１項の規定による

住民投票
条例請求

署名 1万4844筆に

平得大俣

陸自配備計画の賛否問う

求める会 年内での本請求目指す

平得大俣への陸上自衛隊配備計画の賛否を問う住民投票の条例制定を求める直接請求に向け、10月31日から11月30日まで署名運動「市民大署名運動会」に取り組んできた石垣市住民投票を求める会（金城龍太郎代表）は1日夜、閉幕式を大浜公民館で行い、署名数が1万4844筆と発表した。地方自治法が要件とする有権者の50分の1（9月20日現在775人）を大幅に上回り、市自治基本条例が定める4分の1（同9685人）をも超える筆数となっている。

署名数は同日午後7時までに確認した分。求める会は2日まで署名簿を回収し、3日に重複チェックなど整理を行い、4日に市選管に署名簿を提出する。当初は提出日を5日に予定していたが、市選管の事務処理上、4日に行えば来年2月24日の県民投票と同時に実施できる可能性があるという。

求める会は、市選管の署名審査などの手続きを経て年内での本請求を目指す。本請求を受けると、市長は20日以内に議会を招集し、意見を付けて条例案を提出することになる。順調にいけば議会は来年1月中旬ごろに招集される見通し。

中山義隆市長は「安全保障や国防の問題を住民投票で問うのはそぐわない」との考えを示しているが、法例に基づく手続きを経た直接請求であれば条例案を議会に提出する意向を明らかにしており、今後は議会の対応が焦点となる。

金城代表は取材に「目標

発表された1万4844筆の署名数に大きな拍手を送る人たち＝1日夜、大浜公民館

請求があったときは、所定の手続きを経て、住民投票を実施しなければならない」と規定しているのだ。
起っている事態は、石垣市長と議会多数派による、民主主義の否定であり、住民自治の完全な破壊である。

かねてから中山市長は、「防衛は国の専権事項」なる暴言を吐いているが、「国の専権事項」なるものが存在するなら、これまでのたたかいの経過が示すように、石垣島基地建設も、辺野古新基地も、自治体や住民らが関与する余地が全くない、ということになる。

住民の命と権利を脅かす軍事基地であるからこそ、住民投票—住民の総意が求められるのだ。

石垣島でも、宮古島でも奄美大島でも、防衛省・自衛隊は、配備部隊の性格も、装備する武器・弾薬（弾薬庫）も、あるいは基地の敷地面積さえも（奄美大島の例）隠蔽し基地建設を強行しようとしているが、このような住民らの反対に遭い、厳しい批判に応えられないような基地が、「住民・国民を守ろう」とする基地であるわけがないのだ。

（注、上のレーダードームは、石垣島に設置された淮天頂衛星システムの基地。その軍事的意味は後述。下の写真は軍港化が想定されている石垣港）

石垣島新空港反対闘争

下は、2013年に開港した新石垣空港をめぐるたたかいの現場の写真だ。30年の長きにわたるたたかいから、三里塚闘争（成田）に匹敵するたたかいとして、石垣島はもとより、沖縄本島・「本土」まで伝わっている。

数年前、この白保のビーチを山里節子さんの案内で視察したことがあるが、この厳しいたたかいがあったからこそ、今でも美しい白保のビーチ、リーフが残されている。新石垣空港を利用した人は、その上空から真下に現れる美しい珊瑚のリーフに、誰もが感動する。

八重山戦争とマラリア

左上の写真は、バンナ公園内にある「八重山マラリア犠牲者慰霊之碑」。石垣島では、沖縄戦の前哨戦とも言える八重山空襲でも多数の犠牲があったが、それ以上の凄まじい犠牲が、日本軍によるマラリア有病地域への強制避難命令で生じた。約3700人の住民が、マラリアに罹患し亡くなったが、山里節子さんによると、敗戦後のその犠牲者を加えると、5千人を超えるという。

「電信屋跡」正式には日本海軍の海底電線陸揚室。銃弾の跡が残る

第2章　住民から隠蔽して造られつつある宮古島駐屯地

——ミサイル部隊の配備・弾薬庫の設置を拒む住民運動

急ピッチで開設された宮古島駐屯地

２０１５年５月、防衛省・自衛隊の、ミサイル部隊など配備の発表以来、数年に亘る激しい住民・市民運動が行われてきた宮古島に、ついに、陸自部隊の配備が強行された。

今年３月26日（２０１９年）、宮古島警備隊を中心とする宮古島駐屯地が開設され、翌月７日には、防衛大臣参列のもと、隊旗授与式が行われ、「閲兵式」が挙行された（33頁）。

式典には、西部方面隊の首脳をはじめ、自衛隊協力会・自衛隊家族会などが招待されたが、基地着工など建設に係わるの数々の行事から逃げ回っていた、下地宮古島市長が出席し、歓迎挨拶をしていたことが注目される。

しかし、式典での防衛大臣の訓示は、自衛隊配備に反対する住民の抗議の声にかき消されていたとメディアは報じている。

駐屯地は、宮古島のほぼ中央、宮古島空港の南東の、一面にわたってサトウキビ畑が広がる農村地帯のど真ん中、千代田地区に造られた（35頁）。

この基地は、非常識にもサトウキビ農家の軒先まで迫り、鉄条網に囲まれた基地からは、住民が危惧したごとく、毎朝の起床ラッパの音が響くほどの距離だ。

そして、基地を囲む鉄条網内には、最新式の監視カメラが据え付けられ、農民らの農作業に対しても、カメラは24時間向けられている。

駐屯地の庁舎は、南国風のカラフルな赤瓦が使われ、見た目にも相当豪勢な造りに仕上げられている。庁舎に隣接する官舎も同様の様式で、潤沢に仕上げられている。

ただ、この千代田地区一帯は、交通の便もよくなさそうで、周辺には商店もほとんど存在しない。車で移動で

宮古島駐屯地の庁舎、営門（前頁）、閲兵式（中・下）

きない隊員家族からは、滞在が長くなるにつれて不満が強まることは疑いない（当局は家族づれの赴任を強制しているが、これがいつまで続くのか！）。

市民から拒まれる自衛隊

宮古島駐屯地の開設、防衛大臣の式典訓示という重要な行事が、市民らの抗議の声にかき消されてしまったのには、大きな理由がある。

それは、防衛省・自衛隊が、度重なる基地建設のための「住民説明会」で、虚言と妄言で固めて基地建設を強行したからだ。

後述するように、弾薬庫を「保管庫」と言い換え、誤魔化し、宮古島の命の次に大切な水源地を全く調査もせずに、基地建設用地に決めたりと、住民を無視したことが度重なったのだ。

だから3月初旬、宮古島平良港に大量の自衛隊車両が進駐してきたとき、住民らは急遽、港へ押しかけ、自衛隊の上陸を半日に亘って阻止したのだ（写真下）。

以後も、住民らは、開設された駐屯地に対して、粘り強く門前での抗議行動を継続しており、基地への監視を行っている。

そして、決定的に重要なのは、このような継続した住民運動によって、未だに自衛隊は、宮古島配備の、もともとの本隊であるミサイル部隊を配備する展望を全くつくれていないということだ。

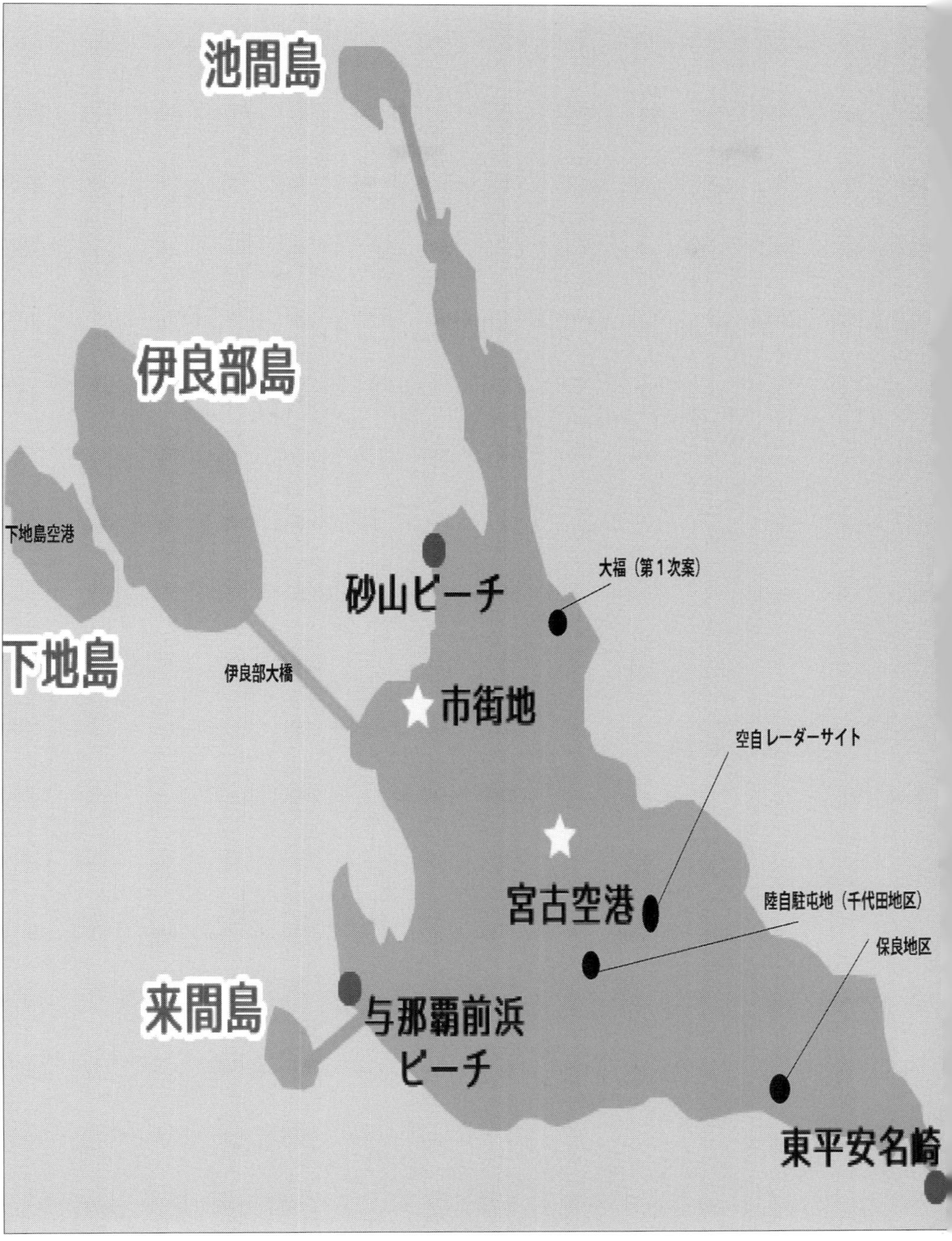
池間島
伊良部島
下地島空港
下地島
砂山ビーチ
大福（第１次案）
伊良部大橋
市街地
空自 レーダーサイト
宮古空港
陸自駐屯地（千代田地区）
保良地区
来間島
与那覇前浜
ビーチ
東平安名崎

宮古島基地は半分もできていない！

この宮古島の実態を知らない人々、あるいは防衛省・自衛隊関係者でさえも、宮古島基地はすでに完成した、と思い込んでいるかも知れない。

この実状は、現地を見れば一目瞭然だ。左の写真では、駐屯地の諸施設は、半分以上が造られているように見えるが、実際には駐屯地内には工事車両が大量に動き回っており、至るところで突貫工事が行われている。

下図に明記されたグラウンド、倉庫、隊庁舎なども未完成だが、宮古島配備の**基幹部隊とも言えるミサイル部隊の基地建設**は、未だ手つかずの状態だ。いかに防衛省当局が、「駐屯地開設」という既成事実づくりに突き進んだかが分かる。

この理由は、明らかだ。２０１６年、与那国駐屯地開設に続き、２０１８年度内の奄美駐屯地、宮古島駐屯地の開設、そして、２０２０年度内の石垣島駐屯地の開設と、島々での住民運動が広がらないうちに「南西諸島の基地完成」を狙っているのだ。

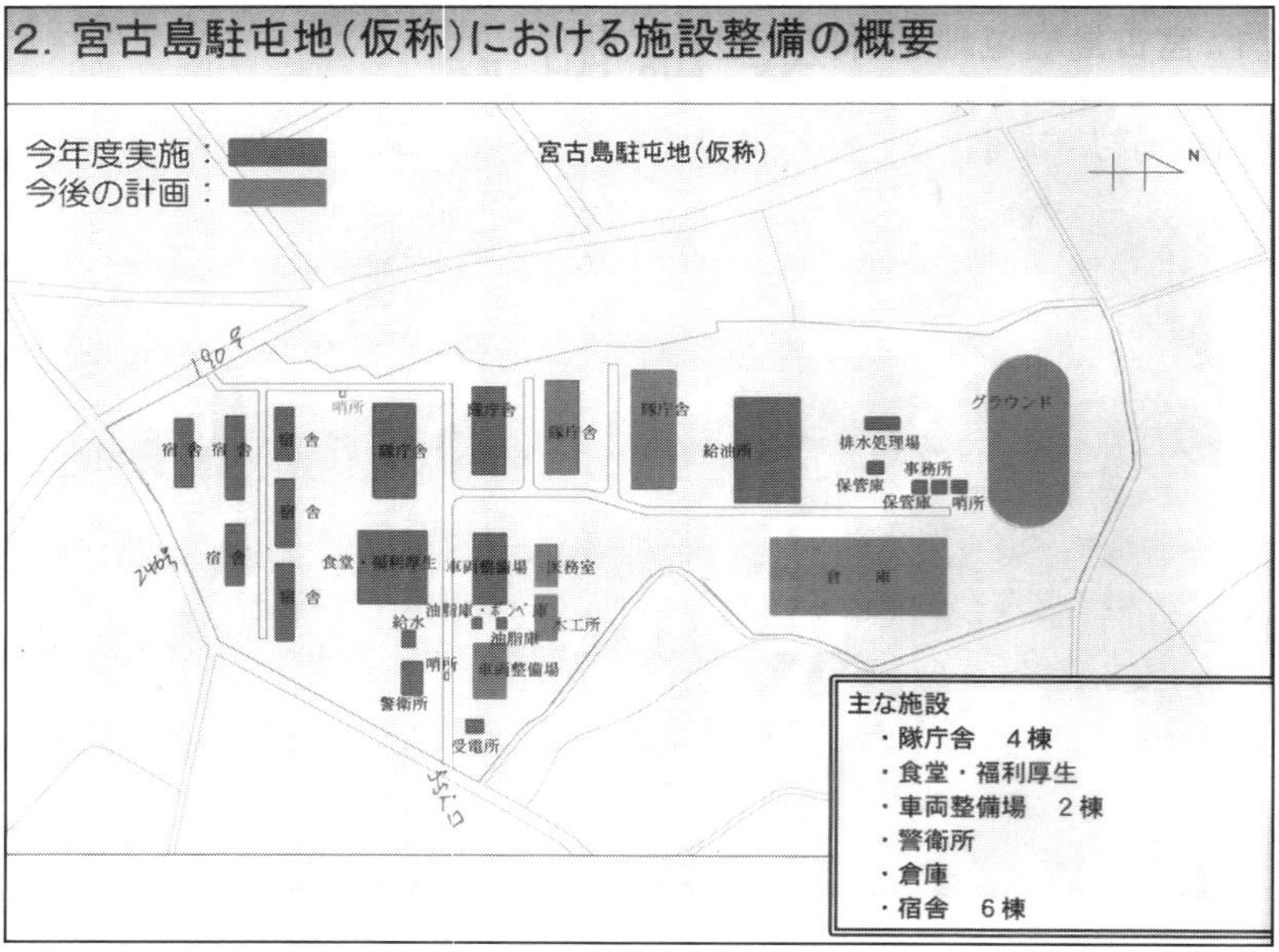

また、このたたかいが、沖縄本島に波及して広がらないうちに、基地を建設し、南西シフト態勢の完成を急いでいるということだ。

未だ建設中の宮古島駐屯地。最上部グラウンド予定地の下は弾薬庫、その下は燃料庫で、ジェット燃料 700 トンの保管を予定。燃料の半分はヘリ用燃料で、グラウンドをヘリポートとして使用することが暴露された。なんと、弾薬庫の真横に燃料庫が造られている

右はグラウンド予定地に高く積まれた土砂。住民への説明のないまま、新しい軍事施設が造られる

弾薬庫を「保管庫・貯蔵庫」と誤魔化す

拙著『オキナワ島嶼戦争』（２０１６年）にも記述してきたが、先島─南西諸島での自衛隊制服組（防衛官僚も同様）の言動は、「軍人」らしからぬウソ、ペテンで塗り固められている。

配備される弾薬庫を、与那国島では「貯蔵庫」と称し、宮古島では「保管庫・貯蔵庫」という。

創設時に自衛隊を、「警察予備隊」として欺き、装備する戦車を「特車」、砲兵を「特科」（現在も！）などと誤魔化してきたのと同様だ。

２０１６年、宮古島を訪れた防衛副大臣は、下地市長に対し、「千代田地区には弾薬庫は造らない」と言明し、これに下地市長は「一安心」と安堵したと、報じられている（この映像は残されている）。

こういう経過で実際に造られたものが、左の写真である。「本土」で言えば、普通科連隊規模の弾薬庫だ。ここには、東京新聞が報じたように、中距離多目的誘導弾部隊用のミサイル弾体まで配備されたのだ。もちろん、迫撃砲弾などの重火器弾薬も、である。

しかし、この実態が暴露されると、防衛大臣は、宮古島からの中距離多目的誘導弾の撤去を言明せざるを得なくなり、４月の開設記念日には撤去したとされる。

問題は、防衛省の住民に対するウソは、これにとどまらないということだ。もっと重大な、住民らへの欺き、命に関わる虚言が行われつつある。

住居地にミサイル弾薬庫を造る！

筆者は、今年６月、情報公開請求で陸自教範『火砲弾薬、ロケット弾及び誘導弾』（武器学校）という、６４７頁にのぼる文書を開示させた。この教範は、陸自の全ての武器の取り扱いの教科書であり、地対艦ミサイルだけでも十数頁が記述されている（約半分が黒塗り）。

ところが、この教範には、地対艦ミサイルの弾体についての驚くべき記載がなされていたのだ。

「**異常発生時、誘導弾が火災に遭遇した場合には、水をかけて冷却する。直接火災に包まれた場合には、１㎞以上の距離又は遮蔽物のかげ等に避難する（弾頭が火災に包まれてから、発火、爆発等の反応が起こるまでの時間（クックオフタイム）は約２分間）**」

「クックオフタイム」とは、「昇温発火」と軍事用語で

はいい、「弾薬が火災による温度上昇によって発火又は爆発する現象」（「防衛省規格改正票 弾薬用語」）である。
この現象は、例えばウクライナの弾薬庫の爆発では、多数のミサイルが空中へ発射される、という凄まじい事態が記録されている。

2分で1キロ以上に避難せよ！

問題は、ここにいう「火災発生時に2分間で1キロ以上の距離に避難する」という内容だ。

住民の中の誰が、わずか2分の間に1キロも逃れることが出来るというのか？

有事下の敵の攻撃においてはもちろん、平時においても弾薬庫などの火災の発生は、完全には避けられない。いわんや、有事には、平時の何倍ものミサイル弾体が保管される。

この陸自武器学校の記述は、ミサイル弾体の危険性をあらためて教えてくれる。

ミサイル弾体は、地対艦ミサイルで約700キロ、地対空ミサイル弾体で約570キロ、通常の兵器と違い、一段と強力な破壊力がある。したがって、その保管には厳重な取り扱いが求められているのだ。

例えば、北海道のミサイル弾薬庫は、人里離れた山の中に、地中をくり抜きトンネルを掘り、設置されている(43頁写真)。同じことは、現在、造られつつある奄美・瀬戸内分屯地の弾薬庫でも同じだ。

筆者は、この瀬戸内分屯地の弾薬庫を情報公開請求で開示させたが、ここでは、山中に5本のトンネルが掘られていることが分かる(73頁参照)。しかも、この瀬戸内分屯地の弾薬庫は、最も近い集落から1キロ以上も離れた、文字通りの山奥に置かれる予定である。

保良地区への弾薬庫設置の危険性

こうしてみると、現在、宮古島・保良地区(石垣島・平得大俣地区も同様)に設置されようとしている対艦・対空ミサイルなどの弾薬庫(地上覆土式)は、全く非常識で危険な、人命軽視も甚だしいものだ。

なぜなら、宮古島の保良地区(世帯数233戸・人口445人)は、次頁左上の写真で見ても明らかだが、住宅地までの距離が約200メートル、住居の文字通り間近にミサイル弾薬庫が造られようとしているのだ。


ところで、防衛省は、弾薬庫については「保安距離」というのを定めている(43頁図、「自衛隊の火薬類貯蔵及び取扱施設設計基準について」防衛省整備計画局)。

この防衛省の基準は、火薬類取締法の規定に準拠したものである。

また、沖縄防衛局は、宮古島の住民説明会で、自衛隊においては、火薬取締法は適用除外とされているが、この法律に則り、保良の弾薬庫に

訓練資料 3-03-04-51-03-4

火砲弾薬、ロケット弾及び誘導弾

武器学校
平成25年11月

訓練資料3-03-04-51-03-

注意

火砲弾薬、ロケット弾及び誘導弾

武器学校
平成4年3月

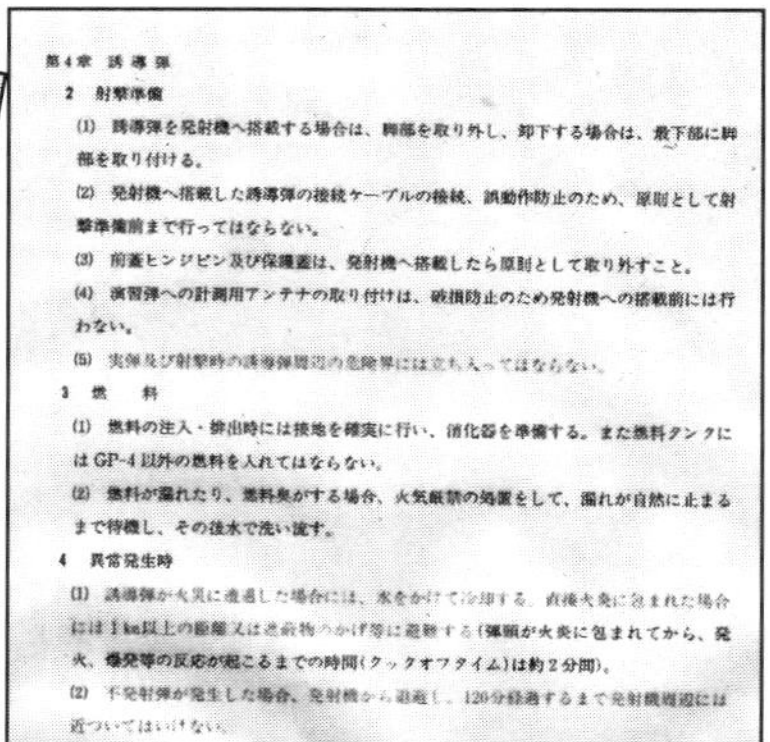
第4章 誘導弾
2 射撃準備
(1) 誘導弾を発射機へ搭載する場合は、脚部を取り外し、卸下する場合は、最下部に脚部を取り付ける。
(2) 発射機へ搭載した誘導弾の接続ケーブルの接続、誤動作防止のため、原則として射撃準備前まで行ってはならない。
(3) 前蓋ヒンジピン及び保護蓋は、発射機へ搭載したら原則として取り外すこと。
(4) 演習弾への計測用アンテナの取り付けは、破損防止のため発射機への搭載前には行わない。
(5) 実弾及び射撃時の誘導弾周辺の危険界には立ち入ってはならない。
3 燃料
(1) 燃料の注入・排出時には接地を確実に行い、消化器を準備する。また燃料タンクにはGP-4以外の燃料を入れてはならない。
(2) 燃料が漏れたり、燃料臭がする場合、火気厳禁の処置をして、漏れが自然に止まるまで待機し、その後水で洗い流す。
4 異常発生時
(1) 誘導弾が火災に遭遇した場合には、水をかけて冷却する。直接火炎に包まれた場合には1km以上の距離又は遮蔽物へかげ等に避難する(弾頭が火炎に包まれてから、発火、爆発等の反応が起こるまでの時間(クックオフタイム)は約2分間)。
(2) 不発射弾が発生した場合、発射機から退避し、120分経過するまで発射機周辺には近づいてはいけない。

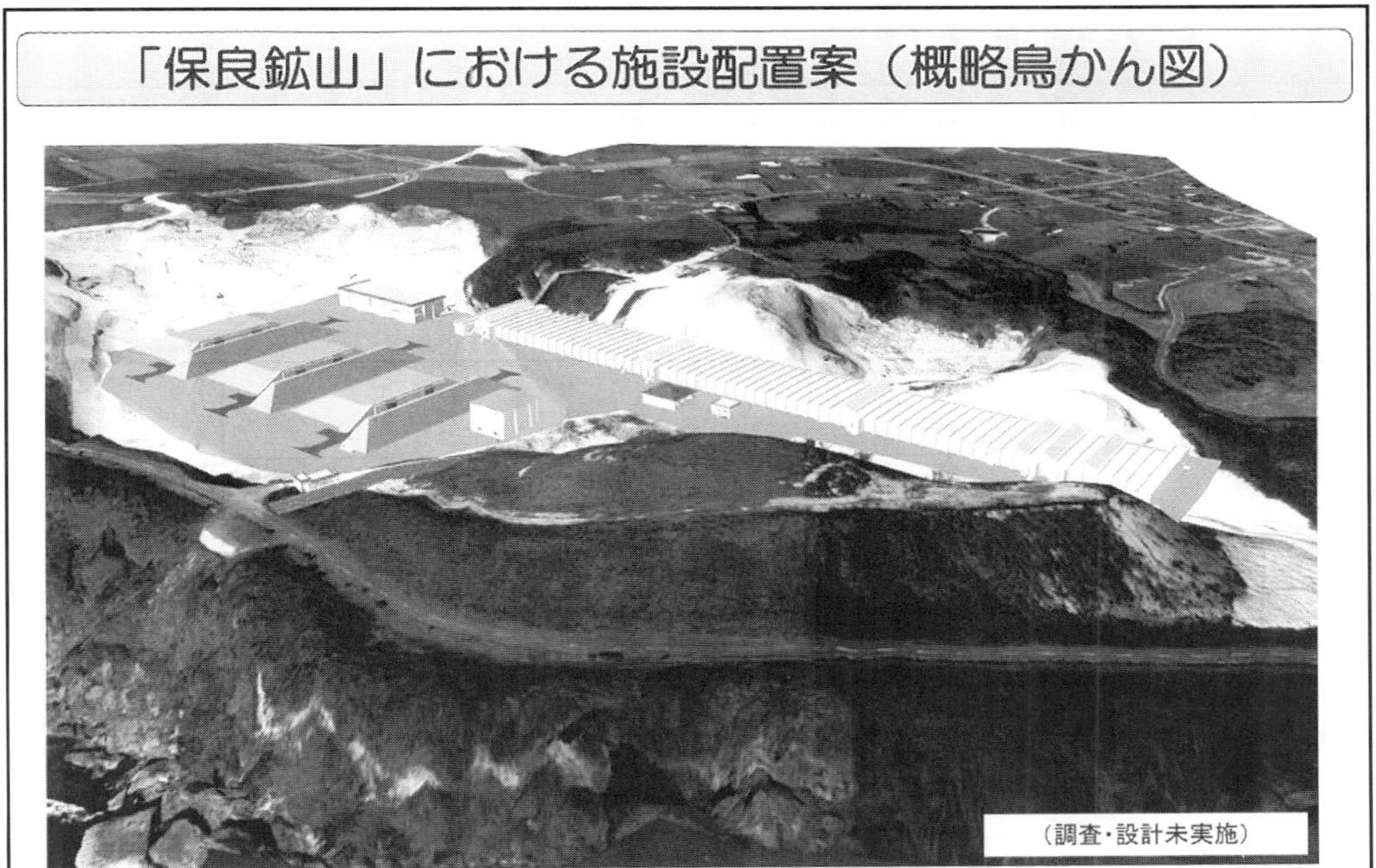

沖縄防衛局が出してきた保良弾薬庫と射撃場の概略図。地上覆土式（石垣島も同様）

ついては「保安距離」を遵守すると言明している。

しかし、防衛省の弾薬庫設置基準は、図表が示すごとく「火薬の保管量」などを基準とした「保安距離」の設定。つまり、「貯蔵爆薬量」が明確にならない限り、この規定がいう「保安距離」は分からない。

ところが、沖縄防衛局は、この保良に保管する爆薬量自体を「秘密だ」として明らかにしない。「防衛省としては住民の安全を考慮する」と繰り返すだけだ。これでは、法律や防衛省のいう保安距離などの安全対策は、住民にとってなきに等しい。

宮古島と奄美大島では二重基準

すでに述べてきたが、石垣島では弾薬庫から住宅地までの距離は、約１５０メートル。また、奄美駐屯地、瀬戸内分屯地とも、防衛省は、「小規模弾薬庫」、「大規模弾薬庫」とそれぞれ、「正直」に明記している（後述）。

自衛隊は、弾薬庫について宮古島、石垣島と奄美大島で、まさに二重基準を設定している。この人命を軽視したミサイル弾薬庫の設置を許容することはできない。

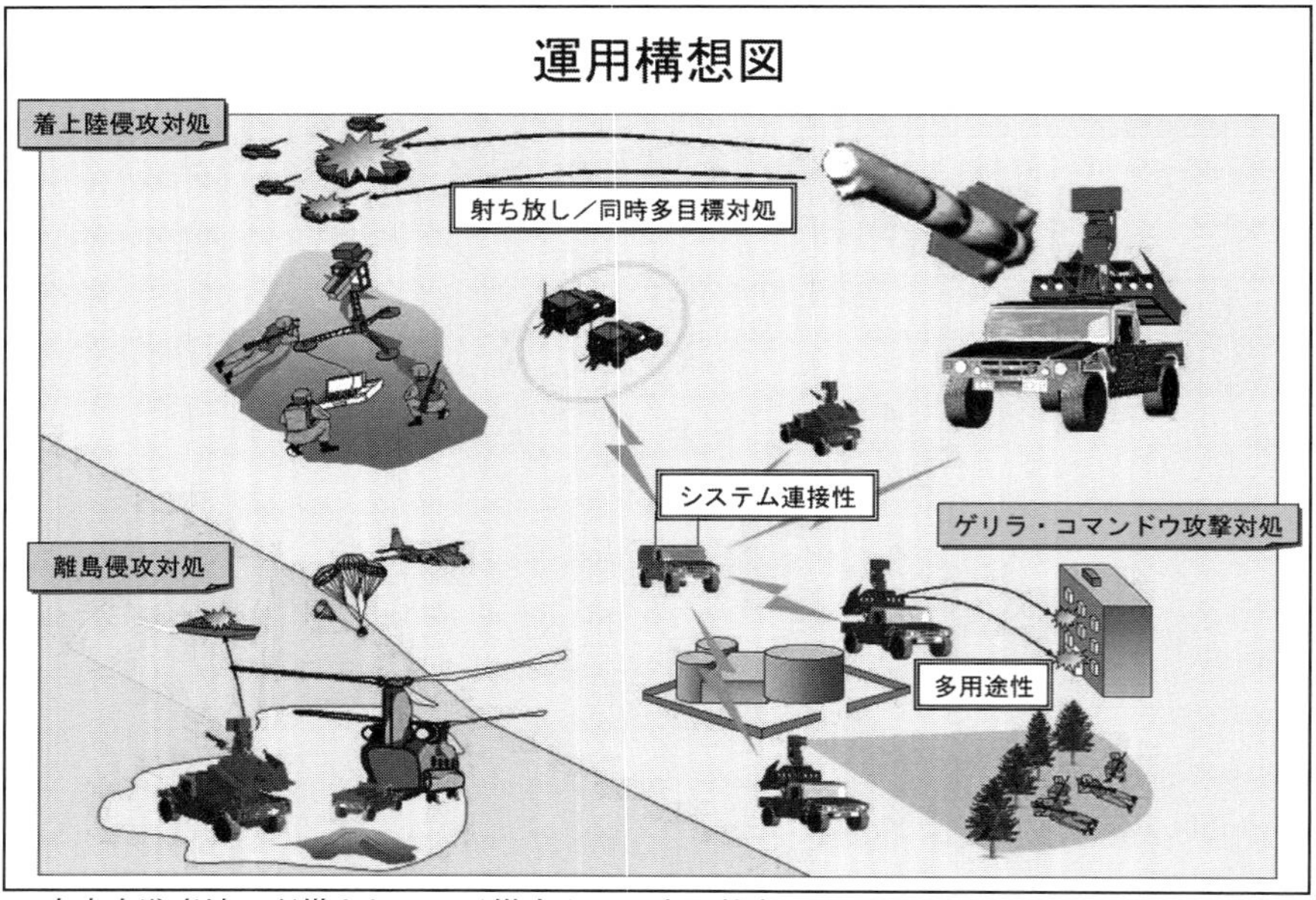

宮古島駐屯地に配備され、一旦撤去された中距離多目的誘導弾部隊の作戦運用図

北海道の第１ミサイル連隊の弾薬庫。安全対策上、トンネルの中に造られている

表－６　実包火薬庫、地上式一級火薬庫、地上覆土式１級火薬庫および地中式１級火薬庫の保安距離

（単位：ｍ）

貯蔵爆薬量（ｔ）以下	一般施設 第１種	一般施設 第２種	一般施設 第３種	一般施設 第４種	自衛隊施設 第３種 哨舎等	自衛隊施設 第３種 哨舎等以外	自衛隊施設 第４種
40	550	480 (340)	270 (170)	170 (140)	34 (22)	135 (85)	85 (70)
35	520	460 (330)	260 (160)	160 (130)	33 (20)	130 (80)	80 (65)
30	500	440 (310)	250 (160)	160 (120)	32 (20)	125 (80)	80 (60)
25	470	410 (290)	230 (150)	150 (120)	29 (19)	115 (75)	75 (60)
20	440	380 (270)	220 (140)	140 (100)	28 (18)	110 (70)	70 (50)
19	430	370 (270)	210 (130)	130 (100)	27 (17)	105 (65)	65 (50)
18	420	370 (260)	210 (130)	130 (95)	27 (17)	105 (65)	65 (48)
17	420	360 (260)	210 (130)	130 (95)	27 (17)	105 (65)	65 (48)
16	410	350 (250)	200 (130)	130 (95)	25 (17)	100 (65)	65 (48)
15	400	350 (250)	200 (120)	120 (90)	25 (15)	100 (60)	60 (45)
14	390	340 (240)	190 (120)	120 (90)	24 (15)	95 (60)	60 (45)
13	380	330 (240)	190 (120)	120 (85)	24 (15)	95 (60)	60 (43)
12	370	320 (230)	180 (110)	110 (85)	23 (14)	90 (55)	55 (43)
11	360	310 (220)	180 (110)	110 (80)	23 (14)	90 (55)	55 (40)
10	340	300 (220)	170 (110)	110 (80)	22 (14)	85 (55)	55 (40)
9	330	290 (210)	170 (100)	100 (75)	22 (13)	85 (50)	50 (38)
8	320	280 (200)	160 (100)	100 (75)	20 (13)	80 (50)	50 (38)
7	310	270 (190)	150 (95)	95 (70)	19 (12)	75 (48)	48 (35)
6	290	250 (180)	150 (90)	90 (65)	19 (12)	75 (45)	45 (33)
5	280	240 (170)	140 (35)	85 (65)	18 (11)	70 (43)	43 (33)
4	260	220 (160)	130 (30)	80 (60)	17 (10)	65 (40)	40 (30)
3	230	200 (140)	120 (70)	70 (50)	15 (9)	60 (35)	35 (25)
2	200	180 (130)	100 (60)	60 (45)	14 (9)	55 (35)	35 (25)
1	160	140 (100)	80 (50)	50 (40)	14 (9)	55 (35)	35 (25)
0.7	140	120 (90)	70 (45)	45 (35)	14 (9)	55 (35)	35 (25)
0.5	130	110 (80)	65 (40)	40 (30)	14 (9)	55 (35)	35 (25)
0.3	110	95 (65)	55 (35)	35 (25)	14 (9)	55 (35)	35 (25)
0.2	95	80 (−)	45 (−)	30 (−)	14 (−)	55 (−)	35 (−)
0.1	75	65 (−)	40 (−)	25 (−)	14 (−)	55 (−)	35 (−)

備考

1．（）書きは土堤の高さを屋頂の５／４以上とした場合を示し、（）書きでない方は屋頂以上とした場合を示す。
2．実包火薬庫の保安距離は（）書きでない方の保安距離を採用する。
3．第１種保安物件に対しては、土堤の高さによる保安距離の低減を行わない。
4．哨舎等
　当該火薬庫の守衛又は管理人等の詰所等当該火薬庫を警戒するために建てられた家屋をいう。以下同じ。
5．貯蔵爆薬量が 40ｔを超える場合は次式により算定する。

$$保安距離（D）=\frac{A\times\sqrt[3]{C}}{\sqrt[3]{B}}$$

（一般施設の場合）
　Ａ：Ｂに対応する保安距離（ｍ）
　Ｂ：左表に記載された任意の貯蔵量（ｔ）
　Ｃ：貯蔵しようとする爆薬量（ｔ）
（自衛隊施設の場合）
　哨舎等　上記計算による保安距離の１／８以上
　哨舎等以外　上記計算による保安距離の１／２以上

対艦・対空ミサイル部隊の運用

さて、このミサイル部隊だが、宮古島には地対艦ミサイル中隊（ＳＳＭ）、地対空ミサイル中隊（中ＳＡＭ）の各1個中隊の配備が当面、予定されている。

このミサイル部隊については、自衛隊は２０１９年度内の配備を発表しているが、保良弾薬庫の着工さえ行われていない現状では、それは不可能だろう。

宮古島に配備される予定の地対艦ミサイルは、最新式の12式ＳＳＭであり、射程約２００キロと言われる。しかし、自衛隊はこの射程を約３００キロに延長することをすでに発表している。

地対艦ミサイル部隊の編成は、次頁の情報公開文書の図表にあるとおりである。文字が小さくわかりにくいが、陸自には全国に5個のミサイル連隊が編成され、そのうち3個は北海道に配備、1個が熊本と八戸にそれぞれ配備されている。

1個ミサイル連隊は、約３３０人で、4個射撃中隊で編成される。連隊の本部管理中隊には、捜索・標定レーダー装置6基とレーダー中継装置12基、指揮統制装置1基があり、各中隊本部に射撃統制装置が1基ずつ、ま

８８式地対艦誘導弾システム（改）の運用イメージ

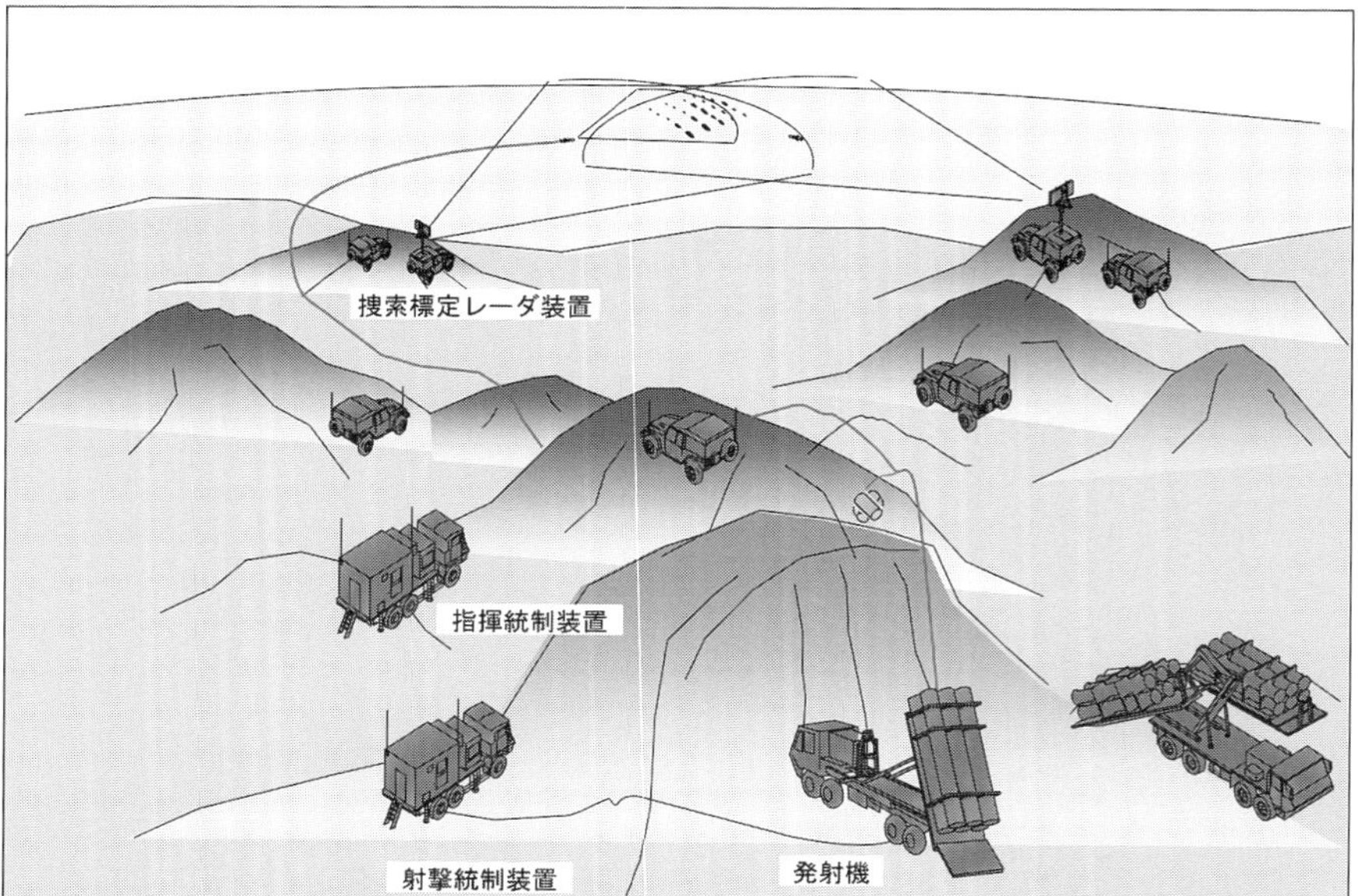

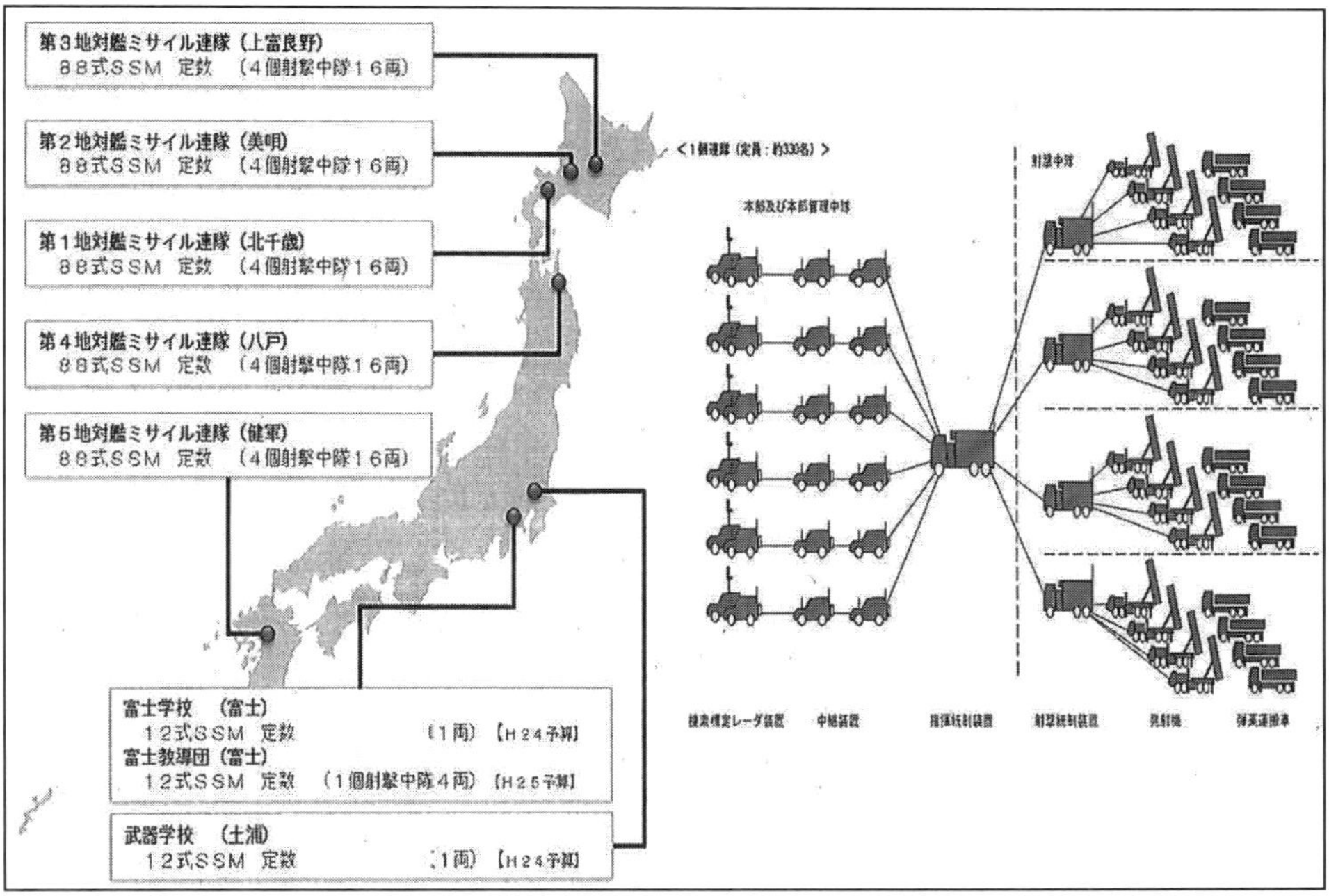

た各中隊に発射機と弾薬運搬車が4基ずつ、ミサイル弾体は24発ずつが配備される（予備弾6発計30発）。

つまり、地対艦ミサイル連隊は、通常、連隊単位で1つのシステムとして運用され、本管中隊がレーダーで索敵し、指揮統制を担当、射撃中隊ごとに射撃統制装置が割り振られ、射撃中隊単位で展開し、射撃するということである（前頁の作戦運用図参照）。

これら全てのミサイル部隊の車両は、車載式であり、島中を移動展開する。また、地対艦ミサイルの特徴は、地形を回避する飛行能力をもち、図のように山陰から発射し、自ら軌道を修正して飛行する。88式から改良された12式では、中間誘導に慣性航法装置で飛行するだけでなくGPS誘導での飛行、そして最終誘導にはアクティブ・レーダー・ホーミングの方式を採用している（前頁図は88式だが、12式も運用は同じ）。

地対艦ミサイルを守る地対空ミサイル

ところで、陸自教範『地対艦ミサイル連隊』には、地対艦ミサイルの弱点として、発射直後、敵にすぐにその発射地点を発見され、隠蔽が困難なことが明記されている。

これは、地対艦ミサイル中隊だけでも、1台約10トンもある発射機・装填機などを4基ずつを移動し、隠蔽するということから、相当に鈍重な部隊である（この移動の大変さから、米軍の評価と裏腹に欠陥品という指摘もある）。

したがって、この地対艦ミサイル部隊を防御するために配備されるのが、宮古島などへ配備予定の地対空ミサイル部隊だ。

この陸自の地対空ミサイル部隊は、全国で方面隊隷下に第1高射特科群〜第8高射特科群の8個群が編成、この中の例えば、第2高射特科群（千葉県松戸）には、4個の高射中隊が配備されている。

この改良ホークの03式中距離地対空ミサイル（中SAM）を装備する部隊は、対空戦闘指揮装置、幹線無線伝送・中継装置、射撃統制装置、捜索兼射撃用レーダー装置、6連装発射機、運搬装填装置など、多数の装備で編成されている。

さて、この対艦・対空ミサイル部隊の、先島—南西諸島での配備、運用はどのように行われるのか。

まず、これらのミサイル部隊——宮古島、石垣島、沖縄本島、奄美大島への各配備の部隊は、連隊を単位として配備され、統合運用されるということだ（現在は各島へ1個中隊配備だが、将来、数個連隊の配備が予想される）。

そして、その司令部を宮古島に置くと発表している。

空自・海自との統合運用

また、対艦・対空ミサイル部隊の運用は、陸自だけでなく同時に海自、空自との統合運用としても行われる。

というのは、陸自のミサイル部隊が保有する車載レーダーは、電波の発射位置が低いこともあり、電波の捜索・探知距離が短い。これが、地対艦ミサイルのもう1つの欠点だ。

一般に、レーダーは、水平線の向こう側が死角となり索敵は不可能であるが、車載式の場合は特にそうである。この場合、遠くの敵艦船に対しては、海自のP3Cなどの哨戒機から索敵情報を、遠くの敵航空機に対しては、空自のレーダーサイトからの索敵情報を得ることが必要になる。

また、これらの統合運用は、索敵情報だけでなく、陸自の火力戦闘指揮統制システムと海自・空自の指揮統制システムがリンクした、統合運用を行うところにまで進められている（味方同士の誤爆を防ぐため）。

　こうして遠距離の敵艦・敵航空機に対しても、また多数の敵の目標に対しても、同時に目標到達までの管制・誘導が可能になる。

　また、後述するが、宮古島等へ配備される03式地対空ミサイルは、航空機には対応できるが弾道ミサイルには対処できない。
　このため、「島嶼戦争」での空自のＰＡＣ３の配備は、不可避であろう。
　すでに、宮古島レーダーサイトに配備された最新のＪ／ＦＰＳ７レーダーは、この弾道ミサイル探知が可能なように改良されつつある（上は、12式地対空ミサイル、左は03式地対空ミサイル）。

要塞島――軍事都市と化す宮古島

2019年3月に至るまで、宮古島には軍事基地といっても、航空自衛隊のレーダーサイトが存在するだけだった。このレーダーサイト（野原岳）は、かつて日本軍のレーダー基地が置かれ、戦後はここを米軍が引き継ぎ、新たなレーダー基地を設置したが、沖縄返還後には空自が、またこれを引き継いだのだ。

この空自基地の近くに、もう1つ基地が造られることになった。下記・次頁写真で見て分かるように、千代田・野原部落などの住民たちは、空自と陸自の2つの基地に囲まれ、ほとんど「基地の中での暮らし」を強いられることになったのだ。2つの基地の距離は、1キロに満たない。

ここ野原岳に設置されていたレーダー基地もまた、2010年、対中国用の電波傍受施設が造られ（下のドーム状の建物）、既述のように2017年度内には、弾道ミサイルも探知可能な最新式のJ／FPS7というレーダーに換装された（次頁下）。

つまり、南西シフト態勢下、宮古島は、すでに2010年から軍事化が進行していたのだ。

宮古島の軍事化・要塞化は、これのみにはとどまらない。宮古島市民はもとより、沖縄本島、「本土」の人々が目覚め、拒まない限り、ほとんど限りない軍事化が進行し始めたということだ。

下地島空港の軍事化の動き

今年に入り、民間空港として開港した下地島空港は、その重点的ターゲットとして位置付けられている。

1971年「屋良覚え書き」（沖縄県と政府との取り決め）のもとで「軍事使用はしない」と約束され、建設された空港は、当初は民間パイロットの養成所として運用されてきたが、その役割を終え、新たな使用が模索されてきた。

ここに目を付けたのが、防衛省であり、米軍である。空港の地元である伊良部島には、2000年代の初めから、町議会や有力者の中で、自衛隊誘致の動きが活発になり、数度にわたり、町議会の誘致決議とそれを覆す住民のたたかいとの攻防が続けられてきた。

もとより、自衛隊のみならず米軍の使用さえもたびたび策動されてきた。

この中で2011年、民主党政権下において北澤防衛大臣（当時）は、下地島を訪れ、「下地島空港を災害支援拠点」とする構想を発表したのである。

だが、この構想の裏には、

空港の軍事化が進行していることは疑いない（「災害派遣」は、南西諸島での基地建設の口実であった。全ての島で防衛省は、当初「災害派遣等」の部隊配備を謳い、ミサイル部隊を後景化させていた）。

宮古島市内から、伊良部大橋を渡って車でわずか30分という距離にあるこの空港は、3千メートルの滑走路を有する、先島では最大の空港だ（前頁・上）。

筆者は、今年6月下旬のある日、民間空港として開港したばかりの下地島空港の実態を知るためにここを利用してきた。

現在、成田空港との間を週3便しか飛ばないという空港は、ターミナルビルは、1階フロアしかなく、民間空港として利用される施設としては、不完全過ぎる。

もとより、貨物空港としての設備も造られていないようで、初めから軍事空港化への橋渡しではないか、という疑いを持つに至った。後述するように、この下地島空港、そして宮古島空港もまた、F35Bの基地化が狙われているのである。

宮古島に配置された自衛隊情報保全隊

さて、３月26日、宮古島に編成配備されたのは、沖縄本島の第15旅団傘下の宮古島警備隊などの約３８０人である。対艦・対空ミサイル部隊などの配備は、「保良基地・弾薬庫」を完成させた２０１９年度末とされている。

駐屯地へ配備された部隊の内訳は、宮古警備隊（隊本部・普通科中隊・後方支援隊）、第３２２基地通信中隊、第４４４会計隊、第１３６地区警務隊宮古派遣隊、ということになっている。この編成は、西部方面隊機関紙「鎮西」に掲載されたものだ。

ところが、だ。次頁の筆者への情報公開文書を見てほしい。警務隊などは「その他の部隊」として完全な黒塗りだ。西部方面隊機関紙に公表しているものを隠蔽するとは、自衛隊の秘密体質を現しているが、幼稚な隠蔽体質と言うべきだ。

さて、筆者が宮古島配備部隊の情報公開請求をした理由は、もう1つあり、配備された自衛隊情報保全隊の確認を行うためである。

自衛隊情報保全隊の組織改編について（年度末訓令改正用）

陸上自衛隊の部隊改編に伴い、駐屯地の人員規模の増減による情報保全業務の適切な対応のための体制整備

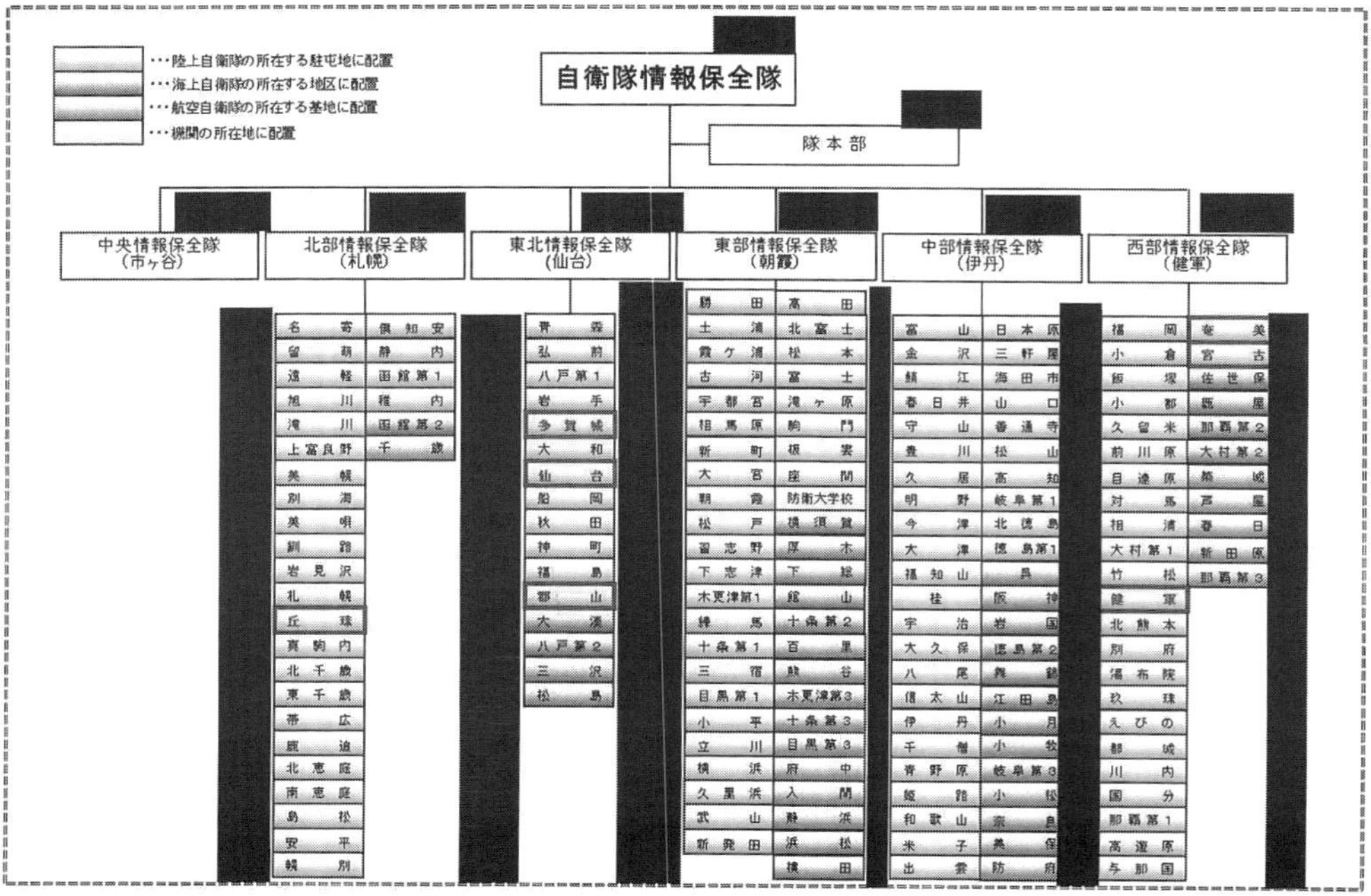

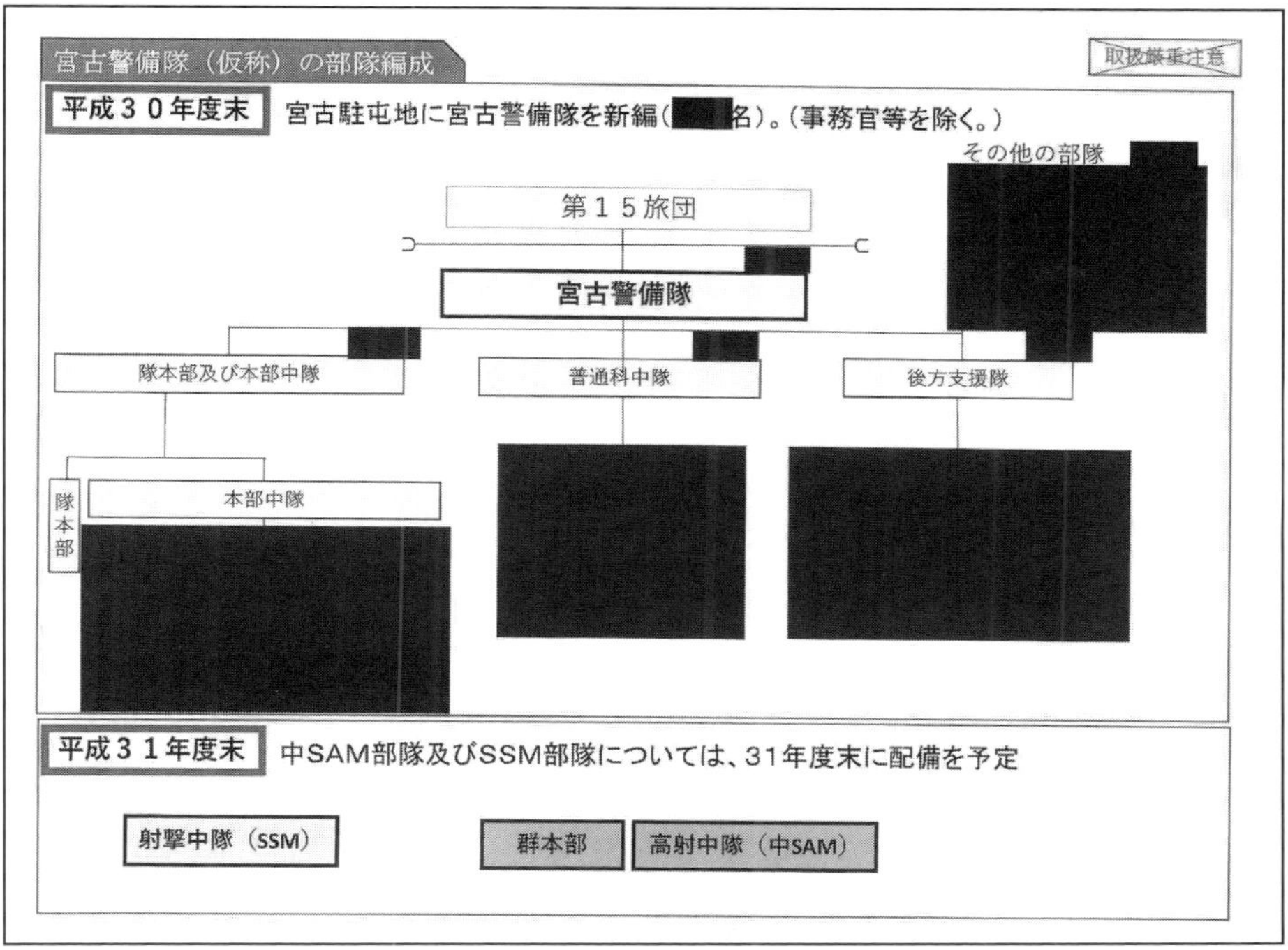

というのは、すでに与那国島においては、筆者の情報公開請求で情報保全隊の配備が確認されているからだ（54頁）。また、奄美大島に開設された部隊においても、報道に対して、情報保全隊の配備が発表されているからである。これらは、前頁図表の情報保全隊の、全国への配置に明記されている（何と、この図表には右端の上から2列目に、宮古島への情報保全隊の配備も明記！）。

このように、与那国島、奄美大島においては、情報保全隊の配備を認めておきながら、宮古島においてはひた隠しにするという、このダブルスタンダードをどう考えたらいいのか（西部方面隊機関紙『鎮西』でも隠蔽）。

住民へのスパイ機関・情報保全隊

この理由は、自衛隊情報保全隊の任務にある。結論から言えば、自衛隊情報保全隊とは、住民・市民の監視・調査をもっぱら任務としている部隊だということだ。

かつて、この部隊は、「調査隊」として悪名をはせたが、その隊員らは、たびたび反戦集会などに潜入し、情報収集を行っていたことが確認されている（１９７０年代には主催者に何度も摘発された！）。

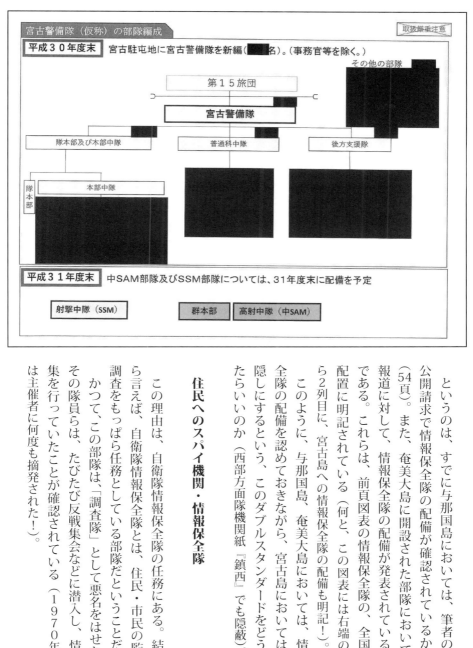

治安出動態勢下に隊員監視から住民監視へと変質

本来、情報保全隊は、「部隊等の運用に係る情報保全業務のために必要な資料及び情報の収集整理及び配布を行う」（「自衛隊情報保全隊に関する訓令」第３条「（情報保全隊の任務」）として、部隊内の「隊員らの秘密漏洩」対策のために設置された。

そして、２００９年には、陸海空にそれぞれ編成されていた調査隊から、防衛大臣直轄の「常設統合部隊」として、新たに名称替えしてスタートしたのだ。

情報保全隊の組織は、全国に中央保全隊ほか東北・西部など5つの保全隊が設置されていることから明らかだが、本来の保全隊の組織的配置は、陸でいえば「普通化連隊規模の大部隊」への配置だ。

これが、わずか１６０人の与那国、約６００人規模の奄美、そして約８００人規模の宮古島駐屯地に配備されるのは、異例の状況だ。

さて、この情報保全隊が、隊員らの調査・監視業務から、大きく離れて、もっぱら住民の調査・監視、スパイ（諜報活動）に任じるようになったのは、自衛隊の主要任務である「治安出動」と関係している。

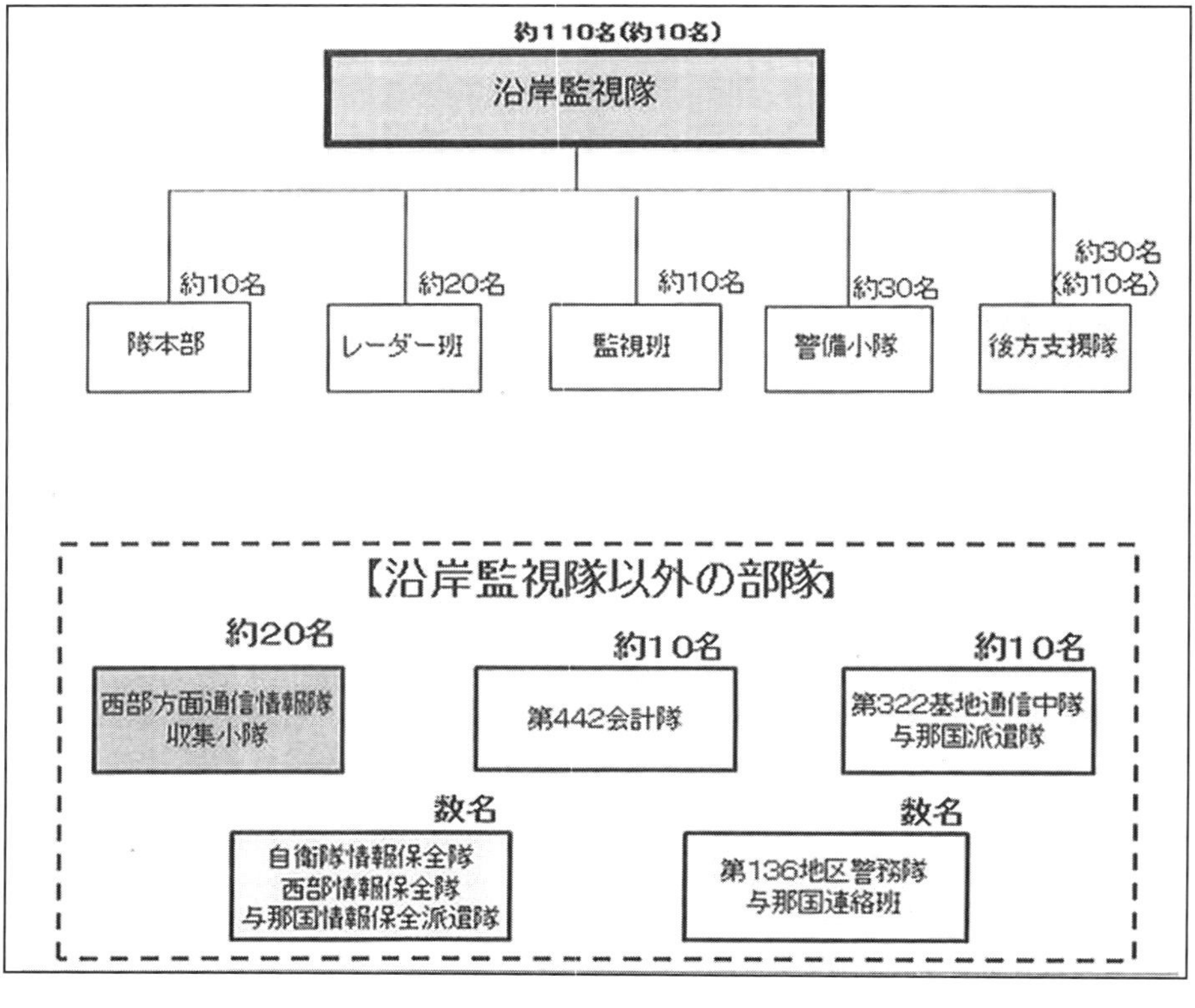

＊情報保全隊は、住民だけでなく保守派の政治家までも監視している！

この頁の文書は、筆者の情報公開請求で出された防衛省文書。情報保全隊は、宮古島市長、石垣市長、奄美市長、奄美・瀬戸内町長などを調査していた。

取扱厳重注意

宮古島市

市長	 下地敏彦（しもじ　としひこ） １９４５年12月10日 ［出身地］平良市 ［最終学歴］琉球大学理工学部 ［党派］無所属（自民、公明推薦） ［任期］　Ｈ21.1.26～Ｈ29.1（当選２回） ※Ｈ25.1.13公示、無投票再選 ［略歴］　Ｓ43　琉球政府採用 Ｈ　７　県企画開発部企画調整室副参事 Ｈ14　城辺町助役（現宮古島市） Ｈ18　県漁協組合連合会代表理事会長 ［備考］宮古地区自衛隊協力会会長 [redacted]
議会構成	［議長］真栄城　徳彦（まえしろ　とくひこ） ［定数］２６名 ［会派］与党17、野党３、中立６ ［任期］Ｈ29．11.12

[redacted]

石垣市

市長	 中山義隆（なかやま　よしたか） １９６７年６月２６日 ［出身地］石垣市 ［最終学歴］近畿大学商経学部 ［党派］無所属（自民、公明推薦） ［任期］　Ｈ22.3.20～Ｈ30．３．１９ （当選２回） ※Ｈ26．3．２投開票 （中山義隆15,903票、大浜長照11,881票） ［略歴］　Ｈ　３　野村證券入社 Ｈ16　八重山青年会議所常理事長 Ｈ18　石垣市議会議員当選 Ｈ21　石垣市議会議員辞職 ［備考］八重山防衛協会顧問 （八重山防衛協会会長：三木巖） [redacted]
議会構成	［議長］知念辰憲（無所属） ［定数］２２名 ［会派］与党14、野党６、中立２ ［任期］Ｈ30.9.27

[redacted]

奄美市　政治情勢

市長	 朝山　毅（あさやま　つよし） １９４７年１月２４日　６６歳 ［出身地］奄美市笠利町 ［最終学歴］拓殖大学商学部 ［党派］無所属 ［任期］Ｈ25.11（当選１回） （就任Ｈ21.12.1） ［略歴］Ｓ44　鹿児島県信用保証協会 Ｓ47　奄美群島振興開発基金 Ｈ６　旧笠利町長（現奄美市）３期 Ｈ18　奄美市副市長 Ｈ21　奄美市長（１期目）
議会構成	［議長］向井　俊夫（むかいとしお）会派：新奄美 ［定数］２４名 ［会派］与党18、野党２、無所属４ ［任期］Ｈ27.11.19

[redacted]

すなわち、１９６０〜70年安保闘争は、歴史的にもかつてない反戦運動の社会的広がりをみせたが、この時代に自衛隊はその最重要任務の1つとして、治安出動態勢に突入したのである。

自衛隊の治安出動とは、言うまでもなく、民衆を敵として、「武力鎮圧」を行うという、血なまぐさい任務だ。これは、その任務をめぐって自衛隊員に動揺を生じさせることとなる（後述の「間接侵略論」で正当化される）。

こういう自衛隊の恒常的な治安出動態勢づくりが、治安出動態勢下における情報収集、対住民・市民対策として、旧調査隊の工作員を集会・デモなどに監視・潜入させるとともに、これらの部隊が日常的に「隊員監視」という業務から「住民監視」へと任務を変えていくことになったのだ。

「島嶼戦争」の「対スパイ戦」の任務

ところで、自衛隊法の第78条「自衛隊の治安出動」には、「内閣総理大臣は、間接侵略その他の緊急事態に際して、一般の警察力をもつては、治安を維持することができないと認められる場合には、自衛隊の全部又は一部の出動を命ずることができる」と規定されている（傍点筆者）。

また、第79条2には、「治安出動下令前に行う情報収集」として、「防衛大臣は、事態が緊迫し……治安出動命令が発せられる……ことが予測される場合において、当該事態の状況の把握に資する情報の収集を行うため特別の必要があると認めるときは、……自衛隊の部隊に当該者が所在すると見込まれる場所及びその近傍において当該情報の収集を行うことを命ずることができる」と定められている（傍点筆者）。

自衛隊法の条文に見るように、重要なのは治安出動の規定が、国内の大規模デモなどを「間接侵略事態」（デモなどは外国からの教唆・煽動）として認定し、武力鎮圧を正当化していることだ。

また、その治安出動の情報収集は、市街地での活動を認めているということである（２００1年改定自衛隊法）。

自衛隊が「災害派遣」などで、あたかも「国民を守る」かのような欺瞞に惑わされている人々にとって、この国民の正当なデモなどを「外国の教唆・煽動による間接侵略」とする規定、市街地での活動規定は、驚くべきことであろうが、これが自衛隊の本質であり、実態なのだ。

陸自教範『野外令』
『対ゲリラ・コマンドウ作戦』の規定

陸自の最高教範（教科書）『野外令』（統合幕僚監部発行）は、第5編「陸上防衛作戦」の第7節「警備」の項で、警備の目的として「敵の遊撃活動、間接侵略事態等に適切に対処」と明記する。

そして、この「間接侵略事態の様相」は、「多種多様である。……地域的にも局地的な事態から広範囲にわたる事態があり、その程度も非武装の軽度の様相から武装化した勢力による一般戦闘行動に準じる様相」としている。

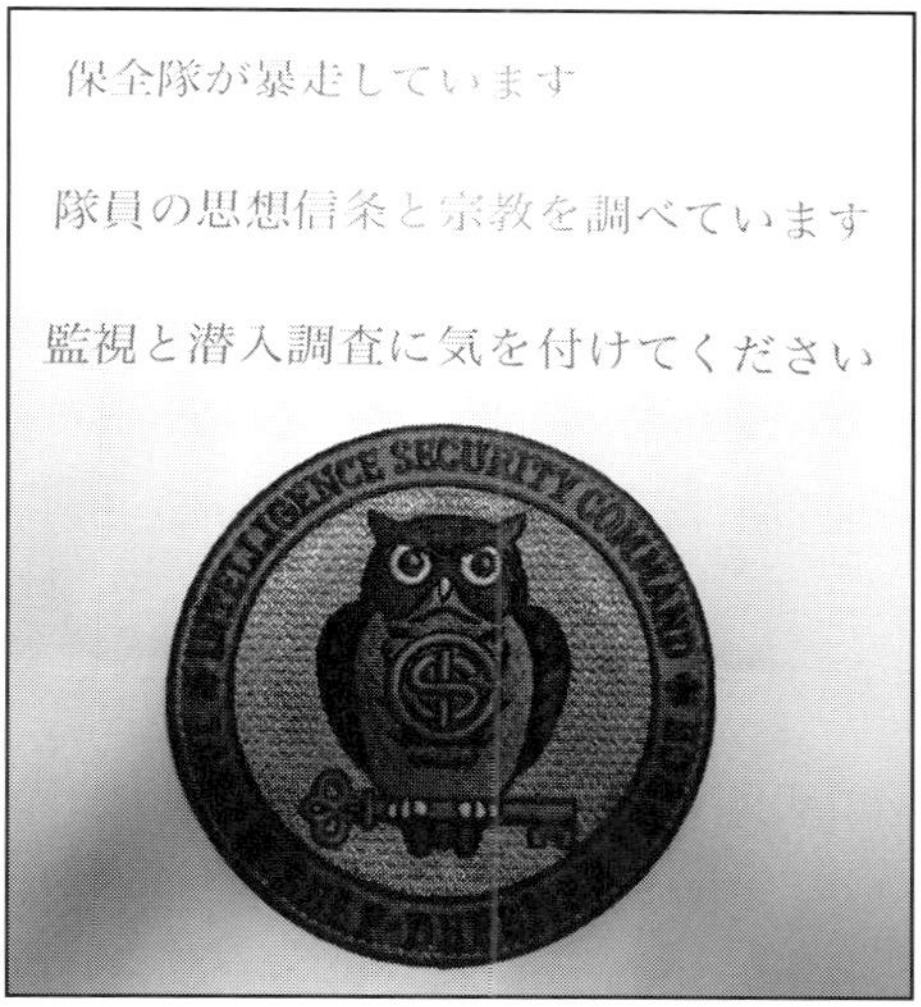
保全隊が暴走しています
隊員の思想信条と宗教を調べています
監視と潜入調査に気を付けてください
INTELLIGENCE SECURITY COMMAND
筆者のもとに送られてきた情報保全隊の部隊章

さらに、「間接侵略事態の主体勢力は、識別が困難であり、地域と密着した関係部外機関との協力なくしては、対処が困難である。また、武器使用に当たっては、非軍事組織に対する行動であることに留意」というのだ（『自衛隊の島嶼戦争――資料集・陸自「教範」で読むその作戦』社会批評社刊所収）。

結論として「多様な様相に適切かつ主動的に対処するため、早期から関係部外機関と緊密に連携した継続的な情報活動により、適時に情報を入手することが重要」「対象勢力に関する情報を……継続的に確保することが必要」としている。

明らかなように、ここでいう間接侵略事態の対象は、武装したゲリラだけではなく、「非武装程度の様相」の「非軍事組織に対する行動」、つまり、基地・自衛隊に反対する、あるいは戦争に反対する市民・住民ということである。

つまり、自衛隊は「陸上防衛作戦」の「島嶼戦争」下に、島々の住民対処――これは戦時下の住民避難としての対象ではなく、自衛隊の軍事行動を阻害し、妨害する反対勢力として、住民を対象化しているということだ。

中止に追い込まれたミサイル部隊予定地

大福牧場地区の基地建設

宮古島の、住民・市民運動をしっかりと記録しておくことは大事である。ここでは、創造的な基地反対の、粘り強いたたかいが行われてきたのだ。

また、この記録は、単なる過去の記録ではなく、これから本番を迎える宮古島のたたかいの方向性を示すものでもある（保良弾薬庫・ミサイル部隊基地！）。

下記の図面を参照してほしい。この図面は、筆者の情報公開請求で出された、宮古島ミサイル部隊の主要配備場所・大福牧場地区案である。

当初、防衛省は、この大福地区を主要なミサイル部隊の配置（実戦部隊）として計画しており、千代田地区は、庁舎・隊舎の配置地区として予定していた。この場所には、約30ヘクタールの敷地に主要部隊の設備、射撃場、弾薬庫などを置く予定であった。

ここに弾薬庫だけでなく「貯蔵庫」として明記しているのは、筆者はその大きさからして、兵站物資の事前集積拠点としてのそれを含む弾薬庫だと認識していた。つまり、宮古島は、ミサイル部隊の司令部機能だけでなく、

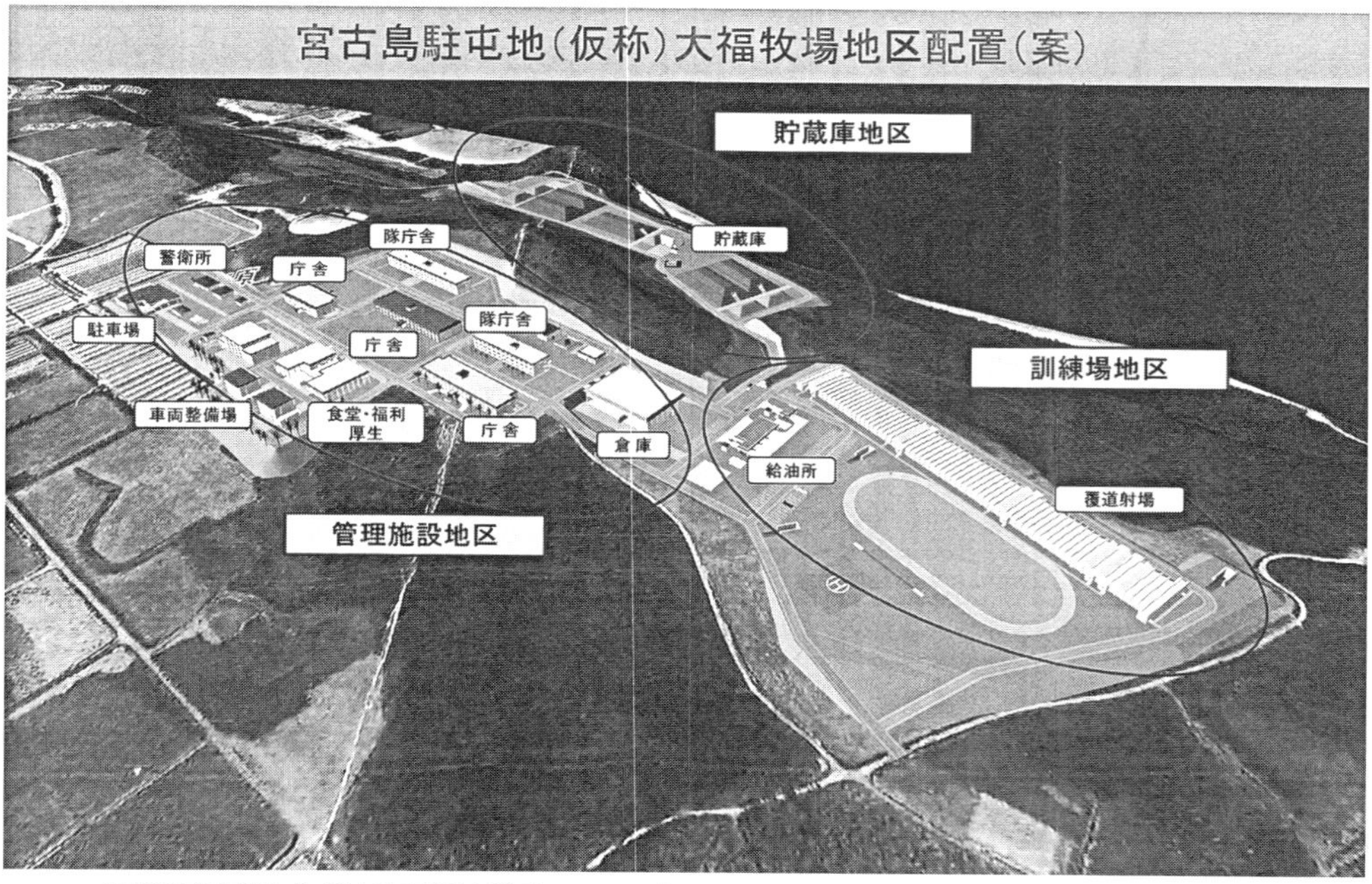

沖縄防衛局作成「対象事業協議書」2015年

＊２０１７年10月30日、宮古島駐屯地の着工式。この日、宮古島・下地市長を含む市関係者は誰も出席しなかった。

＊駐屯地着工後、半年～1年後の千代田地区。静かな農村に多数の車両が出入りし、瞬く間に周辺の地形を変えはじめた。宮古島は、工事関係者で溢れ、他の要因もあり、住宅が高騰した。

先島の兵站拠点（事前集積拠点）として位置付けられているということだ。

このミサイル部隊の配備プランが中止に追い込まれたのは、文字通り宮古島の創意的住民運動の広がりであった。

宮古島は、世界でも希有な島で、島自体が水がめの機能を果たしているという地形だ。島には、川がほとんどなく、この地下の水がめから汲み上げて、ファームポンドというタンクに水を蓄え、飲料水や農業用水が供給されている。

こういうことから、この大福地区の自衛隊基地建設にあたり、住民らは、市の地下水保全条例に基づく審議会の開催、その徹底審議を求めて起ち上がったのである。そして、市当局・防衛省の審議会内容の隠蔽・偽装に対して、公開要求などを始めとして、徹底追及し、ついに、大福地区への基地建設を中止（地下水源地の真上の基地建設）に追い込んだのだ。

「国防はクニの専権事項」ではない！

宮古島の下地市長などは、ことあるごとに「国防はク

2016 年 11 月の自衛隊配備に反対する宮古島集会。沖縄選出の全国会議員が参加した

2017年10月、宮古島基地工事着工に反対して、連日、工事現場でたたかいが始まった

宮古島などへの自衛隊配備に関する防衛省との政府交渉、福島瑞穂参議院議員、赤嶺政賢衆院議員（沖縄）などが出席、筆者もアドバイザーとして参加（2018年3月）

ニの専権事項だ」と責任逃れをしているが、事実はこの大福地区の基地建設を中止にしたように、「国防」に対して住民の自治権は行使されているのだ。

防衛省の、住民の生命、環境を何ら考慮しない基地建設に対し、このように住民が異議を申し立てることこそ、戦後民主主義の大事な権利の１つである、住民の自治権として再確認すべきだ。

また、宮古島市民らは、沖縄県に対して、自衛隊基地に対する環境アセスメントの適用を求めて条例改定の請願を行い、これを実現させている。問題は、この環境アセスの適用（２０１９年3月末）逃れのために、石垣島の基地建設が強行されたことだ。

戦後基地闘争の中の宮古島などのたたかい

ここで筆者が強調したいのは、現在の宮古島、石垣島での基地建設反対のたたかいは、現実に「勝利可能」なたたかいであるということだ。

すでに見てきた、石垣島・宮古島のたたかいが示しているのは、「国防のための基地造り」は、住民自治によって拒むことができる、住民は環境権・平和的生存権など

＊2019年3月、駐屯地開設以後も抗議が続けられている宮古島駐屯地正門前（上）。駐屯地内にある野原地区の御嶽（祭祀などを行う施設）は、半分以下に削りとられた（左）。野原地区には、今も反対ののぼり（右頁）。

の自治権・人権を行使してこれを拒むことができる、ということを証明している。

そして、まさしく戦後の全国の反基地闘争は、こういう住民の自治権・環境権などの権利をめぐるたたかいとしても行われてきたのだ。

筆者は、繰り返し主張しているが、戦後自衛隊基地が新しく造られたのは例外でしかない、と。つまり、現在の自衛隊基地は、米軍基地の返還から、その米軍基地は旧日本軍基地への進駐によって置かれたということだ(沖縄本島を除く)。

こうして、戦後、自衛隊基地として新しく造られたものは、百里航空基地、長沼ミサイル基地など、ほんのわずかである。

ところが、その新基地が、「自衛隊違憲訴訟」の舞台となったのは周知の事実だ。今でも百里基地は、補助滑走路が「く」の字に曲がって造られており、未完成なのだ(「く」の字の中に平和公園が造られている!)。

ここに示されているのは、「本土」でさえ、戦後、新らしい基地を造ることは困難であった、いわんや沖縄に新基地などは不可能、ということなのだ。

防衛省の南西諸島への基地建設は、この不可能という

認識から、住民らへの「宣撫工作」が始まったということである。

前頁写真は、宮古島の伊良部・長山港に配備されている海上保安庁の巡視船。船体には「東京」の文字があり、巡視船は全国から動員されている。長山港を中心に、今や、海自と共同する、海保の南西シフト態勢の増強態勢がつくられつつある（ゴムボートに海保の「特別警備隊」のもの）。
写真上は、2016 年２月、「北朝鮮のミサイル対処」を口実に、宮古島に機動展開してきた空自のＰＡＣ３。下の写真は、民間フェリーから輸送されてきたＰＡＣ３車両部隊

第3章　奄美市民にも秘匿して造られた巨大軍事基地

――南西シフト態勢の機動展開・兵站拠点

住民からも、建設業界からも秘匿された基地面積

3月26日、宮古島駐屯地と同日開設された奄美駐屯地、奄美瀬戸内分屯地という2つの基地――。

防衛省・自衛隊は、1週間後の4月1日、防衛副大臣、陸幕長以下の西部方面隊幹部50人を引き連れ、同所で記念式典を行い、報道陣に初めて基地の全容を公開した。

公開された情報保全隊の配備にも驚くが、もっとも重大な出来事は、この公開された基地がとてつもない巨大基地であったことだ。

奄美駐屯地（大熊地区）の敷地面積は、50万４６７４平方メートル（50・5ヘクタール、69頁）、瀬戸内分屯地（瀬戸内町節子地区、71頁）の面積は48万２７９平方メートル（48ヘクタール）。この大きさは、宮古島駐屯地（千代田地区、22ヘクタール）の約5倍、石垣島に予定する駐屯地（46ヘクタール）の2・2倍という面積だ。これは、それぞれ福岡ヤフオクドームの7・3個分、6・9分という大きさだ。

問題は、この巨大基地の面積自体が、この日、初めて報道陣に公開されたということであり、地元の防衛省説明会でもこれまで一切、提示してこなかったということだ。

かろうじて、『鹿児島建設新聞』がこの敷地面

2019年4月1日、奄美駐屯地の編成完結式、防衛副大臣、西部方面隊総監らの幹部と地元の防衛協力会などが参列して行われた。前頁は奄美駐屯地正門（大熊地区）

積を発表していたのだが、この建設業界にさえ自衛隊はウソをついていたか、業界と自衛隊ぐるみで隠蔽を図ったということだ。

『鹿児島建設新聞』（２０１７年9月7日付）は、以下のように記載している。

「駐屯地を新設する場所は、奄美大島の2カ所。奄美市の場所は、『奄美カントリーの一部』で敷地面積は約30ヘクタール……瀬戸内町は、節子地区の町有地で敷地面積は約28ヘクタール」

南西シフト態勢下の兵站・機動展開基地の秘匿

驚くなかれ、建設業界に公表されたのは、奄美、瀬戸内ともそれぞれおよそ半分ほどの基地面積だ。実際に造成工事などを行う建設業界にまで隠蔽するというのは、まったく常軌を逸している（次頁写真は奄美駐屯地）。

奄美大島の地元住民や、行政さえも欺かれているといっていい。

宮古島でも、石垣島でも、与那国島でも、防衛省はあらかじめ基地の敷地面積を公表している。当然である。しかし、こんな非常識なウソまでついて、この巨大基地建設を隠していた意図は何なのか？

自衛隊が、このように隠しておきたかったその理由――

これは奄美基地が、南西シフト態勢下の巨大な「兵站基地」であり、「機動展開拠点」であるということだ。

この実態を基地が完成するまで、メディアからも、国民からも隠しておきたかったということである。

奄美・瀬戸内分屯地へ配備の地対艦ミサイル

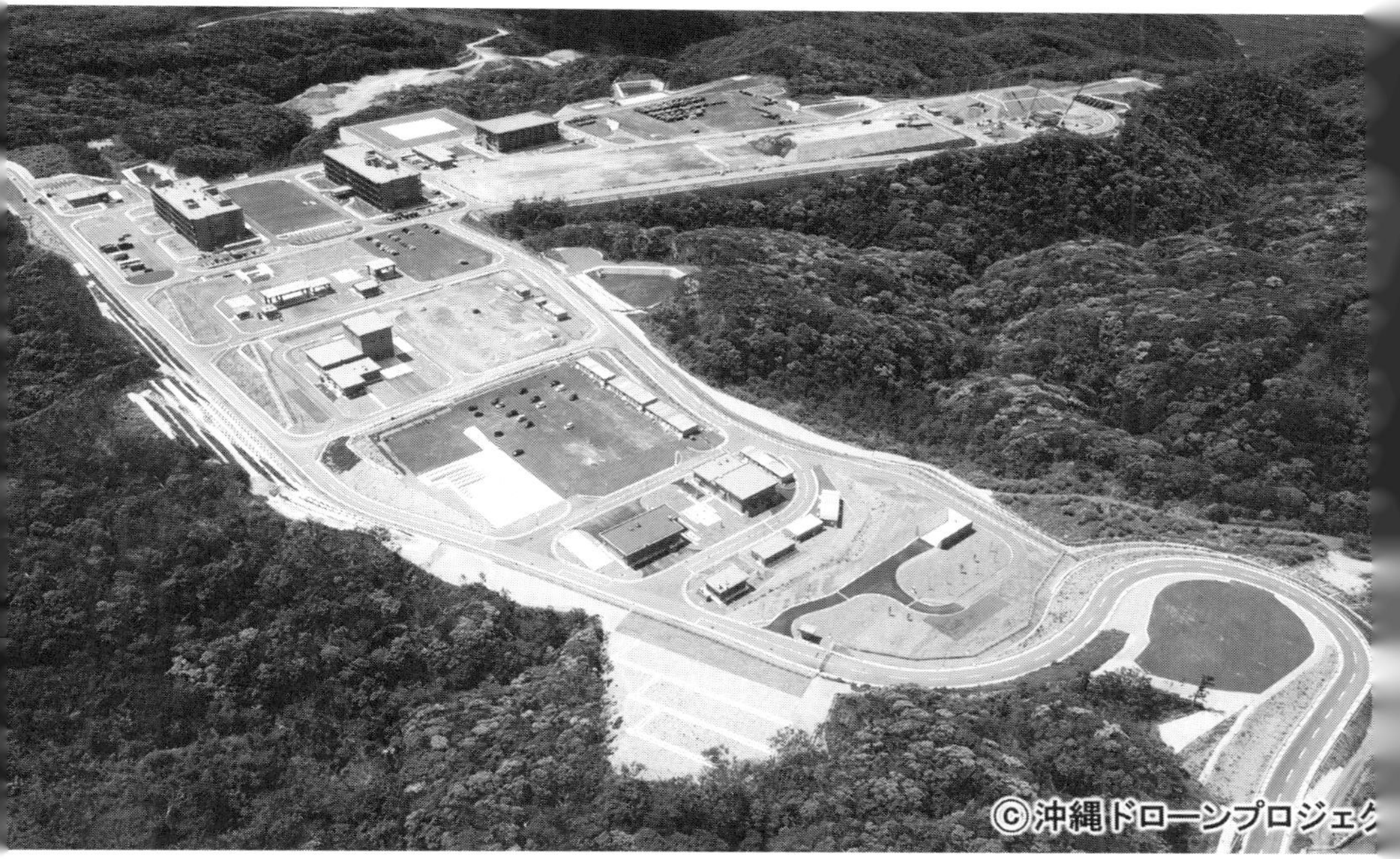

防衛省の奄美駐屯地（大熊地区）説明資料、瀬戸内分屯地は71頁に掲載

奄美大島大熊地区

（対空ミサイル部隊＋警備部隊・約50万4674m^2（50.5ha）、福岡ドーム の約7.3倍）――地元、建設業界にも隠された敷地面積

P6

質問 駐屯地（奄美市大熊地区）にはどのような施設が出来るのですか。

駐屯地（奄美市大熊地区）については、警備部隊及び地対空誘導弾部隊の隊員が勤務する庁舎や、独身の隊員が生活する隊舎、整備工場、射撃場等を整備する予定であり、この他に体育館やグランドなども整備する予定です。

筆者は、繰り返し指摘している。読者は驚くだろうが、この奄美大島の基地建設について、「本土」メディアは、今年3月開設に至るまで一切報道してこなかったのだ（開設以後も同様）。

全てのマスメディアが、「**完全沈黙**」を守るという、信じられない、恐るべき事態が進行しているのだ。これは、奄美以外の鹿児島メディアも同様であり、朝日新聞、あるいは、マスコミでは唯一ジャーナリズム精神を発揮していると思われた東京新聞でさえ、完全に報道規制しているのである。

初めて明かされる巨大ミサイル弾薬庫

自衛隊が隠蔽し、メディアが共犯として隠してきたものは、奄美大島に巨大基地が建設されつつある、ということだけではない。

この奄美―薩南諸島の一大兵站基地化・機動展開拠点化が進みつつあることを、奄美の住民はもとより、国民

次頁上は、奄美・瀬戸内分屯地で、上がBの「貯蔵庫地区」、下が庁舎等のA地区（次頁下の防衛省説明図参照）。下は瀬戸内分屯地正門）

駐屯地（瀬戸内町節子地区）については、警備部隊及び地対艦誘導弾部隊の隊員が勤務する庁舎や、独身の隊員が生活する隊舎、整備工場等を整備する予定であり、この他に体育館やグランドなども整備する予定です。

の目からも全て隠しておきたかったからだ。

すでに見てきたが、瀬戸内分屯地（瀬戸内町節子地区）の面積は、48万279平方メートルであるが（71頁）、この中のB「貯蔵庫地区」の面積（71・73頁に概略図）は、30万6561平方メートルだ。

Bの「貯蔵庫地区」とは、一体何か？

2019年4月1日に報道陣に公表された、この「貯蔵庫」は、『南海日日新聞』によると、『30万6561㎡が大型ミサイルの弾薬や小銃などを保管する火薬庫。完成は来年度以降となるものの、現在配備された装備品の弾薬はすでに配備が完了している」という。

また、自衛隊の機関紙『朝雲新聞』（2019年4月11日付）には、驚くべき記事が掲載された。

「瀬戸内分屯地は標高500メートル級の山々が連なる山間部の高台にあった。瀬戸内町の市街地から国道58号線を北東に向かい、幾つものトンネルを抜け、曲がりくねった道を20分ほど進むと、緑色に塗られた施設が見えてきた。ここが分屯地だ。

『三日月』のような細長い形の分屯地の総面積は約48万平方メートル（ヤフオクドーム6・9個分）で、広さは奄美駐屯地に匹敵する。ここの敷地の約3分の2が弾薬や武器を保管する火薬庫となっています。完成は来年度以降になりますが、現在導入された装備品の弾薬はすでに配備が完了しています』と菅広報室長」

この2つの記事によると、瀬戸内分屯地B地区に造られつつある火薬庫は、約31ヘクタールで宮古島駐屯地の1・5倍にあたる巨大な火薬庫ということだ。この完成は、何と2024年である（情報公開文書）。

ただ、筆者はこれらの報道は、まだ検証する必要性があると考えている。というのは、防衛省が今年6月に情報公開した文書（次頁）と、奄美市の住民が公開請求した文書内容を、比較検討すべきだということだ（77頁「瀬戸内施設一覧表・貯蔵庫地区」）。

まず、「瀬戸内施設一覧表」には、「貯蔵庫」として「貯蔵庫A×5棟　各約1000㎡」と記載されており、75頁の図面でも、5棟（本）のトンネルが確認されている。

この5本のトンネルが、ミサイル弾薬庫であることは、次頁図の筆者の情報公開文書でも確認される（右上の「貯蔵庫」と明記された場所に5個のトンネルの穴）。

問題は、両方の図面上、「ミサイル弾薬庫」は、明確に確認されたが、前記の新聞が記述する約31ヘクタール

瀬戸内分屯地（貯蔵庫地区）鳥瞰図

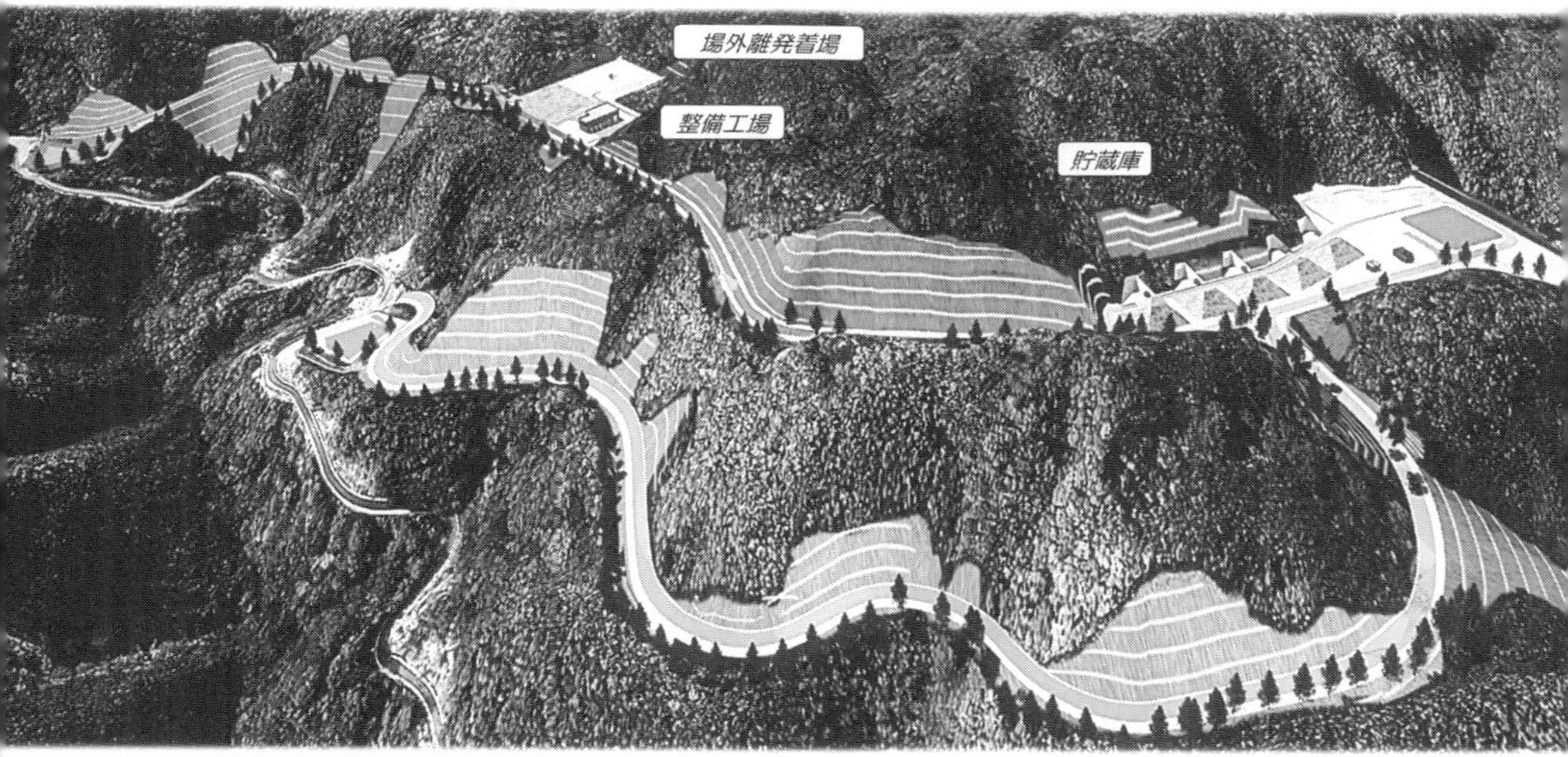

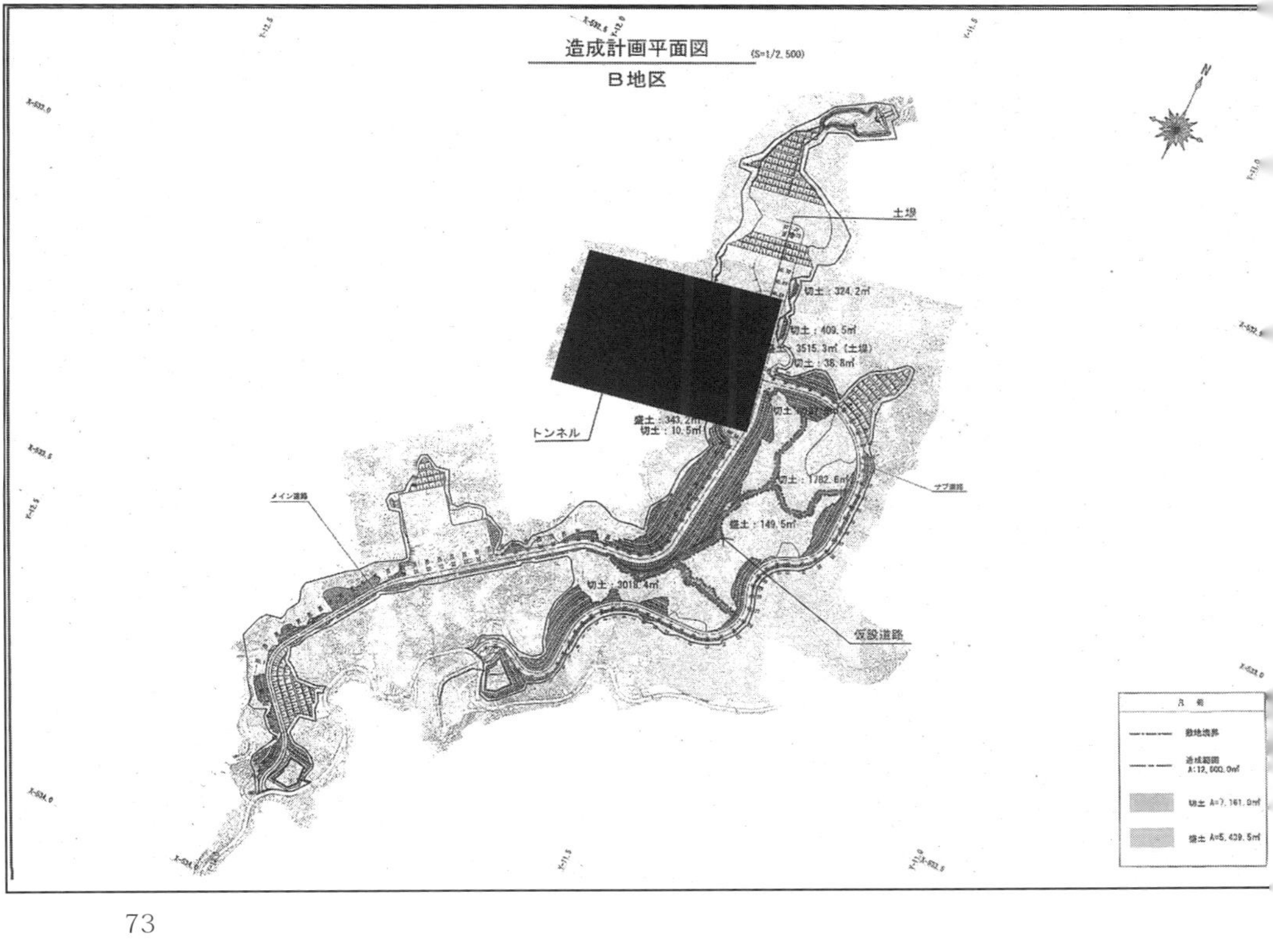

が弾薬庫（火薬庫）とする図面は、確認できていない。「貯蔵庫」は、「貯蔵庫A」以外にも「貯蔵庫B」も設置されているが、これは小規模の弾薬庫である。

つまり、この「瀬戸内施設一覧表」には明記されない「火薬庫＝弾薬庫」（ミサイル弾薬庫以外の）が、報道のように設置されている可能性があるのだ。

73頁下図面には、文字が小さくて分かりづらいが、「盛土」と記された箇所が多数見受けられる。ここに、ミサイル弾薬庫以外の火薬庫が置かれる可能性がある。

ヘリパッドの設置が明記

実際に、「瀬戸内施設一覧表」には記載されない、「場外離発着場＝ヘリパッド」（73頁上）も、この地点には設置されることが、今回の情報公開請求で明らかになった。

しかし、「瀬戸内施設一覧表」には、多数の「燃料施設」が掲載されているが、その燃料を使用するヘリパッドを掲載しないという、防衛省のいい加減さ、欺瞞を厳しく批判しなければならない。

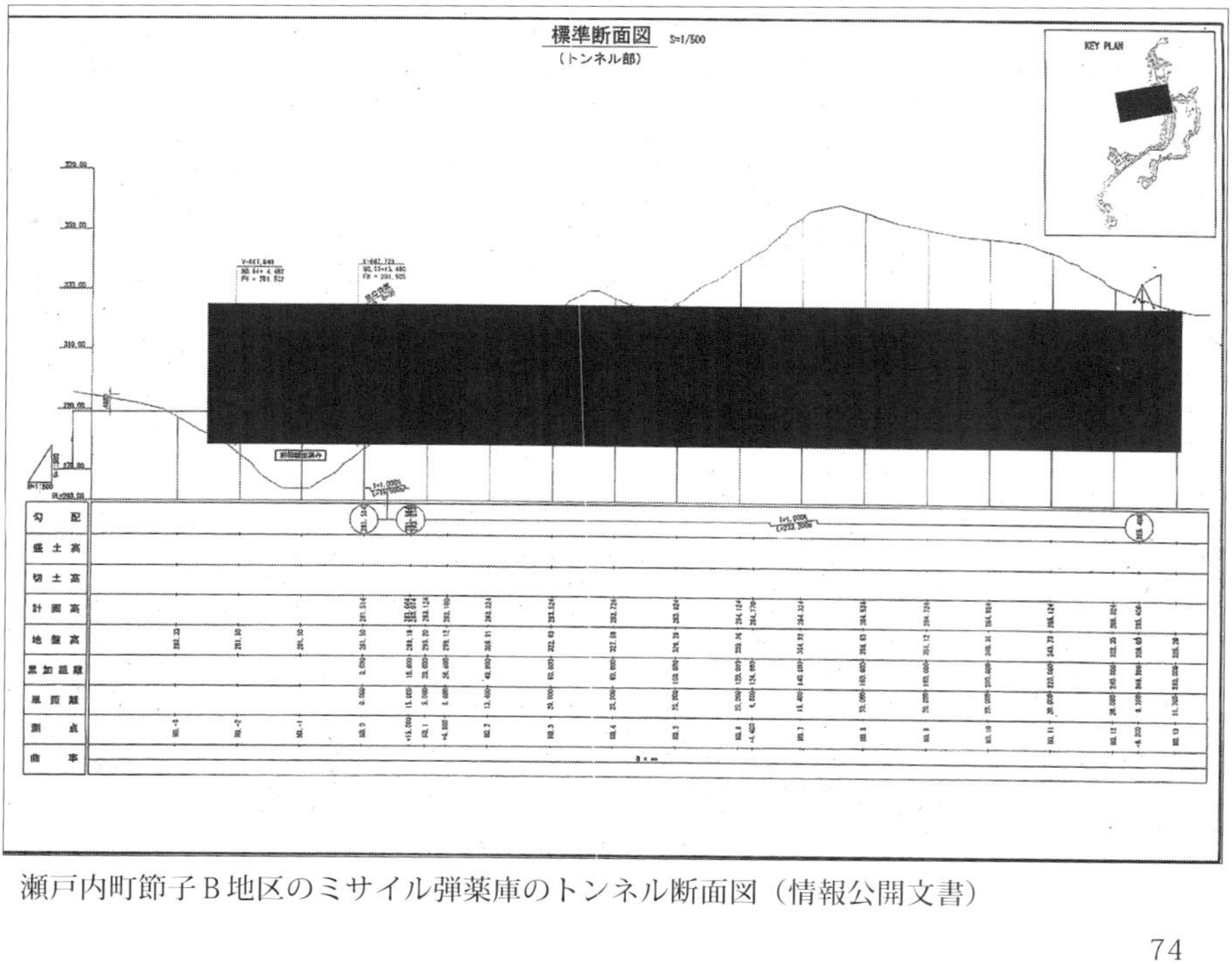

瀬戸内町節子B地区のミサイル弾薬庫のトンネル断面図（情報公開文書）

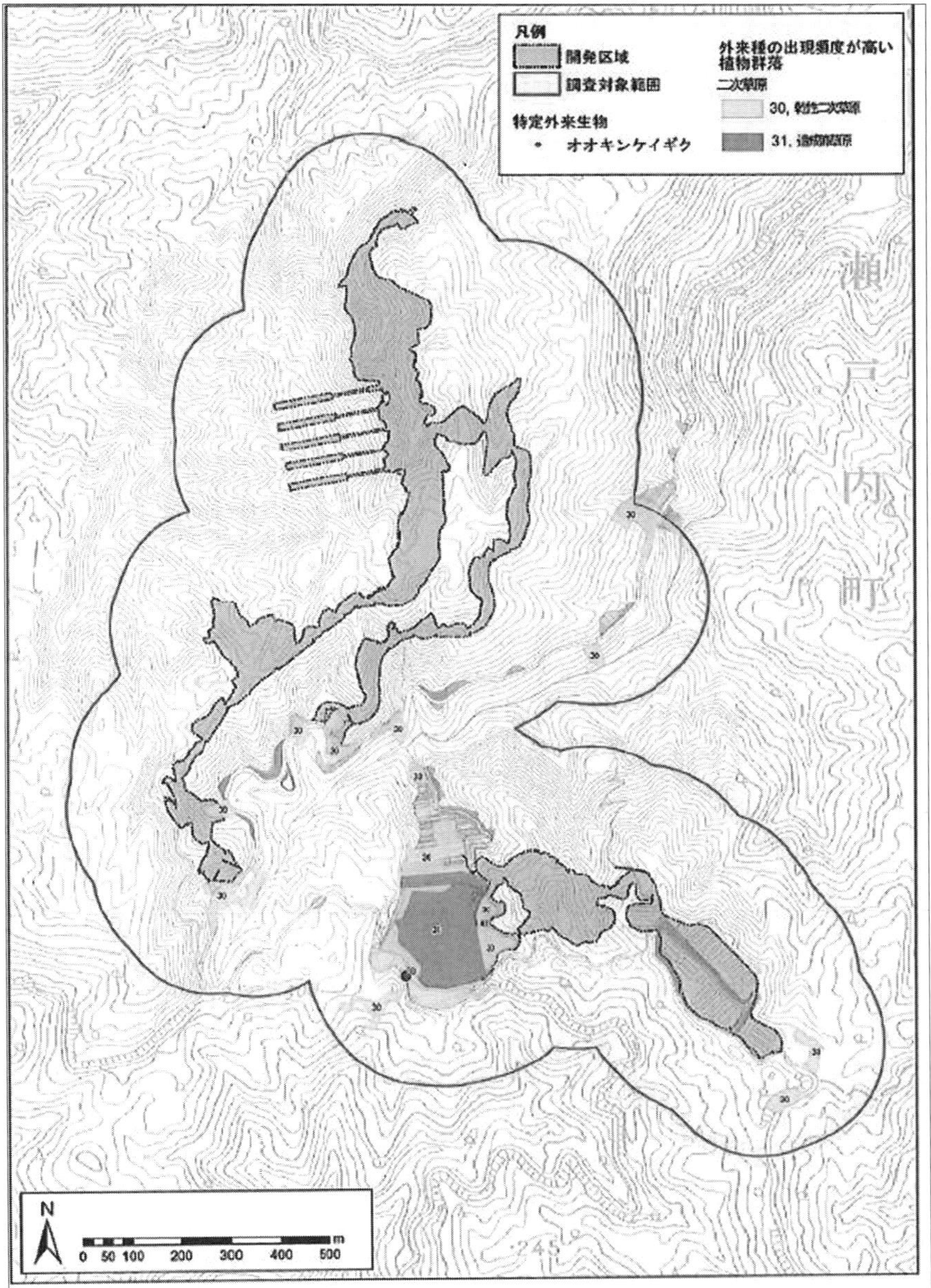

図 2.3.1-3 特定外来生物(オオキンケイギク)の分布状況図

奄美駐屯地への配備部隊

さて、奄美大島には、警務隊、情報保全隊も配備されたが、地対艦・地対空ミサイル部隊（第301地対艦ミサイル中隊・第344高射中隊）が、南西諸島では初めて実戦配備された。

配備のもう1つの主力部隊は、奄美警備隊でこの部隊は、第8師団（熊本）傘下の1個部隊と西部方面隊直属部隊の役割を同時に担う「平素隷属部隊」（「隷属」とは、基本的な指揮関係にあることを示す）と呼ばれる部隊だ。

奄美市大熊地区にある奄美駐屯地には、約350人（地対空ミサイル部隊を含む）、瀬戸内町節子地区にある瀬戸内分屯地（地対艦ミサイル部隊を含む）には、約210人、合計560人が配備された。

奄美駐屯地、奄美・瀬戸内分屯地とも、主力はミサイル部隊であるが、大熊地区を視察すると「誘導弾発射機露天掩体」という、他の基地にない施設が目に付く（77頁）。下記に、陸自の武器教範の中の「露天掩体」図を掲載しているが、対艦・対空ミサイル発射機（発射車両）は、平時にはこのような露天掩体に安全のために保管されるということだ（運用時には島中を移動）。

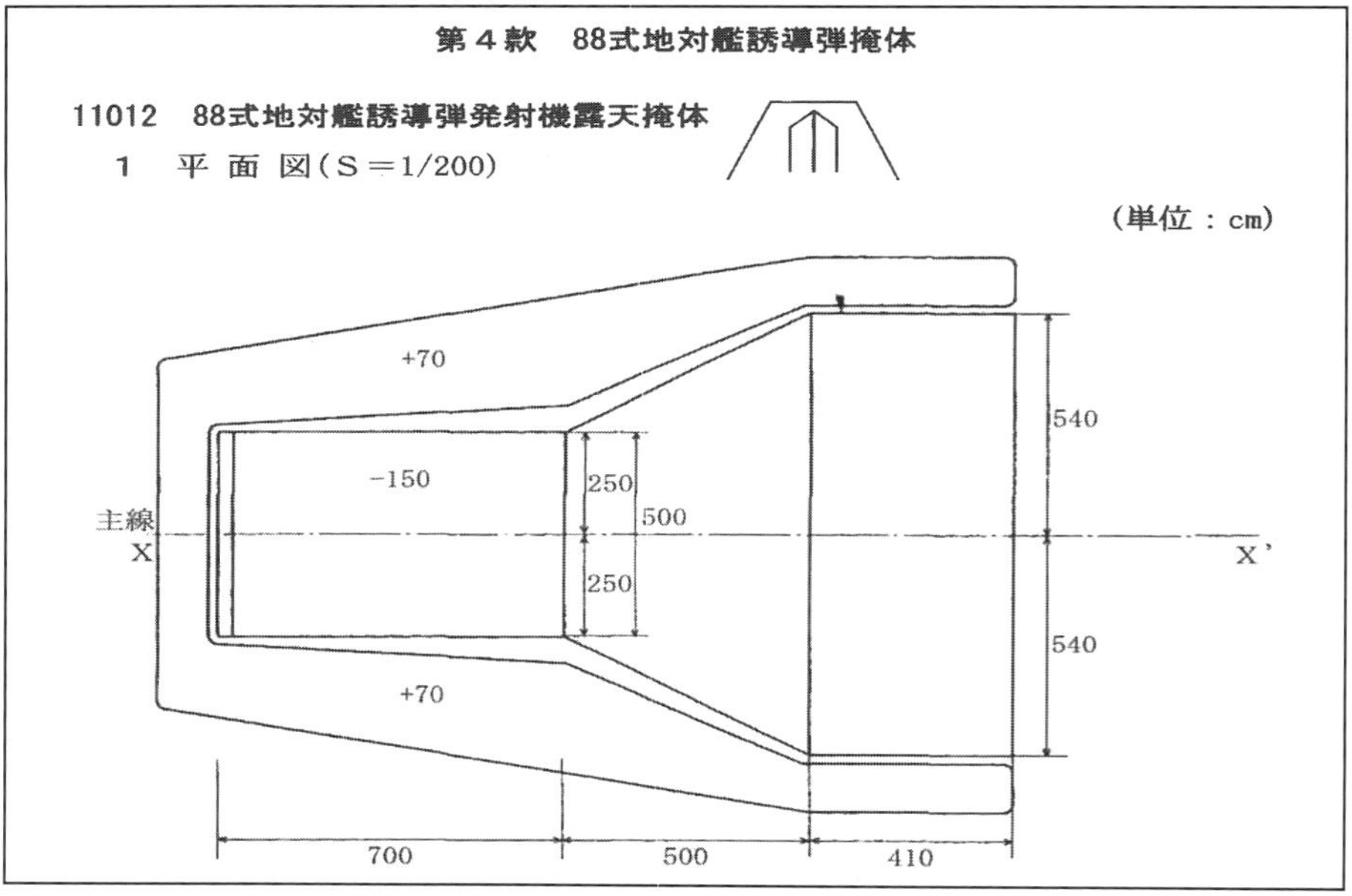

奄美駐屯地（瀬戸内）施設一覧表

瀬戸内地区（貯蔵庫地区）			
隊庁舎	隊庁舎	RC-2	約 6,000 ㎡
	自転車置場A	RC-1	約 30 ㎡
	自転車置場B	RC-1	約 20 ㎡
生活関連施設	食厨・浴場・厚生施設	RC-1	約 600 ㎡
	体育館	RC-2	約 1,000 ㎡
汚水処理施設	ブロアー室	RC-1	約 10 ㎡
整備工場	整備場A	RC-1	約 800 ㎡
	整備場B	RC-1	約 900 ㎡
	整備場C	RC-1	約 300 ㎡
	整備場油脂庫	RC-1	約 10 ㎡
	ボンベ庫	RC-1	約 20 ㎡
受電所	受配電室	RC-1	約 400 ㎡
給水所	給水事務室	RC-1	約 60 ㎡
倉 庫	倉庫	RC-2	約 1,000 ㎡
警衛所	警衛所A	RC-1	約 200 ㎡
	哨舎 × 2棟	RC-1	各 約 3 ㎡
燃料施設	給油事務所	RC-1	約 20 ㎡
	給油ｽﾀﾝﾄﾞ上屋A	RC-1	約 40 ㎡
	給油ｽﾀﾝﾄﾞ上屋B	RC-1	約 100 ㎡
	給油ｽﾀﾝﾄﾞ上屋C	RC-1	約 80 ㎡
	駐屯地油脂庫	RC-1	約 20 ㎡
	燃料ポンプ室	RC-1	約 70 ㎡
発電機室	予備発電機室	RC-1	約 40 ㎡
瀬戸内地区（貯蔵庫地区）			
貯蔵庫	貯蔵庫A × 5棟	RC-1	各 約 1,000 ㎡
	貯蔵庫B	RC-1	約 20 ㎡
	事務室	RC-1	約 60 ㎡
	哨舎 × 2棟	RC-1	各 約 4 ㎡
整備場	整備場D	RC-1	約 300 ㎡
	警衛所B	RC-1	約 30 ㎡
工作物	国旗掲揚塔	S	一式
	ホース乾燥塔	S	一式
門柱・門扉		RC	一式

奄美駐屯地（大熊地区）に配備されたのは、防衛省は約350人と発表しているが、次頁写真を見るとその車両の多さに驚く。およそ100両の車両が並んでおり、3人に1両ぐらいの軍用車があることになる。

また、駐屯地を見渡すと、弾薬庫（小規模と発表）も、駐屯地の隅の方に造られつつある（次頁）。この弾薬庫には、宮古島では一旦撤去された中距離多目的誘導弾（ミサイル）の弾体も配備・保管されている。

そして、奄美・瀬戸内分屯地、奄美駐屯地とも、ヘリパッドが公然と造られ、開設と同時にヘリの運用が始まっている（下記のヘリ）。

空自移動警戒隊・通信隊の新基地建設と配備

奄美大島には、この2つの巨大基地建設以外にも、すでに、空自の移動警戒隊および通信基地の新たな配備が決定された。移動警戒隊については、先の『鹿児島建設新聞』で、初めて奄美駐屯地内の配備と記載された。これは実際に、防衛省の今年度業務計画に予算を計上しているから、近いうちに配備される。

通信基地（九州↓沖縄間の中継）は、奄美の最高峰・

開設と同時に運用された奄美駐屯地ヘリパッド

湯湾岳への設置が発表されている。
　ここに新基地ができるとなると、奄美の景勝地がまたひとつ失われる（巨大基地を造りながら、何と世界自然遺産に登録申請！）。

●奄美大島での自衛隊配備に抗するたたかい

＊4月1日、奄美駐屯地編成式に対し、地元住民代表らが、駐屯地責任者に抗議の申し入れを行った。全国からも呼応して駆けつけた（奄美駐屯地入口）

*4月1日の奄美駐屯地開設に合わせて、自衛隊はブルーインパルスを奄美市上空に飛ばし、デモンストレーションを行うという行動に出た（写真上は奄美空港）。

*自衛隊の進駐に対して、大熊地区では地元の歓迎式典が行われ（上）、瀬戸内町では、配備の自衛隊警備部隊が市中パレードを実施するという暴挙を行った（右）。

奄美大島での基地建設と住民

前頁に奄美市大熊地区、瀬戸内町に進駐してきた自衛隊の歓迎式典や市中パレードをあえて率直に掲載した。これが、奄美の現実だ！

だが、奄美にはもう1つの現実がある。それは、声を挙げることができない多数の島人の平和の願いだ。この平和への願いを圧殺し、防衛省はまともな住民説明会も開くことなく、自衛隊基地建設を強行した。

この実態は、前述のように、全ての市民に基地の規模さえも隠蔽するという酷いものだ。だが、これだけではない。奄美では、「奄美にミサイル部隊が配備されることを聞いていない」という住民らの声が、多数ある。

例えば、下記の「奄美新聞」――これは２０１８年10月26日付記事。つまり、配備半年前のものだが、市議会議員8人をはじめ、市民らが集まって「配備問題の討論会」を行ったと。驚くことに、出席者のほとんどが「配備は民意を反映していない」「ミサイル部隊の配備は、当初説明されていなかった」と口々に意見を述べている。

奄美市民の相当の人々が、ミサイル部隊の配備を知らない、知らされていないのだ（災害派遣等の部隊配備）と。

奄美新聞
AMAMI-SHIMBUN
©奄美新聞社
1959年(昭和34年8月5日第三種郵便物認可)
10月26日 金曜日
旧暦9月18日 2018年(平成30年)
日刊／第２００４３号

INDEX

いじめ認知、過去最多４１万件	2面
U１８日本陸上競技選手権	7面
マンゴー生産技術向上研修会	8面
名瀬職安９月来春高卒職業紹介	9面

発行所 奄美新聞社
本社
〒894-0026 鹿児島県奄美市名瀬港町16-11
[代表]TEL.0997-53-6333
総務部／TEL.0997-53-6632 FAX.53-9760

市議有志が開催
「民意を反映してない」
自衛隊配備巡り初の討論会

奄美大島内で進められている陸上自衛隊警備部隊配備計画を巡り、奄美市議会の議員有志は24日夜、同市名瀬長浜町の奄美文化センター会議室で「自衛隊問題で市民と語る会」を開いた。議員主体の討論会は初めての試み。参加した市民から、駐屯基地でのミサイル運用部隊配備や誘地を決断した経緯について、「詳細を事前に知らされておらず、民意を反映していない」などの厳しい意見が出た。

防衛省の配備計画によると、奄美市名瀬の大熊地区に奄美駐屯地(仮称)、瀬戸内町節子地区に瀬戸内分屯地(仮称)で施設整備を

見を述べた。
市民からは、「戦争体験者として、軍備が奄美に配置されることが残念」「必要性を住民全員に確認するべ

の存在による脅威にも強い懸念を示した。
推進した議員は、▽人口減少の打開策▽常駐人員による経済効果▽国の防衛計画の重要

の会」で中心的立場だった伊東隆吉議員は「だれも戦争は望んでいない」と述べ、「(自衛隊は)専守防衛として存在する組織。決して戦争と同義のものではない」と反対意見に

異論を唱える場面も。
男性市民の一人は、今回の語る会開催に「開かれた議会として市民に向き合っている。課題解決へ一歩前進した」と評価。その上で「ミサイル配備が当初の説明で示されていなかったのなら、わかった時点で市民に説明するべき」と市側の姿勢を批判した。
市民団体から市側や市議会に説明会を求めるための陳情・請願が計5度提出されたが、いずれも議会で不採択。今回は市民の関心が高い案件として議員有志が開催を決めた。
関係者によると討論を目的に全議員(24人)、自衛隊誘地に賛同した13団体ほか、事

自衛隊配備計画の賛否について討論した

つまり、奄美での自衛隊基地建設は、住民説明会もまともに開かず、一握りの行政と保守勢力によって強行されたということだ（これに、マスメディアが加担した）。

●奄美大島住民への連帯・支援アクション

２０１７年11月、筆者など東京・大阪・鹿児島などから、奄美大島への連帯行動が始まる。

名古屋などでスタンディングを続けるピンクレンジャーも参加！

＊建設現場の１つ大熊地区前で、新基地建設に危惧する全国の人々は、ここに駆けつけ抗議行動を行った（一番上）。

＊アクションは、市内の繁華街「憲法ひろば」でも行われ、市民らとともに筆者も参加した（写真上・左）。

南西シフト態勢下の
機動展開・訓練基地となった奄美大島

２０１７年11月初め、筆者らが奄美大島に着いてそうそうに見たのは、空港近くの公園に展開した陸自の大部隊であった。

ここ奄美空港を見下ろす場所にある、「太陽が丘総合運動公園」には、陸自の多数の車両が集結し、近くの敷地・草地には偽装された戦闘車両などが展開していた（次頁上、下は自衛隊車両を輸送してきた「民間フェリー」）。

この公園だけではない。陸自の戦闘部隊と隊員らは、名瀬港にも軍用テントを張り野営をしていた。また、警備の隊員らは、この市街地に「検問所」をもうけ、小銃を構えて警戒していたのだ（近接戦闘隊形）。

驚いたことに、自衛隊が武装展開していたのは、奄美市街地だけでなく、奄美大島全域であった。

翌日、筆者らは、瀬戸内町と節子地区（自衛隊基地工事現場）を視察することになったのだが、この瀬戸内町の港にも多数の自衛隊車両と隊員らの野営地が造られていた（次頁中）。

後日、同港周辺では、地雷施設訓練も行われたのだ。

＊瀬戸内町古仁屋港に野戦展開中の陸自「94式水際地雷施設装置」が係留された古仁屋港。毎年のように「鎮西演習」での地雷施設訓練が、同港周辺の海岸で行われている。

常態化した「鎮西演習」による奄美の演習場化

奄美大島全域で行われている訓練・演習は、主要には「鎮西演習」と言われる西部方面隊の毎年度の演習だ。これは、2013年から始まる、同方面隊を中心に全国から部隊を総動員した演習である。

この2017年（「鎮西29」）には、戦車を含む車両3千800両、航空機約60機、人員約1万4千人を、北海道・本州、九州・沖縄から動員する、同演習最大の規模のひとつとなった（陸上幕僚監部発表）。

「鎮西演習」は、西部方面隊機関紙を見ると、ほとんどが「機動展開演習」である。機動展開演習とは、かつて「北方シフト態勢」下で「転地演習」と言われていたが、本州などの部隊を有事に北海道に増援するための「移動展開」訓練だ。

次頁に見るように、これらの演習では、例えば奄美大島・宇検村に地対艦ミサイル部隊の1個中隊を機動展開する訓練も行われている。

さらに、後に見るように、「鎮西28」では、奄美大島北部の種子島・中種子町に陸自全ミサイル連隊（5個連隊）が集結・機動展開するという、かつてない規模の演習を行ったことが明らかになっている。

また、「鎮西28」演習は、西部方面隊だけでなく、陸海空自衛隊の統合部隊、そして米軍も参加する「日米共同統合演習」としても、行われたと発表されている（2016年11月30日付『鎮西』）。

つまり、西部方面隊の毎年の「鎮西演習」は、独自の演習を行った後に、毎年秋の全自衛隊の統合演習や日米共同演習に連動・連携して行われているということだ。

したがって、これらの演習は、単なる機動展開訓練だけではなく、「島嶼

奄美大島
宇検村総合運動公園（11.9）
Amami Oshima (Nov. 9)

地対艦ミサイル連隊
Surface-to-Ship Missile Regiment

戦争」の上陸演習、「島嶼奪還」演習などと連携して行われているということである。

自衛隊に勝手に演習場化された江仁屋離島

86頁の写真は、奄美大島北西部の江仁屋離島《えにやばなれじま》——奄美大島における景勝地で、大島海峡の北の入口——である。問題はこの島で、すでに自衛隊は、数年も前から演習を始めていたのだ。

2014年の演習——西部方面普通科連隊（水陸機動団の前身）では、この部隊がゴムボートに乗り、島に上陸する演習が動画で公開されている（報道陣にも公開。次頁はその情報公開文書）。

ところで、2016年に情報公開された、防衛省の奄美大島基地建設の説明文書では、この江仁屋離島が「統合演習場」として明記され、位置付けられている。

だが、筆者が確かめたところ、この文書に記載されていることも、島が統合演習場として指定されていることも、奄美の誰も知らないのである。

もっとも、筆者は、2018年3月、防衛省との政府交渉において、この江仁屋離島が統合演習場として明記

建設中の奄美大島大熊地区の陸自基地。写真からもその巨大さがわかる。この基地面積を防衛省は隠蔽していた。また、この基地の大きさは、隊員わずか350人の基地ではない。いずれ配備部隊の規模は、何倍にもなることは明らかだ

奄美（江仁屋離島等）での訓練

1　訓練名　　**国内における統合訓練（実動訓練）**

2　訓練目的　**島しょ防衛に係る自衛隊の統合運用要領**を演練し、その能力の維持・向上を図る。

3　実施時期　平成26年5月10日（土）～27日（火）
【江仁屋離島:5月18日（日）～23日（金）、瀬戸内町西古見地区:5月16日（金）～25日（日）】

4　実施場所　佐世保基地、奄美群島及び沖縄東方海空域
【奄美群島の江仁屋離島、瀬戸内町西古見地区等で実施】
※奄美空港、海上自衛隊奄美分遣隊にも部隊が展開予定

5　訓練内容　着上陸訓練、統合火力誘導訓練、物資搭載・卸下訓練
【奄美では、着上陸訓練（上陸訓練、情報収集訓練）を実施】

実施場所・訓練内容

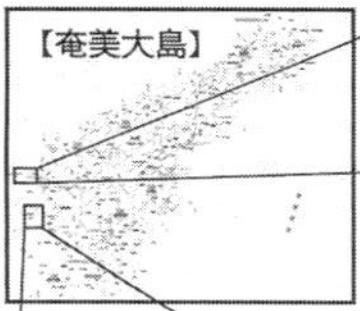

【瀬戸内町西古見地区等】
・無人機による情報収集訓練
（5月16日～25日）

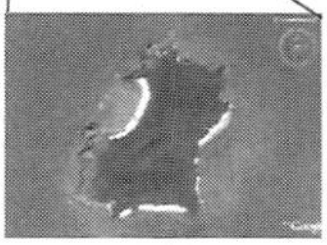

【江仁屋離島】

日時	江仁屋離島での訓練内容
18日 19日	1　ボート、ヘリコプターによる上陸訓練（LCACは航走訓練を実施） 2　部隊展開訓練 3　物資、人員輸送等
20日 21日	訓練準備
22日 23日	18日～19日と同様の訓練

着上陸訓練のイメージ

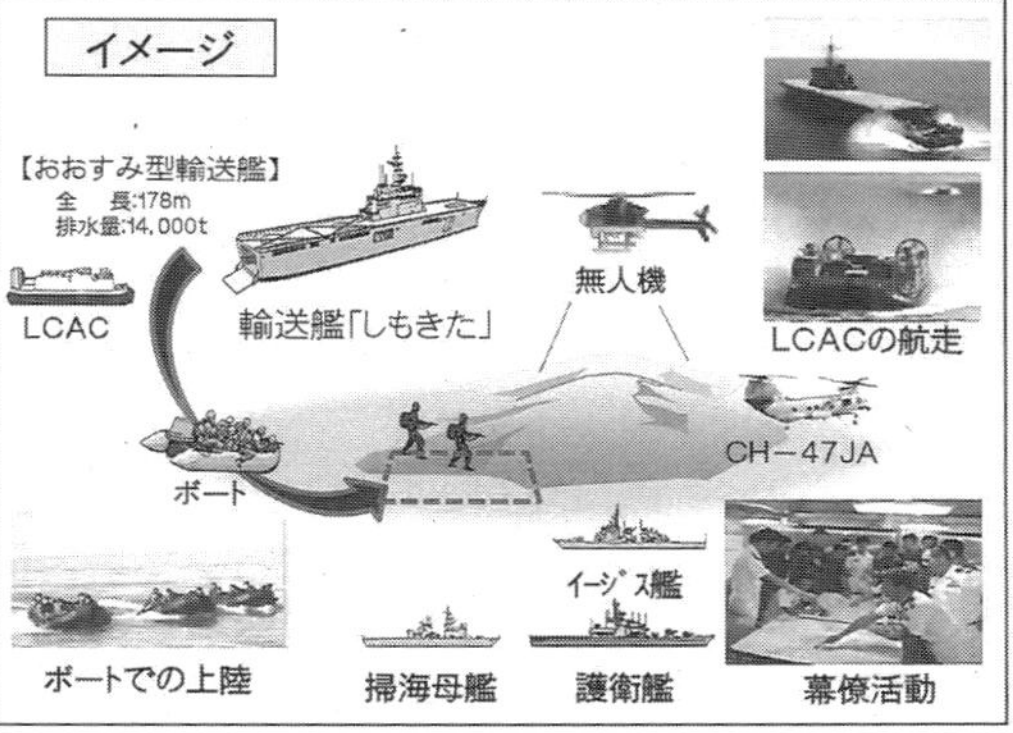

されていることを質問したのだが、防衛省官僚もまた、これを誰一人として知らなかったのだ。さらに――

「自衛隊の演習場は、例えば北・東富士演習場など、その使用については、演習場内だけでなく周辺の利害を有する関連団体までを含む『使用協定』を毎年締結している。これを奄美の自治体と結んでいるのか」という質問にも、「全く聞いたことがない」という回答であった。

生地訓練という市街地訓練

率直に言って、地元の行政や保守派らが「積極的に基地誘致」を行った自治体は、奄美大島を含めて防衛省・自衛隊に足元を見られ、軽視されている。この江仁屋離島だけでなく、奄美大島全域で現在行われている機動展開演習――生地訓練は、まさしく島全体が演習場として位置付けられたことを意味する。

すでに見てきた、運動公園、港、海岸など、奄美大島では市街地全域で自衛隊の武装部隊が展開している。これを陸自では「生地《なまち》訓練」と言う。生地訓練という軍事用語は、関係者でさえ聞き慣れない言葉だが、陸自教範『対ゲリラ・コマンドウ作戦』で初めて規定した訓練だ。

つまり、対ゲリラ・コマンドウ作戦下の戦闘、それは当然にも市街地での戦闘になるが、そのために日頃から住民が居住する市街地を積極的に訓練場にしようとするものだ。

この生地訓練場としての市街地訓練は、次の章で述べる種子島をもう1つの演習場としながら、南西諸島から全国へ広がろうとしている。

今年6月10日には、長崎県南島原市の前浜海岸（海水浴場）で、水陸機動団の水陸強襲車両の操縦訓練という上陸訓練が行われた。訓練を知ると、住民らは直ちに抗議に押しかけたが、今や、「本土」にまで、このような生地訓練という軍の傍若無人な訓練が、行われ始めたということなのだ。

下記記事に掲載されているがごとく、旧日本海軍の軍港が置かれていた奄美・古仁屋港では、すでに地元の海自誘致運動が始まっている。一旦、地域の、島の軍事化を許容したとするならば、もはやその軍事化が留めなく広がっていくという証左だ。

奄美の瀬戸内海と言われるその美しい海峡を、再び軍港にするのかが、今問われている。

南海日日新聞　(9)　社会　2018年（平成30年）12月4日　火曜日

艦艇配備、基地拡充を要望

岩屋防衛相「検討したい」

瀬戸内町推進協

【東京支社】瀬戸内町自衛隊基地対策推進協議会（会長・鎌田愛人瀬戸内町長）の鎌田会長らは3日、防衛省で岩屋毅防衛相と面会し、海上自衛隊奄美基地分遣隊（瀬戸内町古仁屋）への艦艇配備と基地拡充を要望した。

岩屋防衛相は「南西地域は日本の守りの最前線。瀬戸内町への陸上自衛隊警備部隊の配置に理解をいただき感謝している。海上自衛隊の艦艇配備と基地拡充については検討したい」と答えた。

鎌田会長は「1997年2月に奄美基地分遣隊の特務船『むずき』が乗員25人と共に引き揚げ、隊員数は20人と激減している。代替艦艇配備を要望しているが、配備されず今日に至っている」と経緯を説明。

その上で「瀬戸内町は地理的優位性に加え、天然の良港に恵まれている。来年3月に予定されている陸自配備の際には、スムーズに運用が開始できるよう地元として協力し、艦艇については海自との統合運用開始を視野に入れ交渉を継続したい」とも述べた。

瀬戸内町節子では現在、2018年度末の陸上自衛隊部隊配備に向け「瀬戸内分屯地」（仮称）の整備が進んでいる。同分屯地には広域監視や武装ゲリラ侵攻への初動対処、災害派遣などを担う警備

岩屋防衛相（中央右）に要望書を手渡す瀬戸内町自衛隊基地対策推進協議会の鎌田会長（瀬戸内町長）ら＝3日、防衛省

年末前に飲酒運転撲滅訴え

警視庁、ノンアルビールで

忘年会や新年会などで飲酒の機会が増える年末年始を前に、警視庁蒲田署は3日、JR蒲田駅（東京都大田区）の前で飲酒運転根絶を訴え、キリンビールの社員らと一緒に駅の利用者らにノンアルコールビール約480本を配布した。勝見忠法署長は「飲酒運転に起因する死亡事故が増えている。悲惨な事故がなくなるよう協力してほしい」と語った。

署員らは蒲田駅前の

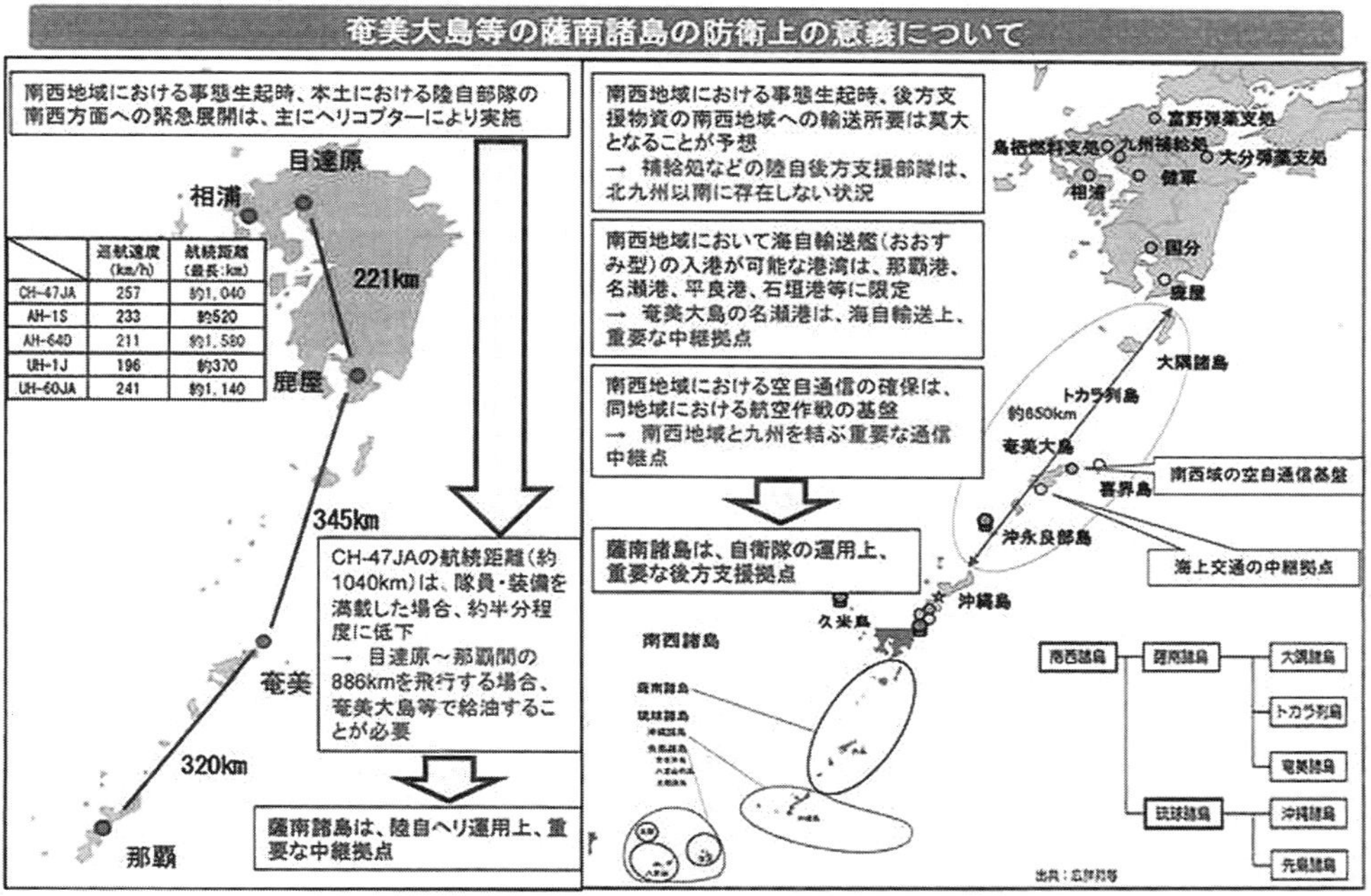

「薩南諸島」は南西シフト態勢の機動展開拠点

奄美大島（と次章の種子島）について、自衛隊は、「薩南諸島」として以下のように軍事的に位置付けている。

「南西地域における事態生起時、後方支援物資の南西地域への輸送所要は莫大になることが予想→薩南諸島は自衛隊運用上の**重大な後方支援拠点**」

「南西地域における事態生起時、本土における陸自部隊の緊急展開は主としてヘリで実施→薩南諸島は、陸自**ヘリ運用上、重要な中継拠点**」と明記されている（「奄美大島等の薩南諸島の防衛上の意義について」図上、2012年夏頃に作成された防衛省文書）。

この内容を分析すると、奄美大島は種子島とともに、南西シフト態勢の重要な後方支援拠点―兵站拠点として位置付けられている。言い換えると、奄美大島への自衛隊配備―対艦・対空ミサイル部隊配備の目的は、この兵站拠点を防御するための部隊であり、「通峡阻止戦」の部隊ではない、ということだ。

2012年の統合幕僚監部文書「日米の『動的防衛協力』について」では、南西シフト下の奄美配備が未決定であったが、その理由はここにあったのである（後述）。

第4章　南西シフトの事前集積・上陸演習拠点――馬毛島・種子島
――メディアが隠蔽する自衛隊基地化

自衛隊の南西シフト態勢の航空要塞

馬毛島と言っても人々は、島の場所さえ分からないかもしれない。最近「米軍のFCLP基地」として報じられるようになってきたから、あるいは少しは知られるようになっただろうか。

種子島の西12キロの沖合に浮かぶ、無人島――。ここはかつて、500人以上の人々が暮らし、サトウキビの栽培や酪農が盛んで、自然が豊かな島（周囲16・5キロ）であった。島はマゲシカの生息地としても有名で、周辺は黒潮に近い好漁場でもあった。

この馬毛島も、ほとんどの離島と同じく、過疎化をはじめ、様々な理由で1980年、無人島になってしまった（次頁は馬毛島）。

今、この島には、民間会社によって、滑走路が南北に1本（約4千メートル）、東西に1本（約2千メートル）と十字を切るように造られている。

この豊かな馬毛島の林を切り崩し、マゲシカを追い出し、勝手に滑走路を造ったのは、東京・渋谷に本社を置くタストン・エアポート社である。同社は、島の土地の99パーセントの所有権をもっており、残りが市有地や個人の所有地だ。

さて、最近たびたび報じられているが、防衛省にとっての大問題は、同社が島の土地の売買について、提示額45億円を遥かに上回る、400億円を要求して折り合いが付かなくなっているということだ。省の最終提示額は、160億円だが、同社の負債額からして売買することを拒んでいるというのだ。

そして、2019年5月、同社は「交渉打ち切り」を文書で防衛省に通告し、同省も当面、売買の展望がなくなったとしている。だが「日米での合意を白紙に戻して、馬毛島以外の候補地を探すことはあり得ない」というのが、防衛省の本音である。

日米安全保障協議委員会（2＋2）で確認された馬毛島の自衛隊基地化

ここでいう日米合意とは何か。これは、2011

年、日米安全保障協議委員会（２＋２）の決定である。種子島の自治体や住民たちへ、事前の打診さえもない、完全な頭ごなしの決定だ。

「日本政府は、新たな自衛隊の施設のため、馬毛島が検討対象となる旨地元に説明することとしている。南西地域における防衛態勢の充実の観点から、同施設は、大規模災害を含む各種事態に対処する際の活動を支援するとともに、通常の訓練等のために使用され、併せて米軍の空母艦載機離発着訓練の恒久的な施設として使用されることになる」（傍点筆者）

また、２０１９年4月19日、日米安全保障協議委員会でも再確認された。

「閣僚は、昨年の厚木飛行場から岩国飛行場への空母航空団部隊の移駐を歓迎した。米国は、新たな自衛隊施設のための馬毛島の取得に係る日本政府の継続的な取組に対する評価を表明した。同施設は大規模災害対処等の活動を支援するとともに、通常の訓練等のために使用され、併せて、米軍による空母艦載機着陸訓練（ＦＣＬＰ）の恒久的な施設として使用されることになる。米国は、恒久的なＦＣＬＰ施設が米軍の安全な運用及び訓練に大いに貢献することになると改めて表明した。閣僚は、可能な限り早期に当該恒久的な施設の整備を完了させるために、緊密に取り組む意図を表明した」（傍点筆者、以上外務省サイトから）

長文の引用を了承してほしいのは、この日米安全保障委員会の決定内容を正確に理解してほしいからだ。ここには、明確に――

「**新たな自衛隊の施設のため**」「**南西地域における防衛態勢の充実の観点から、同施設は、大規模災害を含む各種事態に対処する際の活動を支援するとともに、通常の訓練等のために使用され、併せて米軍の空母艦載機離発着訓練の恒久的な施設として使用**」と明記されている（２０１９年決定もほぼ同様）。

つまり、馬毛島の軍事使用については、**自衛隊が主に使用、米軍も使わせて貰う**、ということなのだ。

これは、防衛省が公開するホームページにも、全く同一内容が記載されている。次頁・次々頁図にその一部を掲載しているが、全文は「国を守る」という防衛省サイトに掲載されている。ここには――

「他の地域から南西地域への展開訓練施設、大規模災害・島嶼部攻撃等に際しては、人員・装備の集結・展開拠点として活用、島嶼部への上陸・対処訓練施設」（３頁）と。

ここでいう「大規模災害」は単なる口実である。

つまり、馬毛島は、南西シフト態勢の主として「**事前集積拠点**」**であり、**「**島嶼防衛戦**」**の**「**上陸演習拠点を兼ねた訓練施設**」として、多用途の活用が目論まれているということだ。

最新の報道では、ここに空自のＦ15、海自のＰ３Ｃ、そして、今後の配備予定のＦ35Ｂ（ヘリ空母「いずも」改修による本格空母への搭載）などの「**南西航空拠点基地**」を造ることも発表されている。

先述の「薩南諸島の防衛上の意義」という文書から見ると、主として**馬毛島は航空兵站拠点**であり、**奄美大島**

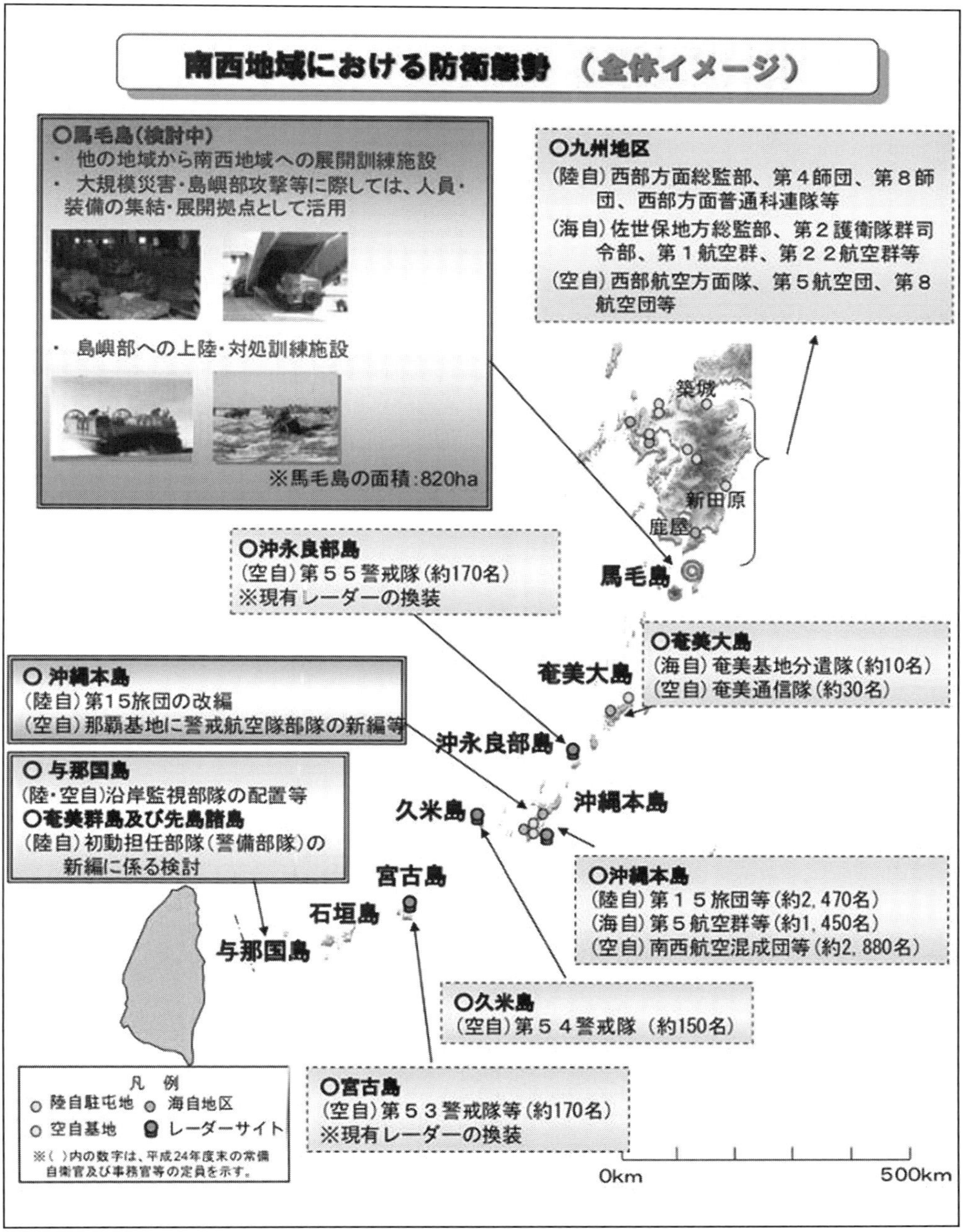

防衛省サイト掲載の「国を守る」（馬毛島説明資料）から

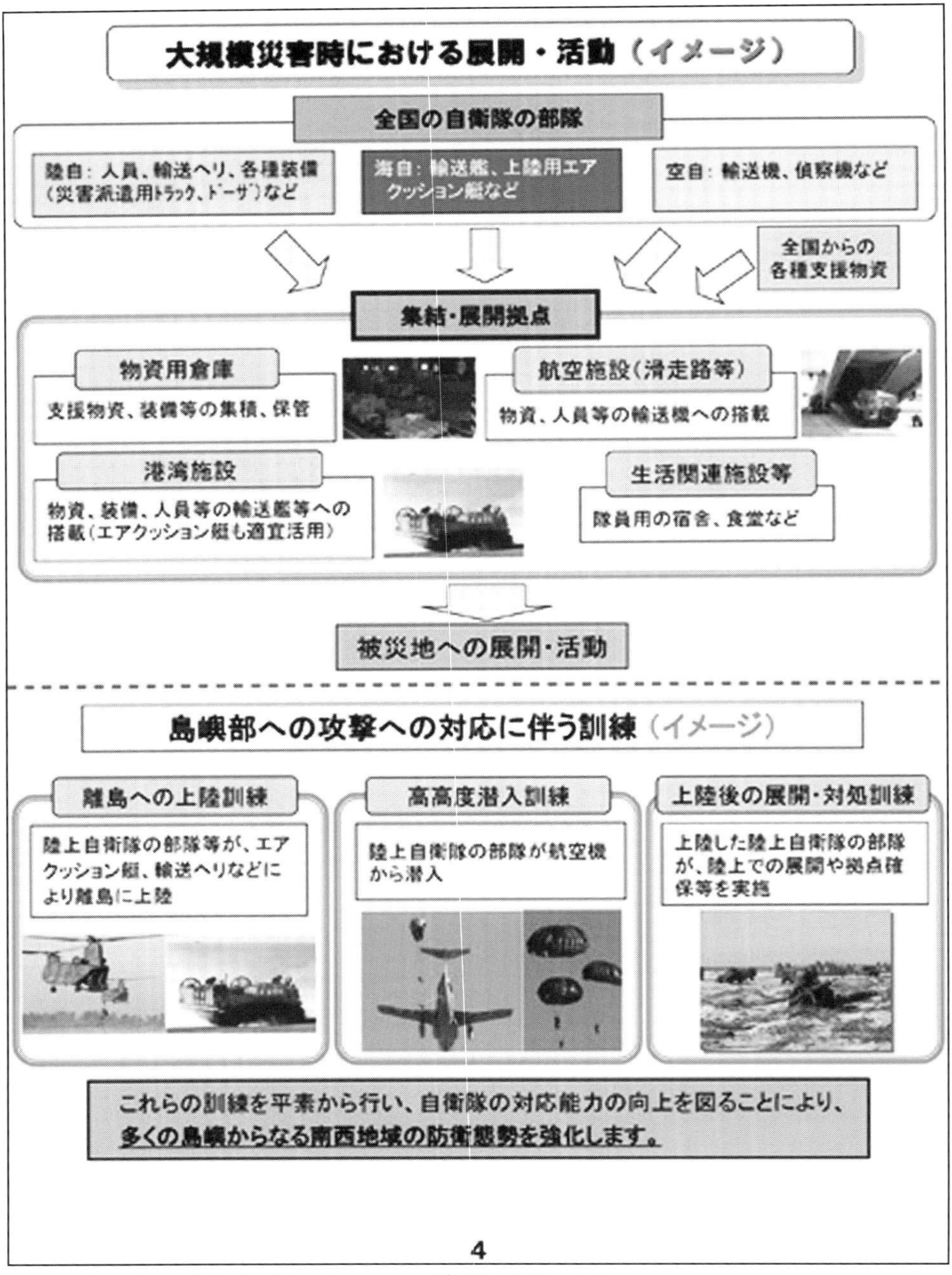
大規模災害時における展開・活動（イメージ）
全国の自衛隊の部隊
陸自：人員、輸送ヘリ、各種装備（災害派遣用トラック、ドーザ）など
海自：輸送艦、上陸用エアクッション艇など
空自：輸送機、偵察機など
全国からの各種支援物資
集結・展開拠点
物資用倉庫
支援物資、装備等の集積、保管
航空施設（滑走路等）
物資、人員等の輸送機への搭載
港湾施設
物資、装備、人員等の輸送艦等への搭載（エアクッション艇も適宜活用）
生活関連施設等
隊員用の宿舎、食堂など
被災地への展開・活動
島嶼部への攻撃への対応に伴う訓練（イメージ）
離島への上陸訓練
陸上自衛隊の部隊等が、エアクッション艇、輸送ヘリなどにより離島に上陸
高高度潜入訓練
陸上自衛隊の部隊が航空機から潜入
上陸後の展開・対処訓練
上陸した陸上自衛隊の部隊が、陸上での展開や拠点確保等を実施
これらの訓練を平素から行い、自衛隊の対応能力の向上を図ることにより、
多くの島嶼からなる南西地域の防衛態勢を強化します。
4

防衛省サイト掲載の「国を守る」（馬毛島説明資料）から

は海上兵站拠点（ヘリ輸送拠点を含む）ということだ。

東京新聞始め、全てのメディアが隠蔽する
南西シフト態勢下の馬毛島の自衛隊基地化

そして、このような自衛隊基地とその管理下に、岩国基地に所属する米空母艦載機のＦＣＬＰ（空母艦載機着陸訓練）、いわゆる、「タッチ＆ゴー」の訓練予定地として使用される。

ただ米軍のＦＣＬＰへの使用は、年間30日程度であり、日常的・恒常的には自衛隊の基地だ。

このように、「馬毛島の軍事化」の中味は明確である。だが、東京新聞を始め、全てのマスメディアは、この馬毛島の自衛隊基地化を一言も報道しないのだ。

東京新聞などは、昨年、今年と大きな紙面を割いて馬毛島報道を行っているが、より意図的に馬毛島の自衛隊基地化を隠蔽する報道を行っている。

全てのマスメディアの、この意図的隠蔽をどのように捉えるべきか？　筆者は、これらの報道は、まさしく奄美大島における基地建設の隠蔽報道と軌を一にしていると断じざるを得ない。

つまり、「島嶼戦争」下の、南西シフト態勢下の、この奄美大島——馬毛島と連なる「機動展開拠点」「事前集積拠点」の建設を、意図的に隠したいという防衛省・自衛隊の要求に、メディア側が全面的に応じた報道規制が進行しているということだ。

これは、恐るべき「戦争翼賛体制」であり、マスメディアのジャーナリズムとしての死、終焉であると言わねばならない（誇張ではないことは、２０１８年1月8日付、２０１９年1月16日付東京新聞の特集記事を参照すれば一目瞭然。特に、２０１９年の記事では、防衛省に「お願い」して、「茶番劇」を演じている。「防衛省は自衛隊使用について「お答えできるものではない」と）。

馬毛島——種子島に広がる軍事要塞化

馬毛島に、自衛隊施設を中心とする日米共同施設、航空基地など多数が造られたとするなら、その影響は、種子島にも及ぶ。

先の同島に関する防衛省文書にも「部隊配置に伴い、所属隊員やその家族が居住するための宿舎を種子島に整備」と明記されており、馬毛島の「ベースキャンプ」が

種子島となるのである。

そして、地元の人々が恐れるのは、こういう馬毛島の軍事化によって、自衛隊と米軍機の騒音被害・環境破壊が深刻になるだけでなく、種子島・奄美大島を含むこの「薩南諸島」全域が軍事化されることだ。

馬毛島——種子島は一大軍事拠点に！

さて、防衛省・自衛隊の公式発表、そして、最近の新聞報道を整理すると、馬毛島——種子島には、以下のような軍事施設が造られる予定である。

・南西シフト態勢下の全自衛隊の「上陸演習拠点」
・南西シフト態勢下の全自衛隊の「事前集積拠点」（兵站拠点）
・南西シフト態勢下の、全自衛隊の航空輸送拠点
・空自のＦ35Ｂの航空基地兼空自のＦＣＬＰ基地・米軍のＦＣＬＰ基地
・米軍オスプレイの普天間基地の訓練軽減基地（自衛隊の水陸機動団のオスプレイ使用も予想）
・空自Ｆ15の航空基地（Ｆ35Ｂ基地化を含む）
・海自対潜哨戒機（Ｐ３Ｃ、Ｐ１）の航空基地
・災害派遣等の物資拠点（欺瞞的な！）
・種子島への陸海空自衛隊のベースキャンプ、米軍のベースキャンプ
・十島村臥蛇島の射爆場化

まさしく、戦慄するような、陸海空自衛隊と米軍の、文字通りの要塞島だ。

そして、重大なのは、この巨大基地に駐留・配置される自衛隊と米軍の人員である。

おそらく、米軍は１００〜３００人規模と推測されるが、

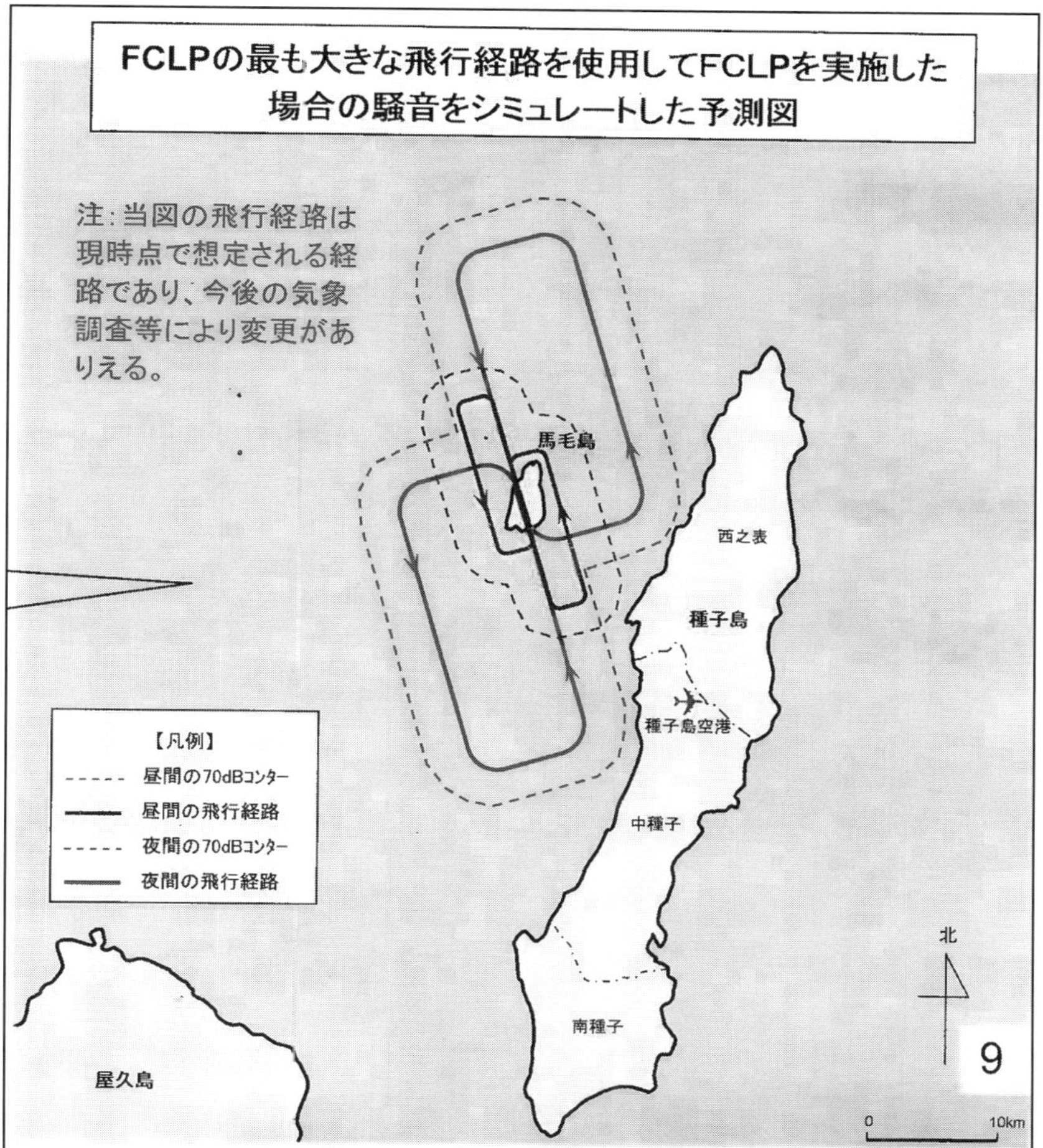

自衛隊は基地の規模によっては、数百人から数千人は下らない。人口３万５千人の種子島に数千人の自衛隊と米軍が駐留する！

これは、南西シフト態勢の、本州・九州から先島―南西諸島へ動員・増員する、最大の機動展開拠点、事前集積拠点、上陸演習拠点、そして航空基地、つまり、一大要塞島として造り出すということだ。

（馬毛島の軍事使用については、防衛省サイトとともに西之表市のホームページにも、ほぼ防衛省サイトと同内容の文書が公開。94頁は西之表市の馬毛島基地反対の看板、上はＦＣＬＰの騒音被害図）

統幕文書が記す馬毛島の軍事化

図表下は、筆者に提出された情報公開文書だ。統合幕僚監部発行の「自衛隊施設所要」（２０１２年統幕計画班）と明記されている。馬毛島軍事化の意図を知られたくないのか、黒塗りばかりだ。

しかし、図表からは、馬毛島の南西シフト態勢下の作戦運用方針が、見出しだけでも確かめられる。

まず、「施設所要」は、「統合運用上の馬毛島の価値」として、「**南西諸島防衛の後方拠点（中継基地）**」であることが明示されている。統合運用とは、陸海空３自衛隊の統合化された運用のことだ。この後方拠点の「運用概要」「所要施設」の実態は隠されているが、「南西シフト態勢下の「**事前集積拠点**」＝**兵站拠点**、および「**機動展開拠点**」（**中継基地**）であることは明らかだ。

また同時に、「統合運用上の馬毛島の価値」として――「**島嶼部侵攻対処を想定した訓練施設**」であると明記される。この具体的な作戦運用概要は、「（対）着上陸訓練」「輸送艦による輸送、訓練等」「戦闘機展開、輸送機による輸送訓練等」と記載されている。

「着上陸訓練」とは、水陸機動団を中心とする「島嶼

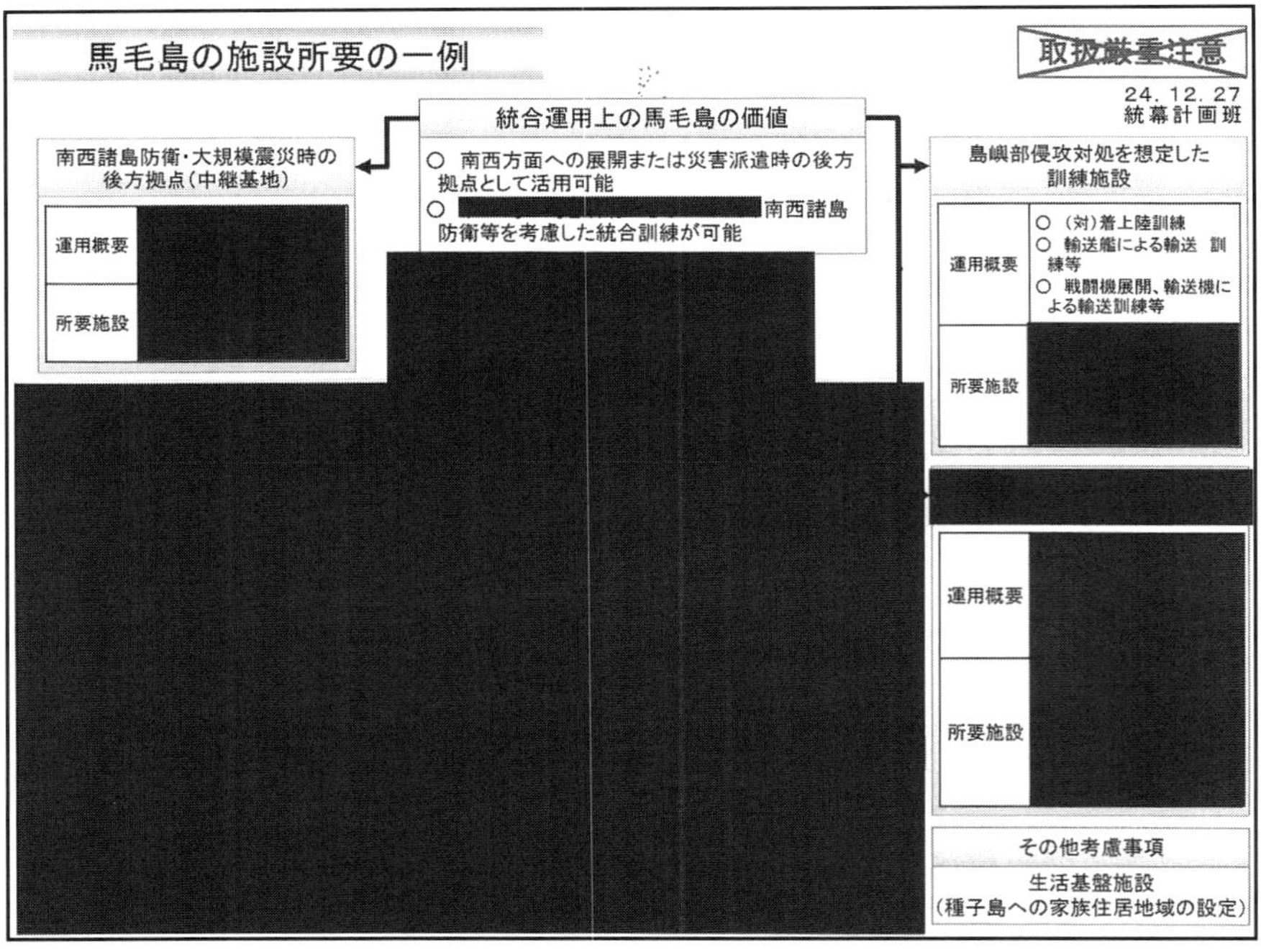

有事対応パターン整理（1/2）

別冊資料2-1-5　取扱注意

有事におけるタイムライン・輸送範囲によって、危険度は異なる

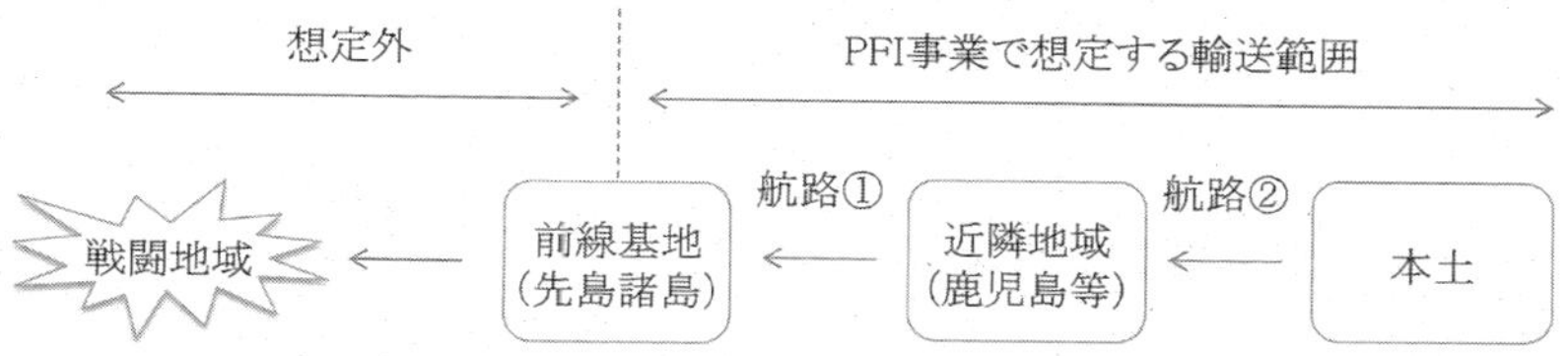

有事におけるタイムライン（危険度合）

	航路①	航路②
交戦状態	Level 4	Level 3
事態が緊迫し、攻撃等が予測される状態	Level 3	Level 2
攻撃や戦闘の予兆が認識される状態	Level 2	Level 2

※　危険度を低い方からLevel 1～4に区分し、マッピング

1

奪回」などの敵地上陸作戦訓練であり、輸送艦、輸送機によるその訓練拠点に使用されるということだ。

また、わざわざ「戦闘機展開」と明記しているから、空自戦闘機F35などが訓練・演習を行うだけでなく、南西シフトの発進基地になるということである。

つまり、２つ以上の滑走路をもつ馬毛島は、「自衛隊最大の航空基地」として目論まれつつあるということだ。

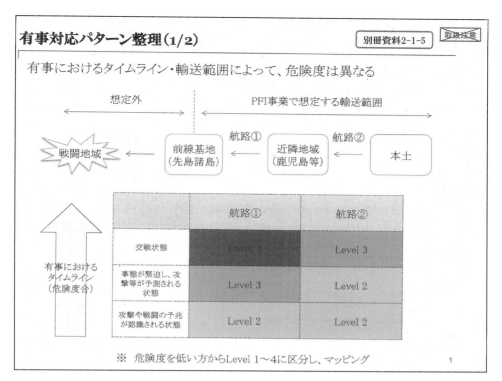

民間船舶の動員と陸自の輸送艦導入

前頁図は、「自衛隊の機動展開能力向上に係る調査研究」（防衛省統合幕僚監部・２０１４年）という、南西シフト態勢下の機動展開を研究した文書だ。

この調査は、民間船舶の平時・有事動員の調査、先島―南西諸島の港湾の調査、民間船舶への予備自衛官補の動員調査など、南西シフト態勢下への、船舶による実戦的機動展開の全面的調査として行われた。

この結果、翌年には、海自に**予備自衛官補**が導入されるとともに、民間フェリーなどを平時動員した**ＰＦＩ船舶**が実現した。この予備自衛官補などが運航する民間船舶が、「前線基地（先島諸島）」まで「Ｌｅｖｅｌ２～４」までの「交戦状態　航路①」を運航する、とされている（前頁上図。真っ黒の部分はＬｅｖｅｌ４）。

この統合幕僚監部文書は、現在、全てが実戦的に活かされており、鎮西演習、統合演習などで活用されている。

84頁には、ＰＦＩ船舶として使われている民間フェリー「ナッチャンＷｏｒｌｄ」、下記にはこれに反対した海員組合の声明を掲載しているが、参照してほしい。

なお、昨年の新中期防は、「島嶼部への輸送機能を強

船員しんぶん

2016年（平成28年）2月5日

全日本海員組合発行　第2792号

民間船員を予備自衛官補とすることに断固反対する　―― 組合声明発表 ――

緊急記者会見

本組合は1月29日、午後4時から本部（六本木）において、緊急記者会見を開催し、防衛省が進めている民間船員を予備自衛官補にすることについて、断固反対する声明を発した。これは防衛省が平成28年度の国家予算案に、民間フェリーに乗り組む船員21人を予備自衛官補として採用するための予算を盛り込んだため。本組合は緊急記者会見を開催、「民間船員を予備自衛官補とすることに断固反対する」声明を発し姿勢を明確にした。

記者会見にはテレビ局（ＮＨＫ）をはじめ、毎日新聞社・産経新聞社のほか、海運業界紙誌の多くの報道関係者が集まった。

化するため、中型級船舶（LSV）及び小型級船舶（LCU）を新たに導入するとともに、今後の水陸両用作戦等の円滑な実施に必要な新たな艦艇の在り方について検討」と明記し、陸自の新たな輸送艦導入を決定した。

この輸送艦は、海自の大型の「おおすみ」などと異なり、先島―南西諸島の比較的小さな港湾に輸送する輸送艦だ。つまり、上陸作戦を遂行する兵員らに、武器・弾薬・燃料・糧食を供給するための小型輸送艦で、300トン（2隻）、2千トン（1隻）クラスを導入の予定だが、将来は6隻以上の導入が検討されている（上は米陸軍の汎用揚陸艇LCU）。

種子島―薩南諸島の演習場化

すでに、奄美大島での市街地演習について見てきたが、奄美―種子島などの薩南諸島と言われる一帯の軍事化は、すでに「鎮西演習」を中心として恒常的なものとして進行している。

次頁写真は、その「鎮西演習」で種子島の海岸地帯（南種子町の前之浜海浜公園）で訓練する陸自の94式水際地雷敷設装置である。105頁は、南種子町の海岸地帯に降下する陸自空挺部隊であり、下は同町に上陸する海自ホバークラフト（エア・クッション型揚陸艇）と陸自戦車である。「島嶼戦争」演習では、南西諸島での戦闘用に導入された装輪の機動戦闘車だけでなく、旧来型の戦車まで動員して上陸演習が行われているのだ。

全国のミサイル連隊を動員した「鎮西28」

種子島では、演習場・訓練場だけでなく、今や、みさかいなく住民が居住する市街地で、訓練・演習（生地訓練）を始める状況に至っている。

先に少し紹介した「鎮西28」演習、正式には「平成28年度鎮西演習」では、「島嶼侵攻対処」演習の、最大の演習が、種子島─沖縄などの周辺海空域を含む全域で行われた。

人員約1万8千人、車両約4千両、航空機約70機を配置した演習は、対着上陸戦闘、水陸両用戦闘などを軸に演練されたが、部隊は、西部方面隊を中心に北海道・本州からも動員され、連続して陸海空の統合演習へ、そして米軍との共同演習へと広がっていったのだ。

南種子島で行われた94式水際地雷敷設装置による「機雷」敷設訓練

（1）平成28年11月30日　鎮西　第599号（合版第315号）

平成28年度鎮西演習

各種事態における対処能力を向上

対着上陸作戦における10式戦車（第8師団）による機動打撃＝日出生台演習場（28.10.27）

対着上陸作戦における対艦攻撃訓練（写真中央：12式地対艦ミサイル）＝鹿児島県中種子町（28.10.25）

西部方面隊は、10月10日（月）から11月11日（金）までの間、日本国内で最大規模となる実動演習「平成28年度鎮西演習」を行いました。

本演習は、西部方面隊実動演習、方面高射特科部隊等対空戦闘訓練及び日米共同統合演習等から構成され、西部方面区内の演習場・自衛隊施設のほか、九州・沖縄地区の島しょ部を含む部外地、並びに米国グアム、北マリアナ諸島及び同周辺海空域等に部隊を展開して行いました。今年で7回目となった本演習には、西部方面隊の各部隊、中央即応集団（座間）、北部方面隊第2師団（旭川）及び東北方面隊第6師団（神町）等、人員約18，000名、車両約4，000両、航空機約70機が参加しました。

島しょ侵攻対処を主体に演練

本演習では、海空自衛隊との統合及び米軍との共同により、武力攻撃事態や不法行動等の各種事態等への対処能力の向上を目的として、対着上陸作戦、対不法行動及び水陸両用作戦等を総合的に演練しました。

対着上陸作戦に係る訓練においては、即応展開及び展開後の行動、対空戦闘及び物資の補給要領等の検証等について訓練し、計画の実効性の向上等を図りました。特に鹿児島県の種子島では、全国の地対艦ミサイル部隊（最新の12式地対艦ミサイルを含む）が集結し、全参加部隊をシステムで連接させて訓練を行い、対艦攻撃の練度を向上させました。この他、奄美大島においては、島しょ部における施設支援要領の訓練として、全国から水際障害部隊が集結し、水際障害の構成・偵察・処理要領に関する一連の行動について演練しました。

また、対不法行動における訓練では、海空自衛隊や米軍との協（共）同基地警備要領を主体に演練し、施

海空自衛隊との統
及び日米の相

日米共同統合演習においては、国内における作戦準備、海上機動、米国における着上陸作戦等、水陸両用作戦に必要な機能毎の訓練を行い、米軍及び海空自衛隊との連携を演練するとともに、体制改革に向けた部隊運用等を具体化しました。

本演習に参加した西部方面普通科連隊本部管理中隊の野木3曹は「連隊本部訓練陸曹として、海上自衛隊の輸送艦に乗艦し任務を遂行することは初めてでした。海上機動からテニアン島に上陸しましたが、本演習に参加した隊員全員が『One Team』として行動できたと感じました。この貴重な経験を水陸機動団（仮称）の新編に活かしていきたいで

発行所　自衛隊 西部方面総監部 総務部広報室 電話 096-368-5111
印刷所　株式会社 あすなろ印刷所

―総監統率・指導方針―「冷静に静らに導く」
―要望事項―「指揮命令系統を強くせよ」「業務系統を緊密にせよ」

＊「鎮西28演習」の種子島での、全国の地対艦ミサイル連隊の集結を報じる西部方面隊機関紙「鎮西」。「最新の12式地対艦ミサイルを含む地対艦ミサイル連隊が集結し、参加部隊をシステムで連結させて訓練した」と（この核心は、本来の南西シフト態勢は、「有事の機動展開」による全国ミサイル部隊の南西動員態勢だったことだ。これが常時駐留―部隊配備に変わったことが重要である）。

＊前頁・本頁写真は、「鎮西28」演習で、中種子町の旧種子島空港に展開した、陸空部隊だ。前頁は、地対空ミサイル部隊、左は指揮所、真ん中は、空自の基地間の移動式通信車である。

＊下は、同年の「鎮西演習」で種子島・島間港に陸揚げされた地対艦ミサイル弾体だ。船は、海自の輸送艦。「鎮西演習」では、種子島の中でも特に反対勢力が弱い、中種子町・南種子町が、自衛隊の生地訓練に徹底して蹂躙されている。反対勢力が強い西之表市では、これらの訓練は行われていない。

ついに、種子島での日米海兵隊共同訓練

２０１８年10月13・14日、ついに、日米海兵隊の市街地での共同訓練が始まった。場所は、種子島の中種子町の長浜海岸。写真下、旧種子島空港の西端に続く海岸は、全長15キロという日本でも有数の長さを誇るところで（次頁）、貴重なウミガメの産卵地でもある。

その自然を切り裂き、米第３海兵師団の約10人と、水陸機動団らの約２３０人が、沖合の海自輸送艦「おおすみ」から発進し、海岸にボートで上陸した。他方、米海兵隊と水陸機動団の一部は、ＣＨ47ヘリに乗り込み、旧空港に降り立ったのだ。

もともと、米海兵隊の参加は約90人と発表されていたが、この種子島での初めての日米共同演習に抗議する島民の勢いに押されて、わずか10人に演習を縮小した、というのが実相だ。

そして、奄美大島でも日米共同演習——奄美大島でも、２０１９年秋の日米共同演習が発表。これは、陸自第4師団（福岡）と米陸軍との共同演習であり「共同対艦・対空戦闘の演練」などが目的という。自衛隊配備地には、米軍もまた配備されるという態勢が作られているのだ。

日米共同訓練を報じるMBC南日本放送。写真は旧種子島空港で、新空港開港後は使用されていない（滑走路が短い）。自衛隊は、このような南西諸島の旧空港などを、F 35 Bの基地として虎視眈々と狙っている

ウミガメを
守りましょう！
・ウミガメの捕獲や卵の採取は、鹿児島県ウミガメ保護条例で禁止されています。
・ウミガメの産卵や海浜植物保護のため、海岸へは車を乗り入れないでください。

＊馬毛島（種子島）の軍事化に反対する住民たち

種子島・西之表市には、街中に馬毛島の軍事化、米軍ＦＣＬＰ基地化に反対する、横断幕・立て看などが掲げられている。

＊鹿児島駅前で馬毛島の軍事化反対を訴える種子島の住民たち

２０１９年３月末の馬毛島売却交渉成立が伝えられる中、緊迫した集会となった。

中種子町でも、日米共同演習反対、馬毛島軍事化反対の声が広がり始めた！

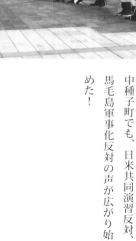

鹿児島県　臥蛇島《がじゃじま》(11.12)
Gaja Island, Kagoshima (Nov. 12)

偵察に向かう隊員（普通科連隊）
Soldiers on recon mission (Infantry Regiment)

鹿児島県　臥蛇島《がじゃじま》(11.12)
Gaja Island, Kagoshima (Nov. 12)

偵察中の隊員（普通科連隊）
Soldiers on recon mission (Infantry Regiment)

＊種子島と奄美大島の間の無人島・臥蛇島の軍事化が報じられている。自衛隊の実弾の射爆場にするという動きだ。ミサイルなどの射爆場を持たない自衛隊は、この無人島を南西シフトの鎮西演習でもすでに活用している。

＊鹿児島の南端・沖永良部でも、「鎮西演習」は行われている。上は同島での陣地構築訓練、右は同島に配備された地対艦ミサイル部隊。

鹿児島県　沖永良部島(11.17)
Okinoerabujima, Kagoshima (Nov. 17)

そして、徳之島への自衛隊誘致運動

2018年5月27日、ついに、徳之島への自衛隊誘致運動が始まった。同日、天城町、徳之島町、伊仙町などの徳之島の首長などが、地元選出の金子代議士、宇都参議院議員（自衛隊出身）を引き連れ、防衛省を訪れて徳之島への自衛隊誘致を要請したのだ。

一行は、すでに2014年、天城町自衛隊誘致協議会等が提出していた「自衛隊誘致に関する要望書」に基づき、誘致の要望を行った。天城町の要望書は、「立地的な利便性、優位性がある天城町に自衛隊を誘致することが国益にかなうものだと」し、「町にとっては誘致によって人口増が見込めることから、地域活性化へとつなげていきたいとしている」というものだ。

自衛隊誘致運動が公然化するというのは、先島―南西諸島の自衛隊新基地づくりの経験からすれば、すでに自衛隊から「基地建設の打診」が行われているということだ。

徳之島と言えば、普天間オスプレイの代替基地として候補に上がり、「全島の決起」と言われる1万5千人の島ぐるみの集会を開催し、オスプレイ基地化をはねのけた島だ。政府・自衛隊は、この徳之島を含む、琉球列島弧のほとんどの島々の軍事化を目論んでいるのである。

第22967号　2016年（平成28年）11月7日　月曜日　南

記者の目

戦前に戻った奄美大島

陸自配備に覚える違和感

戦争を知らない大人たち

人気ロックバンド・サザンオールスターズの「ピースとハイライト」。ボーカルの桑田佳祐が独特の歌声で「教科書は現代史をやるまえに時間切れ」と叫ぶ。1960年代生まれで、高校時代に日本史を学んだ鹿児島県生まれの世代には「あるある」のフレーズだ。

古代史から始まる教科書。現代史に行きつくころは3学期。教師からは「あとは自ら学ぶように」との達しだった。勉強嫌いの生徒たちには好都合で、むしろありがたい対応だった。ただ印象に残っているのは、その教師が何かばつが悪そうにしていたことだ。「本来ならこれからが大切な授業なのに」とでもいいそうな表情に見えた。

昭和1桁生まれの世代には戦争の記憶が残っている。当時小学高学年だった世代に聞くと、「誰もが軍国少年だった。日本の敗戦にショックを覚え、二、三日は食事ものどを通らなかった」と振り返った。

その半面、大人たちの変わり身の早さに驚いたことも記憶している。学校も終戦直後には早い段階で再開。英語の授業が学校以外でも始められ、大人も子どもも一緒に学び始めたという。それまでの天皇制がうそのように、まるでなかったことのように、生活が一変したようだ。

その転向の仕方は、日本人のたくましさかもしれない。まして外海離島の奄美にとっては、その後の日本復帰までの期間が加わり、戦後復興の遅れを取り戻そうと必死だった。ただ祖父母や父母らは、戦争中の苦しさは語っても、「何故日本が戦争に突き進んだのか」は誰一人語らなかった。唯一、特高（特別高等警察）や終戦間近の教師の対応について、一人の親類が重い口を開いた。「共産主義者を内偵していた特高が、突然隣家に押し掛けた。何事かと思ったら共産主義に関する書物の取り調べだった。幸い何もなかったので事なきを得たようだった。終戦が近づきつつあるころの教師たちは生徒たちに兵役を勧める言動が目立った。もう少し戦争が長引いていたら間違いなく戦争に加わっていた」と話した。

▲市街地を行き交う自衛隊車両＝奄美市名瀬

戦争のことは誰もが語りたがらない。まして現代史については授業も中途半端だった。そんな戦後世代は確実に増え、自分の子どもにさえまともに教えることができていない。

「現在の国際情勢を考えると、防衛上の観点からも奄美大島に陸自配備は必要」と保守系は訴え、保守系以外は「世界自然遺産登録を目指す中、陸自配備は整合性が取れない。基地があるところが先に狙われる。抑止力にはならない」と反論する。

戦後70年―。奄美大島は戦前の体制に戻りつつある。自衛隊との呼び名だが、他国との有事を想定した部隊が奄美大島内に再び配備されることになった。

戦争を知らない世代でも、このところ自衛隊車両が増えた状況には違和感を覚える。戦争を記憶している世代は、自衛隊車両が闊歩する状況をどのように見ているのだろうか。

「自衛隊は必要」「自衛隊は抑止力にはならない」の二つの対立する意見はどちらが正解なのか。少なくとも米軍基地反対に揺れた徳之島での1万人集会に向かうような緊張感は漂っていない。

（[illegible]山[illegible]郎）

※毎週月曜日に掲載します

上は南海日日新聞の自衛隊基地建設を危惧する記事。今年３月配備後も、基地強化を憂える記事が増えている

第5章　増強される与那国島配備部隊
――空自・移動警戒隊は配備されたのか？

広大な敷地を占有した与那国駐屯地

日本の最西端であり、台湾から約１１１キロの位置にある与那国島――

石垣島からプロペラ機に乗って、いくつものリーフの島々を通過してくると、与那国島西から飛行機は降下していく。その飛行機の中から、島の中央部にくっきりと飛び出してくるのが、陸自の沿岸監視隊のレーダー基地だ（祖納地区・下）。

レーダー基地は、ちょうど東シナ海方面、中国大陸を睨みつけるように置かれており、それほど高くないインビ岳にひときわ聳え立っているようだ。

この与那国空港から西へ約30分、晴れた日には台湾が見えるという西崎《いりざき》を回り込むと、南国風の鮮やかな色をした建物群が姿を現す。これが陸自・与那国駐屯地だ（頁左下）。

駐屯地は約25ヘクタール、祖納地区（約1ヘクタール）を合わせると26ヘクタール。この巨大施設が、約１６０

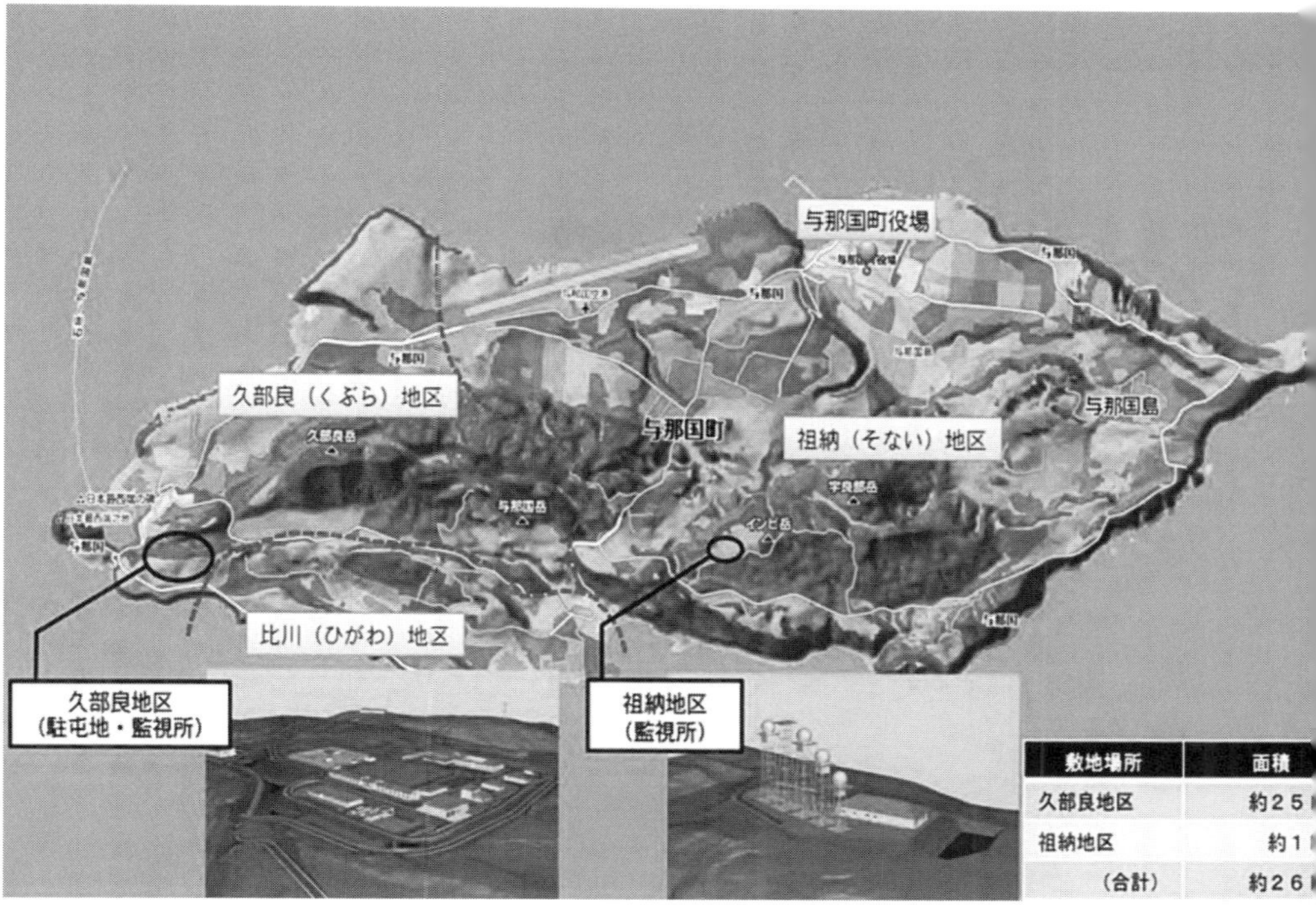
与那国町役場
久部良（くぶら）地区
久部良岳
与那国町
祖納（そない）地区
与那国島
宇良部岳
与那国岳
インビ岳
比川（ひがわ）地区
久部良地区
（駐屯地・監視所）
祖納地区
（監視所）
敷地場所 面積
久部良地区 約２５
祖納地区 約１
（合計） 約２６

人が配置されたという部隊の規模なのか？
約８００人が配置予定の宮古島駐屯地（22ヘクタール）より、一回り大きい施設が造られている。

空自・移動警戒隊の配備は？

駐屯地の巨大施設は、誰が見ても沿岸監視隊だけの施設ではないことが明らかだ。実際、筆者が視察した２０１９年6月下旬には、空自の移動警戒隊のレーダーが配備されていた（次頁写真）。

この配備先は、下記の陸自レーダーサイトの敷地内である。同じ場所に車載式・移動式のレーダーを置くのは不自然であるから、おそらく、陸自レーダーのメンテナンスのために、この同じ場所に配備されたのだろう。

しかし、昨年度・今年度の概算要求でも、与那国島への移動警戒隊の配備は決定しているから、常駐は時間の問題だ。つまり、与那国駐屯地が巨大施設として造られたのは、あらかじめ、空自の配備も決定されていたからである。

だが、事はそれで済むだろうか。宮古島や石垣島のような、対艦・対空ミサイル部隊は、配備されないのか？

与那国駐屯地の東側に置かれた、対空レーダーサイト

＊空自の移動警戒隊の車載式レーダー。運用時には、十数台の車両を連ねて移動。左は与那国島へ訓練のためにきた空自那覇基地の移動警戒隊。

おそらく、現在進行中の南西諸島への対艦・対空ミサイル配備が完了した暁には、つまり、基地が完成し「宣撫工作」が終わった後には、このミサイル部隊の配備もあり得るのだ。

自衛隊の南西シフト態勢の実状を知るひとりである読売新聞の記者は、地対艦ミサイル部隊が配備されることを記しているが（『自衛隊、動く』勝股秀通著・ウェッジ刊）、これが単なる推測ではないことは、造られた基地の規模を見れば明瞭である。

住民にも隠された巨大弾薬庫

宮古島の弾薬庫と同じく、この与那国島でも初めから自衛隊は、弾薬庫の設置について住民を騙しただけでなく、与那国島町長などの行政までも欺いた。

当時、与那国町住民説明会などで沖縄防衛局からハッキリと説明されていたのは、弾薬庫ではなく「貯蔵庫」という施設であった（左下図参照）。

説明会資料には「貯蔵庫施設約500㎡」とあり、「弾薬庫」という言葉は、どこにも見当たらない（図にはまた「空自レーダーパッド」「移動式警戒レーダー」とある

ドローンで撮影した与那国駐屯地の弾薬庫。堅固な造りで警備隊程度の弾薬庫ではない（沖縄ドローンプロジェクト提供）

(3)建物等計画概要

駐屯地・監視所(久部良)

建物名	構造	延べ面積	備考
庁舎	RC−2	約2,000㎡	
厨房・厚生施設・隊舎	RC−2	約1,500㎡	
隊舎	RC−2	約3,000㎡	
整備場A	RC−1	約400㎡	
整備場B	RC−2	約1,000㎡	
受電所	RC−1	約300㎡	
局舎	RC−2	約600㎡	
倉庫	RC−1	約1,000㎡	
訓練施設	RC−1	約500㎡	
燃料施設		1箇所	スタンド等
警衛所・哨舎	RC−1	約60㎡	
貯蔵庫施設	RC−1	約500㎡	
体育館	RC−2	約1,500㎡	
監視施設	RC−1	約700㎡	
鉄塔	H=30m	1基	
グラウンド	全天候型400mトラック		
訓練場	芝張り		
空自レーダーパット	1基		
受水槽、浄化槽	各1基		
洗車場	大型車用、小型車用		

監視所(祖納)

建物名	構造	延べ面積	備考
監視施設	RC−1	約600㎡	
鉄塔	H=20〜40m 5基		

沿岸監視レーダー

移動式警戒レーダー

②

ことにも注意)。

そして、実際に造られた施設の形状は、弾薬庫そのものであったのだ(118・119頁)。

問題はその巨大さだ。小さな沿岸監視隊に、こんな大きな弾薬庫が必要とは考えられない。武装部隊も配置図では、わずか30人の警備小隊だけである(54頁図参照)。この巨大基地を維持する、基地警備の人員さえこと欠くぐらいだ。

弾薬庫の面積は、約500平方メートルというが、筆者の目視では、縦横ともおよそ50メートル以上はある堅固な造りである。つまり、弾薬庫は、ミサイル弾体など重火器を含む弾薬庫であるということだ。

与那国沿岸監視隊とは

すでに見てきたように、与那国駐屯地の配備部隊は、主要には沿岸監視隊のレーダー部隊、警備小隊から構成されている。

レーダー部隊は、もっぱら与那国水道を通過していく中国艦船を警戒監視する対艦レーダー部隊と、同上空を通過する対空レーダー部隊とに別れている。この中の対

インビ岳に配備された沿岸監視用レーダー(近くから撮影)

与那国駐屯地近くの山から見た駐屯地施設。東シナ海を望む海岸に近い場所に造られている。駐屯地の右手が対空レーダーサイト
下は、与那国島に入港した海自の掃海艇。与那国島の港には、米軍も視察に訪れており、海自部隊の配備も推測されている。陸海空の３自衛隊が配備される可能性もある

艦監視部隊の「海峡監視」という任務は、対馬・津軽・宗谷海峡などの3海峡に配置されている部隊とほぼ同様の任務である。

ただ、対馬防備隊などを見ると、海峡を通過する潜水艦を探知するための「水中固定聴音装置」や、海底に設置して潜水艦を探知する音響監視システム（ＳＯＳＵＳ）を設置した対潜任務も行われている。

これらの部隊は、国会などでもその存在を非公開にするほどの秘密部隊であるから、与那国駐屯地配備部隊の編成表からも削除されているのである。

基地は限りなく増殖する！

下記の図表は、情報公開で筆者に出された与那国島などの部隊配置の概略表だ。与那国島を始め、いずれの島にも、当初の防衛省説明会では言明されていない「兵站施設」の配備が記載されている。

南西諸島の離島で作戦運用する場合、独自の兵站施設は不可欠だろう。問題は、こういう新部隊を配備するにあたり、住民にも、自治体にも、事前の説明はおろか、事後の説明も、了解

【与那国島】
○　配置部隊
沿岸監視隊　兵站施設
○　規模：約160名
○　新編日：平成28年3月

与那国駐屯地

【石垣島】
部隊配備を検討

【奄美大島】
○　配置部隊
警備隊　対空部隊　対艦部隊　兵站施設
○　規模：約550名
○　新編時期：平成30年度末

【宮古島】
○　配置部隊
警備隊　対空部隊　対艦部隊　兵站施設
○　規模：約700名～800名
○　新編時期：平成30年度末※
※　対空部隊、対艦部隊は31年度以降に配置

もない、ということだ。一旦、造られた基地が、自衛隊の都合で増強拡大していく、重要な事実がここに示されているのだ。

情報保全隊・警務隊の配備も説明なし

宮古島の章で述べてきたように、この与那国駐屯地でも、情報保全隊の配備が確認された。

宮古島と違うのは、情報公開文書を黒塗りすることもなく、その配備（警務隊をも）を認めたことである。文書請求は1年前ぐらいであるから、宮古島のような基地建設をめぐる厳しい批判を想定していなかったということだろう。

いずれにしても、住民を監視する情報保全隊の配備は、自衛隊の南西シフト態勢下の基地建設の在り方を根本から問うものだ。誰のための配備なのか、と。

後述するが、与那国空港（上）もまた、F35Bなどの基地化が報じられている。空港は、約2千メートルの滑走路をもつが、この空港と与那国駐屯地の施設が、あらかじめそれを想定して連動し、一体的に造られた、と推定すべきかも知れない。

与那国駐屯地の現在

２０１６年３月、先島諸島では初めての軍事基地となる与那国駐屯地が開設・開隊した。

「動員」されたメディアの記者たちは、那覇から自衛隊の輸送機に搭乗させられ、与那国島住民の声を聞くことなく、空港と基地を往復しただけだったと、沖縄のメディアは報じている（駐屯地正門で抗議する住民を撮影しないため、駐屯地裏門からメディアを誘導するという周到さ）。

そして、完成した基地は、今でも厳重な警戒態勢がとられている。

駐屯地の周囲には、至るところに「撮影禁止」の掲示と監視カメラが設置されている。写真撮影をしていると、情報保全隊・警務隊などが、急いで飛んでくるとい

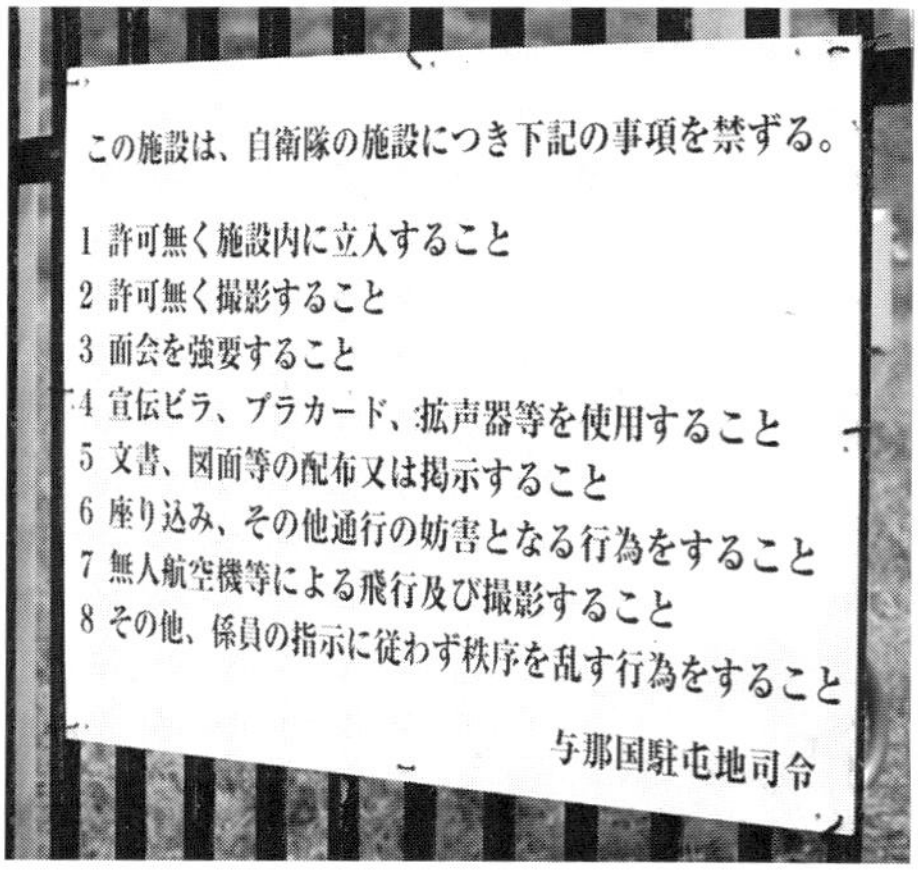

う状況だ（フイルムを見せろと）。

開隊1年後の２０１７年、与那国島には、自衛隊と米軍のトップが視察に訪れた（左）。河野統合幕僚長（当時）と、当時の米太平洋軍トップのハリー・ハリス太平洋軍司令官だ（ハリスは現在、駐韓米国大使）

一説によると、米軍は、与那国島の基地開隊の遅れについて、かなり前から自衛隊へ厳しい批判を行っていたという。

与那国駐屯地の開設は、米軍の対中・日米共同作戦態勢の重要なステップだということだ。だから、宮古島・石垣島の基地建設も急ピッチで強行されているのである（写真上は、工事が始まったばかりの与那国島）。

人頭税に苦しんだ与那国島

八重山・宮古島の民衆と同様、与那国島も人頭税に苦しめられた。人頭税とは、頭割で各個人に均等に課せられる原始的な租税で、１９０３年、宮古島の人頭税廃止運動を区切りとして、ようやく廃止された。

この人頭税の碑が、与那国島の祖納の道路脇にひっそりと建てられている（上）。

祖納地区の後方には、海に突き出るかのようにティンダバナという崖が聳え立つ（次頁上）。ここに「讃・與那國島」というレリーフが壁面に掲げられている（１９４３年、伊波南哲作）。

そこには——

「荒潮の息吹にぬれて　千古の伝説をはらみ　美と力を兼ね備えた　南海の防壁與那國島。（略）

お、汝は　黙々として　皇国南海の鎮護に挺身する沈まざる二十五万噸の航空母艦だ」

と記されている（次頁下）。

このレリーフを、この地を訪れたことがある櫻井よしこが著書で絶賛している。しかし、与那国島を「航空母艦」にしてはならないのだ！

海に突き出るようなティンダバナ。この壁面に 1943 年制作の伊波南哲の碑

第6章　知られざる沖縄本島の自衛隊大増強

——地対艦ミサイル配備を急ぐ陸自

2倍化した空自の戦闘機

２０１８年、観光客数が約1千万人の大台に到達した沖縄——、その観光客の大多数が利用する那覇空港は、今や超過密の状態だ。第2滑走路を増設中とはいえ、那覇空港は危険な状態にある。

その理由は、2倍以上に増強された空自那覇基地の戦闘機と早期警戒機の配備、そして、対中スクランブルの激増である。空港では、たびたび空自機の事故が起きている。

マスメディアは報じないが、この空自は２０１４年以来、爆発的な増強態勢に入っている。

まず、２０１４年、那覇基地には、新たに早期警戒機Ｅ2Ｃ（第６０３飛行隊）が配備された（三沢基地からの移転、4機態勢）。

また、２０１７年7月には、南西航空方面隊が発足（南西航空混成団から昇格）し、第9航空団が編

空自の南西シフト態勢

＊那覇基地の増強（2個飛行隊40機態勢
—第9航空団・南西航空方面隊の新編）

・第204飛行隊（F-15）——百里基地から移転　・第304飛行隊（F-15）——築城基地から移転

・第603飛行隊（E-2C）——三沢基地から移転

＊百里基地——F-15・各1個飛行隊、那覇・新田原へ（また、F-4EJ改、2個飛行隊が、新田原・那覇から移転）

＊築城基地の増強（F2は対艦攻撃機——空対艦ミサイル×4、もしくはGCS-1装備型のMk.82通常爆弾×6）

・第8飛行隊（F-2）——三沢基地から移転

・第6飛行隊（F-2）——変更なし

＊新田原基地の増強

・第305飛行隊（F-15）——百里基地から移転

・第8飛行隊（F-2）——三沢基地から移転

——新田原へ、F−35Bの配備計画（馬毛島FCLPとの関連）

＊築城・新田原基地は、日米共同基地へ

—米軍の武器弾薬庫や戦闘機の駐機場などを整備（18/10/24日米合同委員会）

（＊三沢基地に、F-35Aの2個飛行隊を編成）

空自那覇基地の大増強

（F-15—40機態勢、2017/7南西航空方面隊編成・第９航空団へ昇格、早期警戒機—第603飛行隊の配備、人員3910人［2016年現在］）

成された（第83航空隊からの昇格）。これによって、同団は、Ｆ15戦闘機20機から40機態勢へと増強された。

この増強によって、２０１６年現在の空自の人員は、３９１０人となり、２０１０年からは1千２００人あまりが増員された（上は那覇基地のＦ15戦闘機）。

同時に、南西シフト態勢下の空自の増強は、那覇基地を軸として九州方面にも拡大されている。

前頁図表にあるように、福岡県の空自築城基地には、三沢基地からＦ２戦闘機の第８飛行隊が移転し、在築城のＦ２戦闘機隊と合わせて２個飛行隊へ増強された。

Ｆ２戦闘機は、空対艦ミサイルを最大４発搭載可能な、世界最高レベルの対艦攻撃能力と対空能力を兼備した戦闘機であり、南西方面の制海・制空権確保の主力とするための配備だ（次頁図表参照）。

そして、南西方面の制空権確保のために、九州南部の新田原基地の増強（Ｆ15戦闘機配備）が行われ、新田原基地、築城基地の日米共同基地化が決定されたのである。この両基地の日米基地化は、単なる訓練のための共同使用ではなく、恒常的な日米共同基地である。この２つの共同基地化を皮切りに、今後、沖縄本島を含めてこれが全国へ拡大されていくことは間違いないだろう。

陸自・海自の増強態勢

沖縄本島では、空自だけでなく、陸自・海自の増強も急ピッチで進行している。

陸自は、早くも２０１０年に配備されていた「混成団」を旅団（第15旅団）に昇格させ、人員も約２千２００人まで拡大した。この第15旅団は、先島配備部隊を傘下にして約４千人近くまで拡大される予定である。

そして、海自の増強である。海自は南西シフト下で、潜水艦16隻を22隻へ、護衛艦48隻を54隻へ拡大する計画であるが、この中で増強される新型護衛艦（ＦＦＭ）が、東シナ海での「島嶼戦争」用の戦闘艦だ。

これはすでに、米海軍がシンガポールに配備（４隻）している沿海域戦闘艦（ＬＣＳ）をモデルに、新たに開発するもので、対艦・対潜・対機雷戦の戦闘力を強化したコンパクトな護衛艦である。

新防衛大綱・新中期防では、この艦艇を２０２０年までに4隻、２０２２年までに8隻と、増強される海自護衛艦艇のすべてが、この戦闘艦となるということだ。

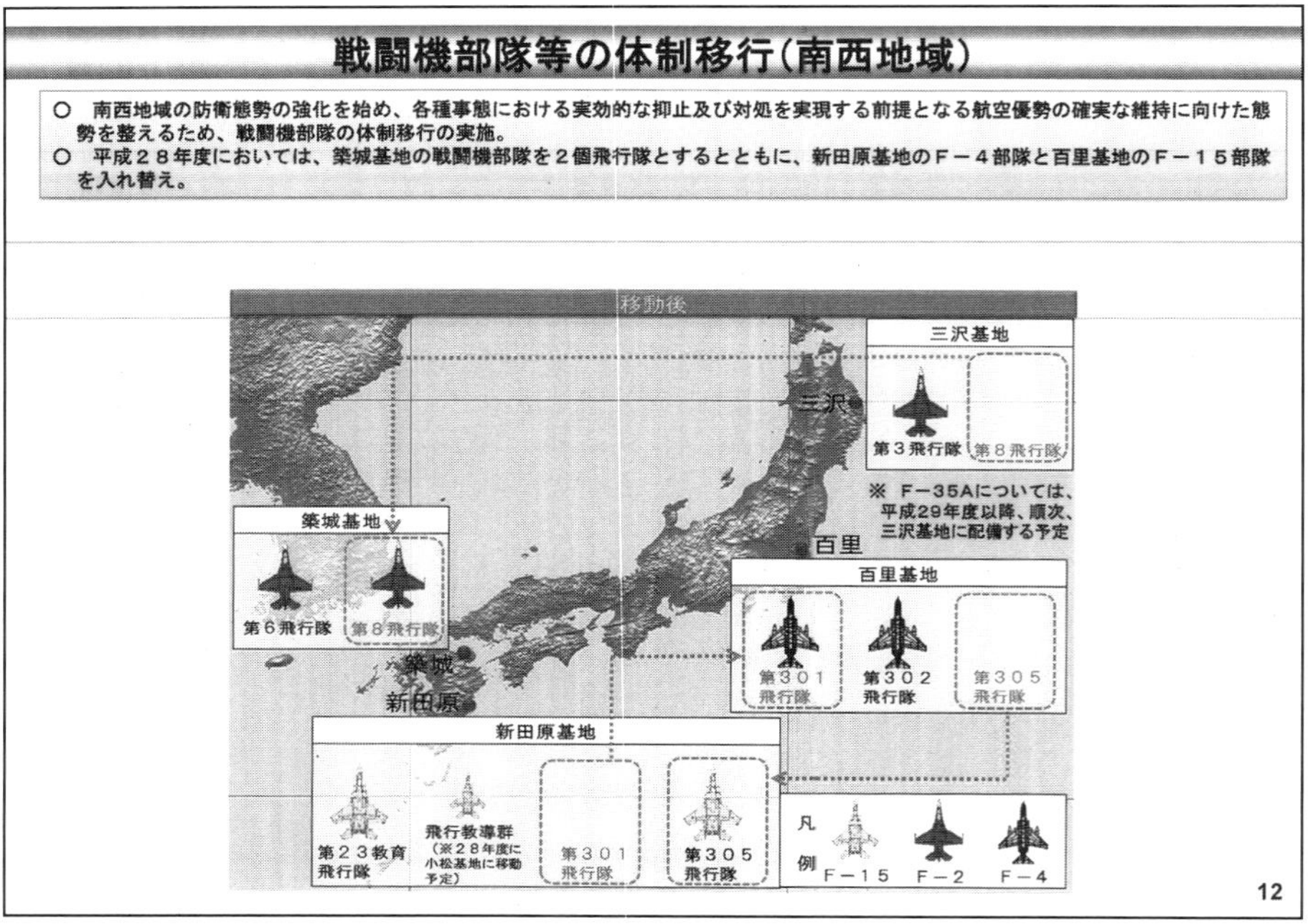

防衛省の情報公開文書から

沖縄の主要な自衛隊基地

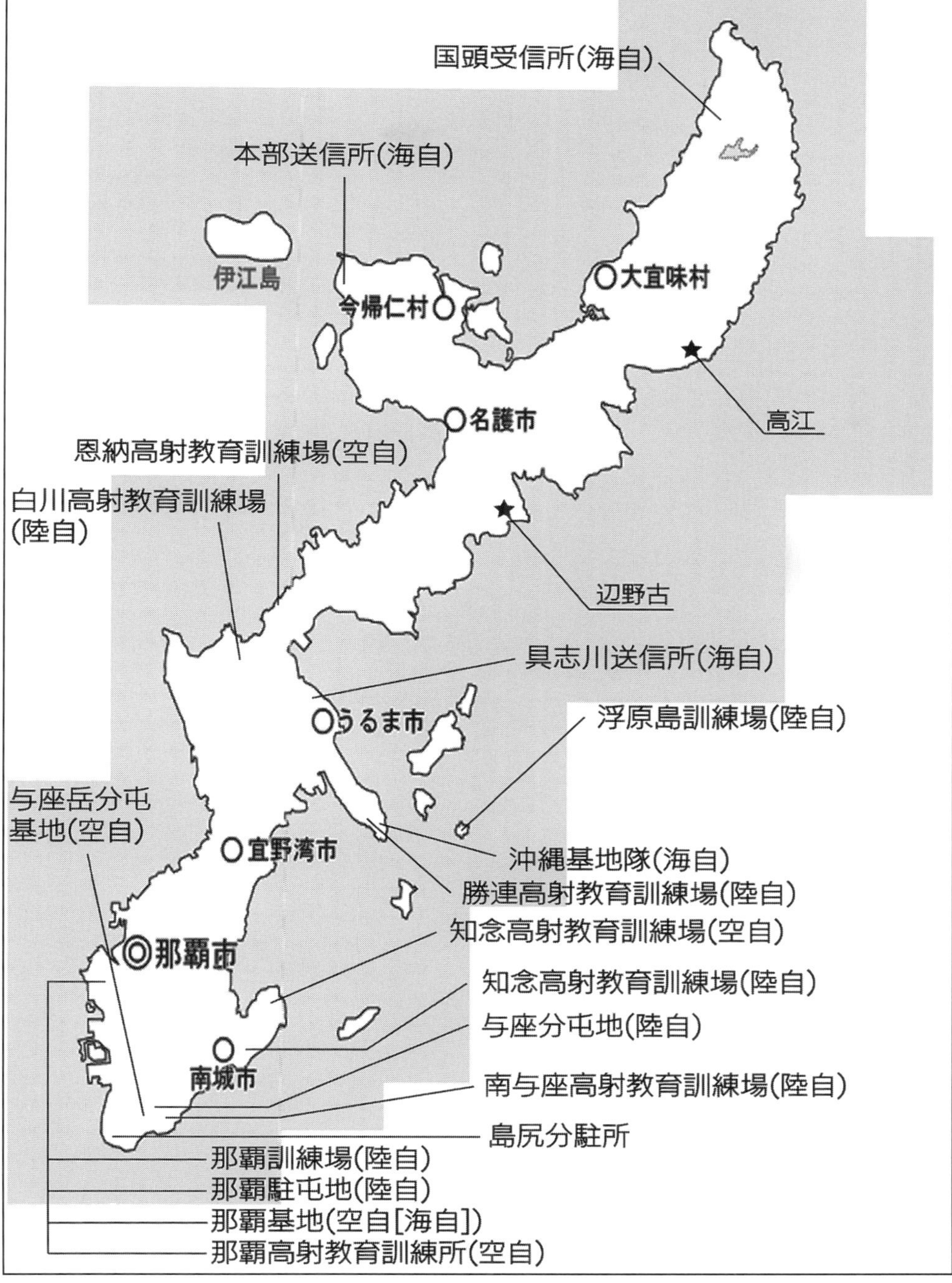

南西諸島へ約1万5千人が増強配備

こうして、先島―南西諸島へ配備される部隊は、奄美大島、宮古島、石垣島、与那国島へ新配備される部隊としては、当面、**陸海空自衛隊で約2千200人**、そして**沖縄本島の増強約2千人で**、これに**水陸機動団新編の約4千人**を合わせて**約8千200人が新配備**される。

これに既存の沖縄本島の配備部隊約7千人（2010年6千300人、2016年8千50人）を合わせて**約1万5千人が南西シフト態勢下で、事前配備態勢**に就くということだ。

ここに、自衛隊は、南西シフト態勢で**3個機動師団・4個機動旅団・1個機甲師団の増援・動員**を発表している。この人員は、約3～4万人（陸自教範『離島の作戦』では、方面隊規模の作戦と規定）ということであり、全自衛隊の総力（半数を南西諸島動員）を挙げた「島嶼戦争」を想定しているのである。

空対艦戦闘機F2、日米共同開発で、南西シフト態勢で再編強化された（左）。早期警戒機E2Cも沖縄本島へ新配備された（下）

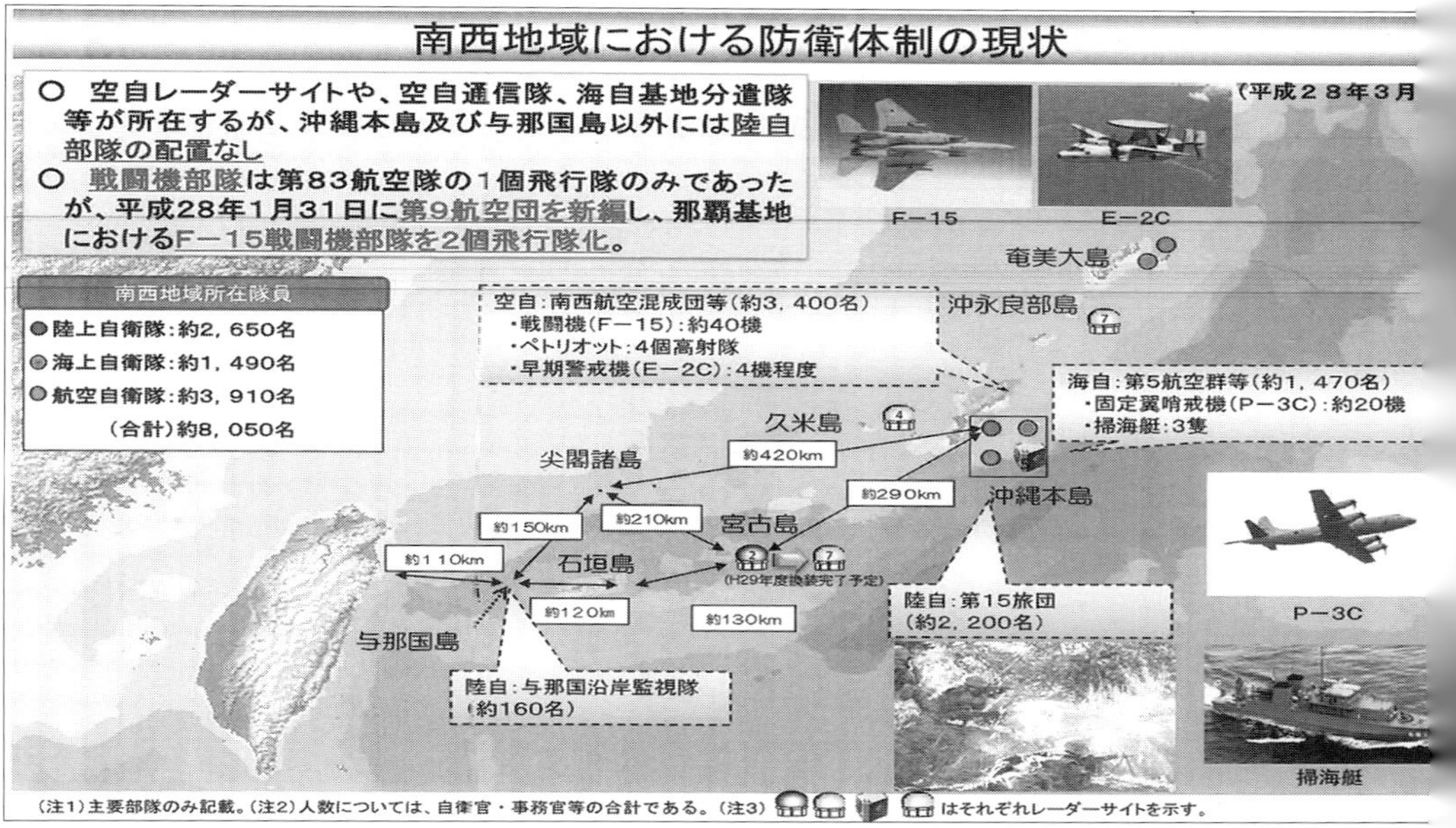

防衛省の情報公開文書から

＊2010年、民主党政権下で、沖縄本島での自衛隊増強が始まり、2012年には南西シフト態勢が策定された（後述）。写真は、第15旅団の編成式に参列した北澤防衛大臣だ（当時）。しかし、このときには、まだ先島—南西諸島への対艦・対空ミサイル部隊の配備は決まっておらず、当時官房長官を務めていた、枝野幸男氏は、宮古島タウンミーティングで「宮古島にミサイル部隊が配備されることは知らなかった」と発言した。

始まる沖縄本島への地対艦ミサイル部隊配備

現在のところ、石垣島・宮古島・奄美大島に配備される地対艦ミサイル部隊は、中隊規模と発表されている。地対艦ミサイル部隊は、1個連隊は4中隊で編成されるが、3島では1個中隊が不足する。必然的に1個中隊が、他に配備されるわけだが、この地対艦ミサイル1個中隊が沖縄本島へ配備されるということになるのだ。

意外なのは、奄美大島に配備された地対艦ミサイル中隊だ。これは、第301ミサイル中隊といい、元の所属は、八戸に在隊する第4ミサイル連隊第4中隊である。これが、「第301」と名称替えして奄美に配備された。

だが、奄美は、西部方面隊の傘下にあるから、同隊の第5ミサイル連隊傘下に置かれるのが本来、当然のようであるが(現在は一時的に同連隊傘下)、この部隊は、いずれ、沖縄・宮古島を司令部とする地対艦ミサイル連隊の傘下に置かれることになる。

これらの、沖縄本島に移動する予定のミサイル部隊が、第4ミサイル連隊(八戸)の各中隊であると言われている。

しかし、今のところ自衛隊は、沖縄本島の世論を見極

那覇空港の滑走路は、自衛隊の航空機で満杯。海自の対潜哨戒機も多数が常駐

沖縄本島にも地対艦ミサイル部隊配備

新中期防—地対艦ミサイル部隊3個新編

（奄美は3/26配備、新中期防では、石垣島・宮古島・沖縄島の地対艦ミサイル中隊か?）

新中期防で新整備—中SAM5個中隊はどこへ?

めながら、慎重に沖縄本島へのミサイル部隊の配備を探っている。だが、いずれ自衛隊当局は、沖縄本島へのミサイル部隊配備を強行する。これには、沖縄本島の反対運動もまた、問われることになるのだ。

ミサイル戦争の実験場とされる南西諸島

この沖縄本島を含む先島—南西諸島は、今、ミサイル戦争の「実験場」として設定されている、と言っても過言ではない。

次から次へと発表される自衛隊の新型ミサイル部隊の開発・配備がそれを表している。

新防衛大綱では、「島嶼防衛用高速滑空弾部隊・2個高速滑空弾大隊」（新大綱別表）の開発配備が決定された。この高速滑空弾（199頁）は、島嶼間の戦闘に使用されるマッハ5～10という超高速のミサイル（ロケット推進）である。

防衛省の2017年度事前の事業評価では、早期装備型の「ブロック1」を、2025年度を目途に実用化し、性能向上型の「ブロック2」を2028年度までに実用化するとされる。この「2」が「極高速滑空弾」と言われるマッハ10以上の「ミサイル」である。

大問題なのは、今までのミサイル部隊の配備の上に、さらに高速滑空弾・極高速滑空弾という部隊が先島—南西諸島に配備されようとしていることだ。

これらの部隊は、「島嶼間」と銘打っていることから、宮古・石垣・沖縄島のいずれかに配備されることが確実である。

また、防衛省・自衛隊は、すでに各種巡航ミサイルの導入（後述）を決定し、さらに、スタンド・オフ・ミサイル（戦闘機から発射し射程約千キロ）の整備を進めることも決定している。

今や、誇張ではなく、先島—南西諸島がミサイル戦争の実験場、ミサイル戦場として設定されている事実をしっかり見すえなければならない。

南西諸島の不沈空母化

南西シフト態勢下の対中国の自衛隊増強は、果てしなく続く大軍拡となっている。

すでに、報道もされているが、そのもう1つの大軍

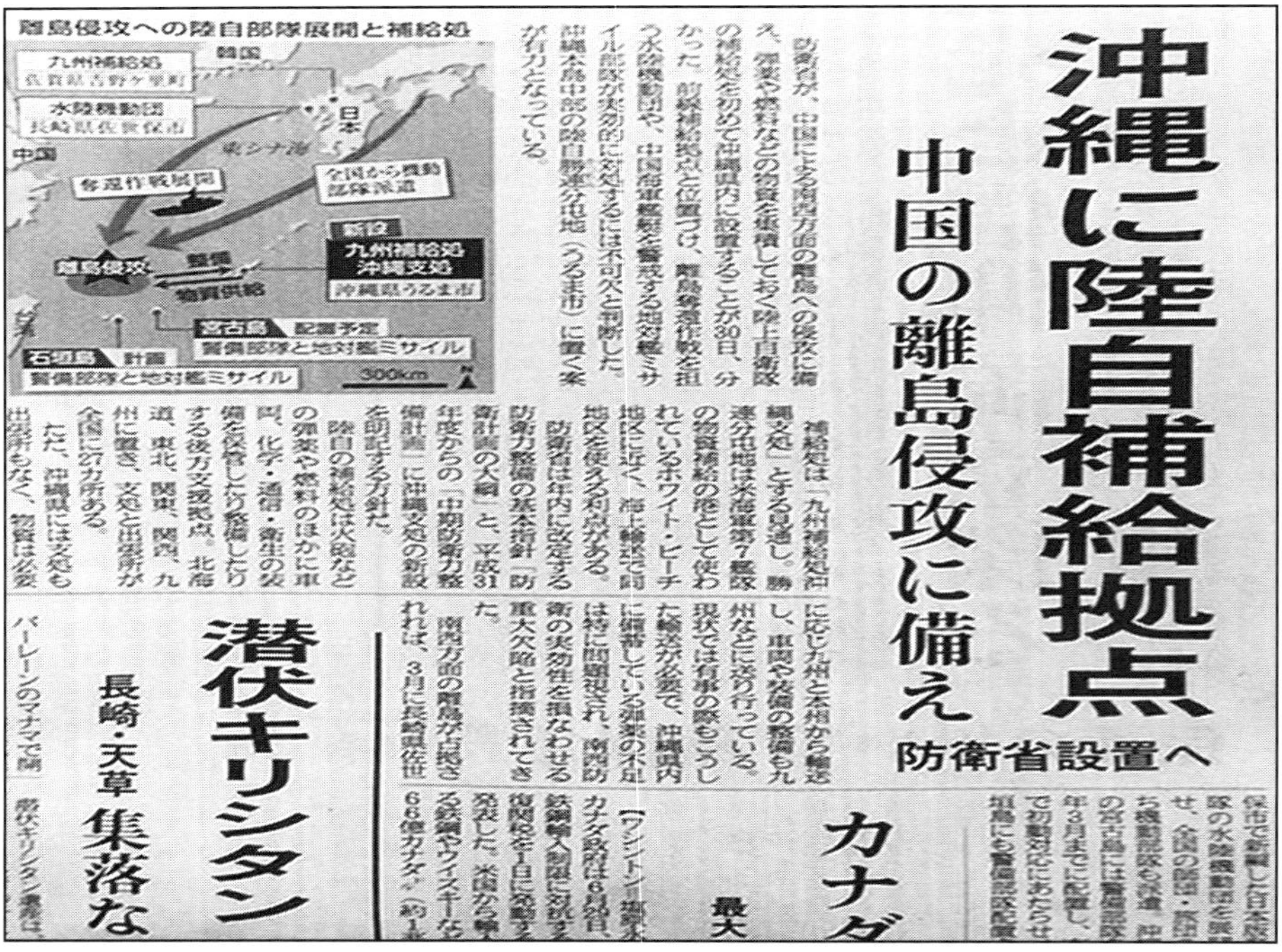

沖縄に陸自補給拠点

中国の離島侵攻に備え

防衛省設置へ

防衛省が、中国による南西方面の離島への侵攻に備え、弾薬や燃料などの物資を集積しておく陸上自衛隊の補給処を初めて沖縄県内に設置することが30日、分かった。前線補給拠点と位置づけ、離島奪還作戦を担う水陸機動団や、中国海軍艦艇を警戒する地対艦ミサイル部隊が実効的に対処するには不可欠と判断した。沖縄本島中部の陸自勝連分屯地（うるま市）に置く案が有力となっている。

補給処は「九州補給処沖縄支処」とする見通し。勝連分屯地は米海軍第7艦隊の物資補給の港として使われているホワイト・ビーチ地区に近く、海上輸送で同地区を使える利点がある。

防衛省は年内に改定する防衛力整備の基本指針「防衛計画の大綱」と、平成31年度からの「中期防衛力整備計画」に沖縄支処の新設を明記する方針だ。

陸自の補給処は火砲などの弾薬や燃料のほかに車両、化学・通信・衛生の装備を保管したり整備したりする後方支援拠点。北海道、東北、関東、関西、九州に置き、支処と出張所が全国に27カ所ある。

ただ、沖縄県には支処も出張所もなく、物資は必要に応じ九州と本州から輸送し、車両や装備の整備も九州などに送り行っている。現状では有事の際もこうした輸送が必要で、沖縄県内に備蓄している弾薬の不足は特に問題視され、南西防衛の実効性を損なわせる重大欠陥と指摘されてきた。

南西方面の離島が占拠されれば、3月に長崎県佐世保市で新編した日本版海兵隊の水陸機動団を展開させ、全国の師団・旅団から機動部隊も派遣。沖縄の宮古島には警備部隊を来年3月までに配置し、…で初動対応にあたらせ…垣島にも警備部隊配置…

カナダ…

最大…

【ワシントン…】カナダ政府は6月29日、…鉄鋼輸入制限に対抗する報復関税を1日に発動すると発表した。米国から輸入される鉄鋼やウイスキーなど…66億カナダ㌦（約…

潜伏キリシタン

長崎・天草 集落な…

バーレーンのマナマで開…

潜伏キリシタン遺産は…

琉球列島弧―沖縄本島へ続々増強

南西諸島・主要空港の航空基地化・不沈空母化（東京新聞2017／12／25）

THE RYUKYU SHIMPO 第39127号

離島防衛にF35B

先島、大東で運用

短距離離陸型 防衛省が導入検討

「空母」保有も構想

THE YOMIURI SHIMBUN 讀賣新聞 2月12日

離島防衛 F35B導入へ

短距離で離陸 空母運用も視野

F15後継 26年運用目指す

北の核「解決せず」 平昌 南北融和

拡が南西諸島へのＦ35Ｂ戦闘機の航空基地づくりだ。報道では、与那国島・石垣島・宮古島・南北大東島の５つの民間空港が候補地とされている。

だが、初期の南西シフト態勢づくりに係わったとされる元西部方面隊総監・用田和仁によると、南西諸島の20個の民間空港が、航空基地として対象化されているという。「（南西諸島で）海上優勢、航空優勢が絶対いる。そのために滑走路が必要」と。

さらに、用田は言う。「我々はこれだけの不沈空母をもっているのだし、この20の滑走路のある島に94％の人が住んでいるのです。ですから、何かあったときに155万人の人を全部島から、いわゆる全島避難させたりすることはなかなか難しいかもしれませんが、６％の島、いわゆる残りの島から全島避難させるということはあり得るのだ」（「日本の国防」第70号）と。

制服組は、再び沖縄の戦場化を公言し始めたのだ（前頁は沖縄本島へ補給拠点を造る産経新聞報道）。

F-35Ｂ 短距離離離陸垂直着陸(STOVL)

第7章　日本型海兵隊・水陸機動団の発足
——南シナ海へ遊弋する
砲艦外交の道具となった部隊

西部方面普通科連隊と水陸機動団

南西諸島への自衛隊新配備と異なり、なぜか水陸機動団については、大々的報道がなされているから、多くの説明はいらない（2018年3月に編成完了）。
ただ、この水陸機動団が、2002年という早い時期に、西部方面隊の直轄部隊として発足したことの意味は、しっかりと把握すべきだ（西部方面普通科連隊、長崎県相浦駐屯地）。

2002年というと、編成完了の16年も前。部隊は、発足後の2006年から、早くも米海兵隊との共同訓練をカリフォルニア州サンディエゴで行い、以後今日まで毎年、米海兵隊との共同訓練を行っている。

別の章でも述べるが、この2000年という時代、陸自は大幅な教範の改定を行った。陸自教範の中の教範（最高教範）、『野外令』の改定である。

改定教範の最大の特徴（記述）は、今日、防衛白書などでも公表している「島嶼戦争」の3段階作戦「事前配備・機動運用部隊の機動展開・水陸両用部隊の奪回」という作戦・運用方針が、すでに記載されていることだ。

つまり、陸自は、2000年というかなり早い段階から南西シフト態勢を採り、「島嶼戦争」の準備態勢を作り始めたということだ（東西冷戦崩壊という中で——）。

水陸両用車・オスプレイ配備

さて、2018年、当面編成されたのは、水陸機動団の2個水陸機動連隊他2千100人だ。左の編成表

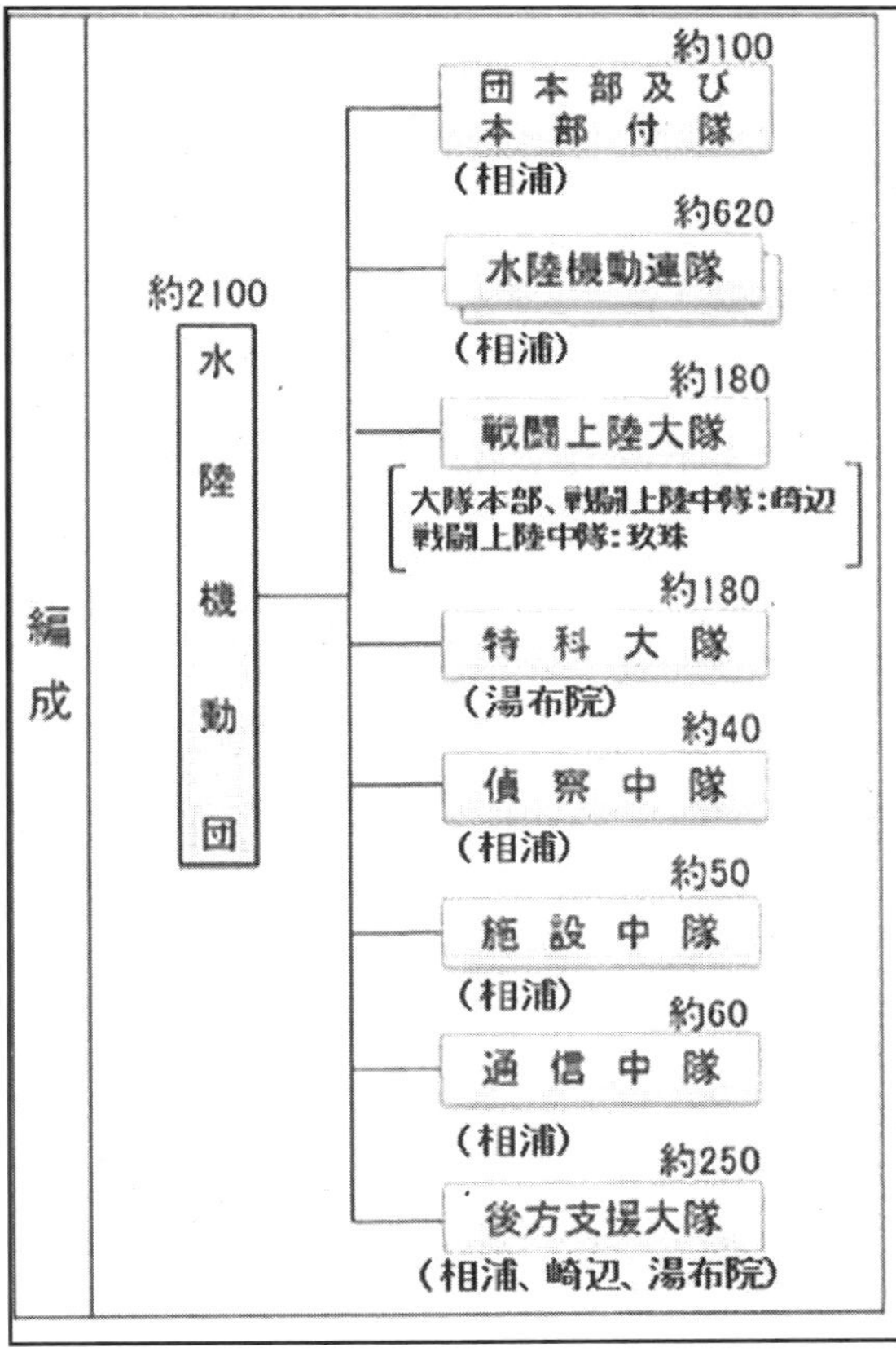
編成
約2100
水陸機動団
約100
団本部及び本部付隊
（相浦）
約620
水陸機動連隊
（相浦）
約180
戦闘上陸大隊
大隊本部、戦闘上陸中隊：崎辺
戦闘上陸中隊：玖珠
約180
特科大隊
（湯布院）
約40
偵察中隊
（相浦）
約50
施設中隊
（相浦）
約60
通信中隊
（相浦）
約250
後方支援大隊
（相浦、崎辺、湯布院）

相浦駐屯地
玖珠駐屯地
崎辺地区
湯布院駐屯地

にあるように団本部以下、第1・第2水陸機動連隊、戦闘上陸大隊、特科大隊、偵察中隊などで編成されている。

この水陸機動連隊、戦闘上陸部隊による敵前上陸で運用されるのが、水陸両用車（AAV7、前々頁）であり（52両配備）、オスプレイだ（17機配備、前頁）。

配備先は、長崎県相浦駐屯地ほか、大分県の湯布院、玖珠《くす》駐屯地など多岐に配置されている。

重要なのは、オスプレイの佐賀空港への配備（空港敷地を含む埋め立て地の基地建設）が、地元の有明海漁業組合の反対運動で延期になり、千葉県木更津市への暫定配備となっていることだ。

有明海漁業組合は、1990年、佐賀空港を埋め立てて建設するにあたり、「自衛隊基地には使用しない」ことを含む「公害防止協定」を佐賀県との間で交わしている。防衛省と佐賀県当局は、これを見直し、オスプレイ基地化を謀ろうとしているのだ。

水陸機動団の作戦とは

水陸機動団が配備された相浦と木更津の間は、長大な距離、いくらオスプレイが航続距離を誇るといっても、

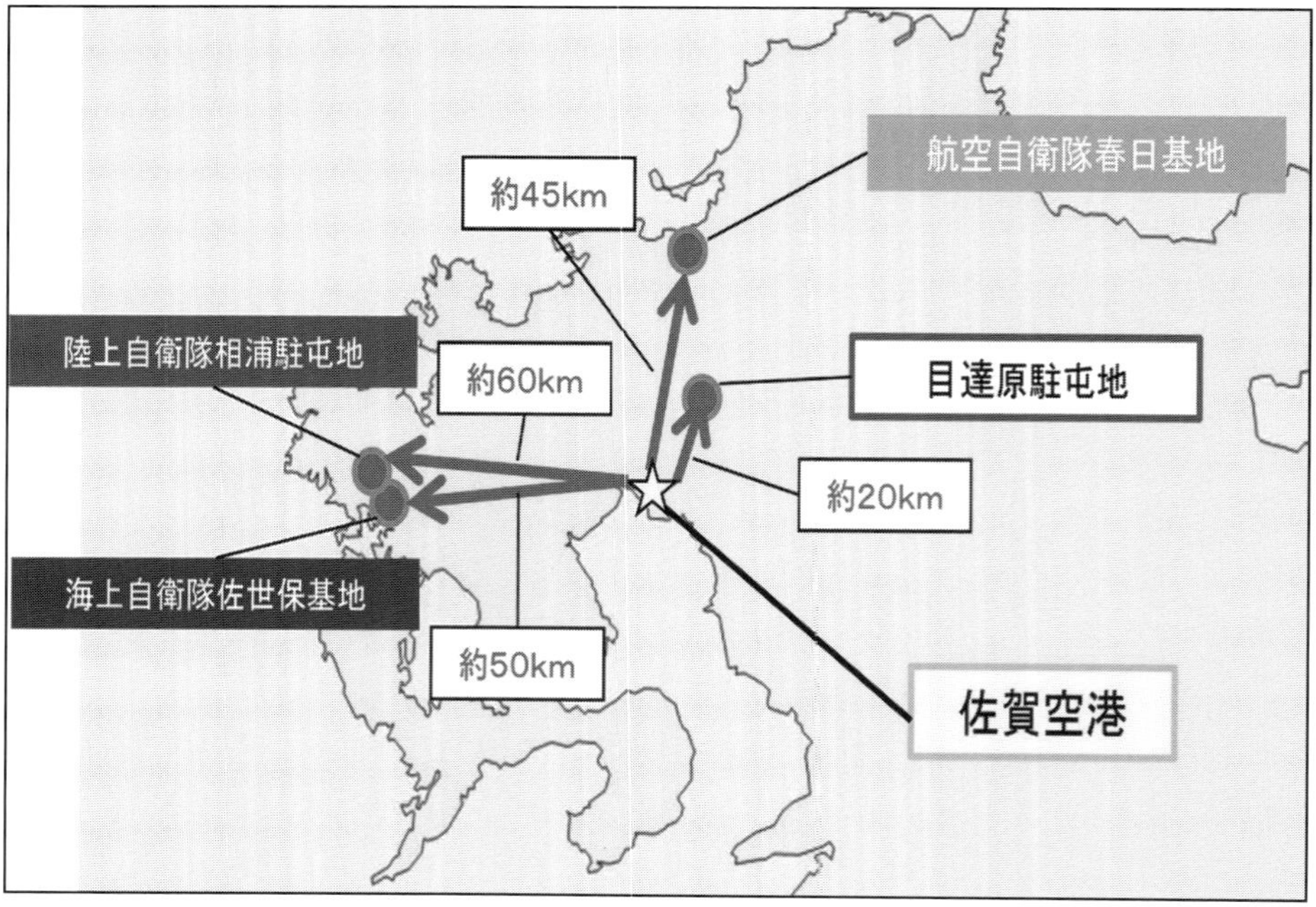

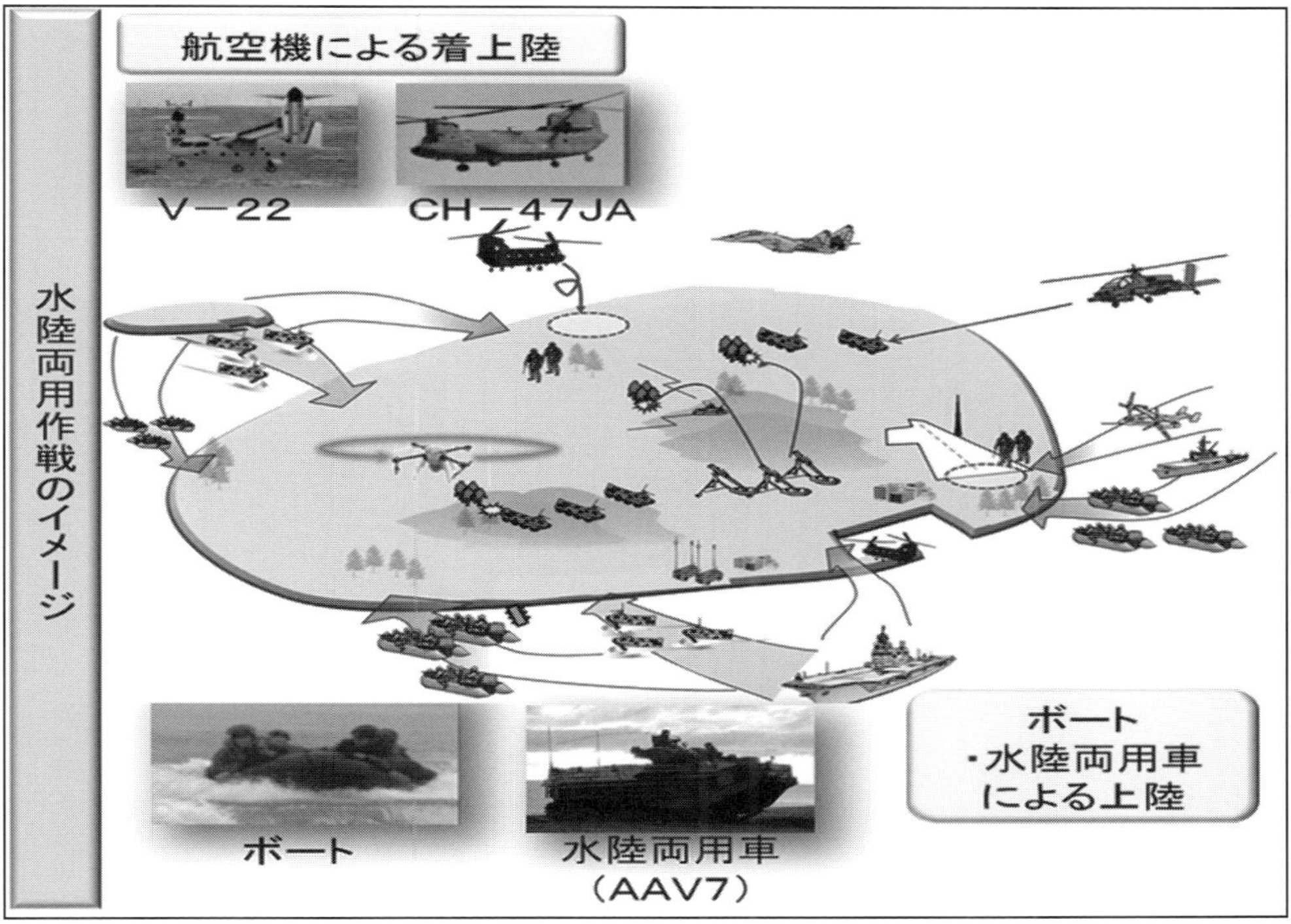
水陸両用作戦のイメージ
航空機による着上陸
V－22
CH－47JA
ボート
水陸両用車
（AAV7）
ボート
・水陸両用車
による上陸

島嶼防衛のイメージ

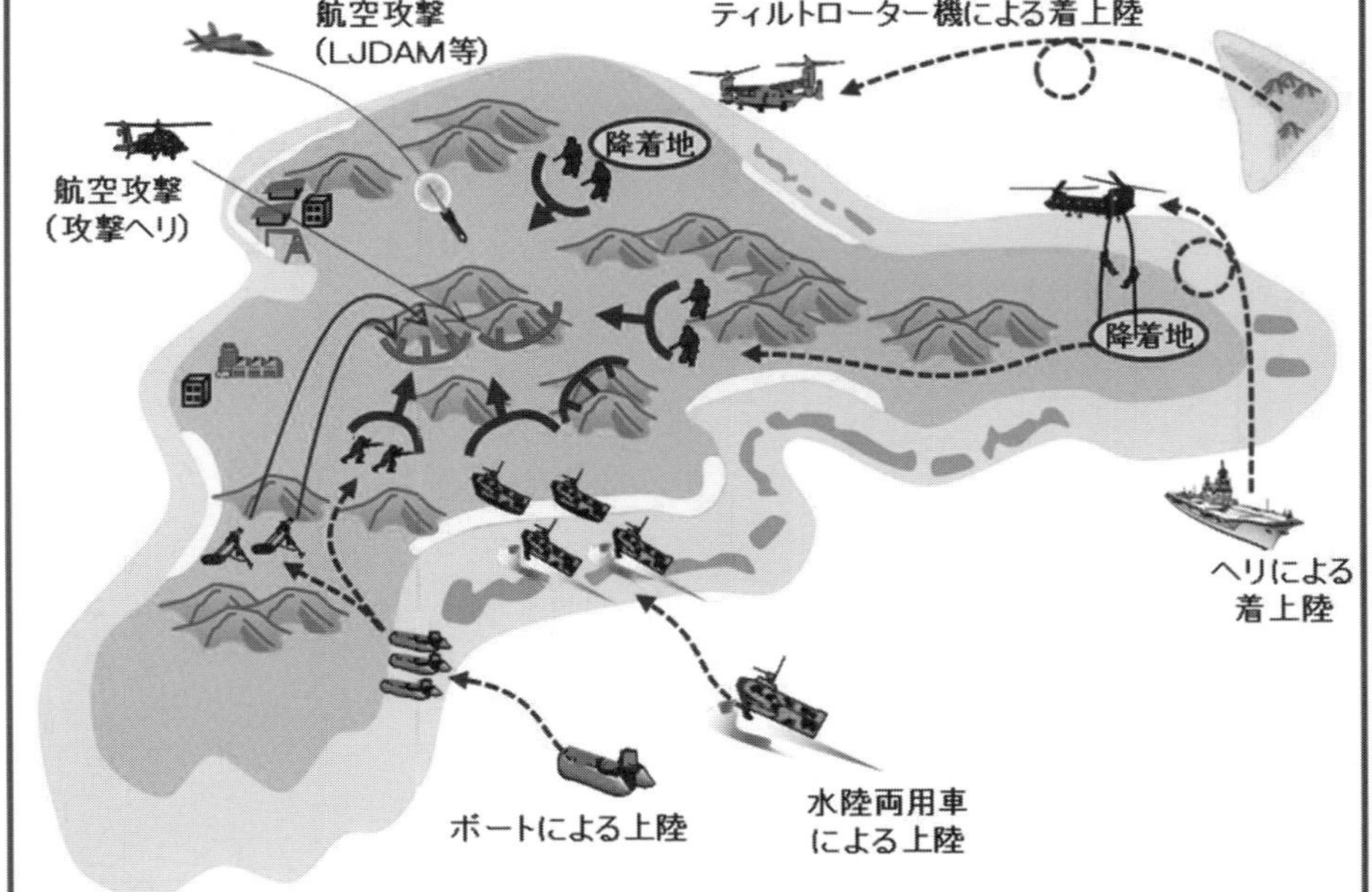
航空攻撃
（LJDAM等）
ティルトローター機による着上陸
降着地
航空攻撃
（攻撃ヘリ）
降着地
ヘリによる
着上陸
ボートによる上陸
水陸両用車
による上陸

これでは運用は難しい。したがって、防衛省は必ず、佐賀空港使用への「正面突破」を謀ってくる。

さて、水陸機動団の作戦、島嶼奪回作戦とは、どんな作戦なのか。「島嶼戦争」の全容は後述するとして、この水陸機動団の運用に限り見てみよう。

前頁の図は、防衛省がよく説明する「島嶼戦争」下の水陸機動団の運用図だ。

ゴムボートで上陸するのは、偵察部隊やゲリラ部隊で、本隊は水陸両用車で上陸作戦を実施する。もっとも、いくら装甲されているといっても、敵の正面に上陸するのは水陸両用車でもあり得ない。

陸自教範『水陸両用作戦』には、水陸両用車での上陸は奇襲・陽動による上陸と明記している。

付記すれば、この陸自教範『水陸両用作戦』（２０１６年・統合幕僚監部）は、筆者が情報公開請求で開示したものだが、42頁の半分が黒塗りというとんでもない内容のシロモノだ。

ところが、だ。２０１９年1月、米統合参謀本部は、水陸両用作戦に関するドクトリンをインターネット等を通じて公表したが『Amphibious Operations（水陸両用作戦）』［Joint Publication 3-02］）、その全文２８４頁に及ぶ内容は、まったく黒塗りなしだ。

この米海兵隊のドクトリンを見ると、陸自教範がこれをそっくり真似ていることが分かる。

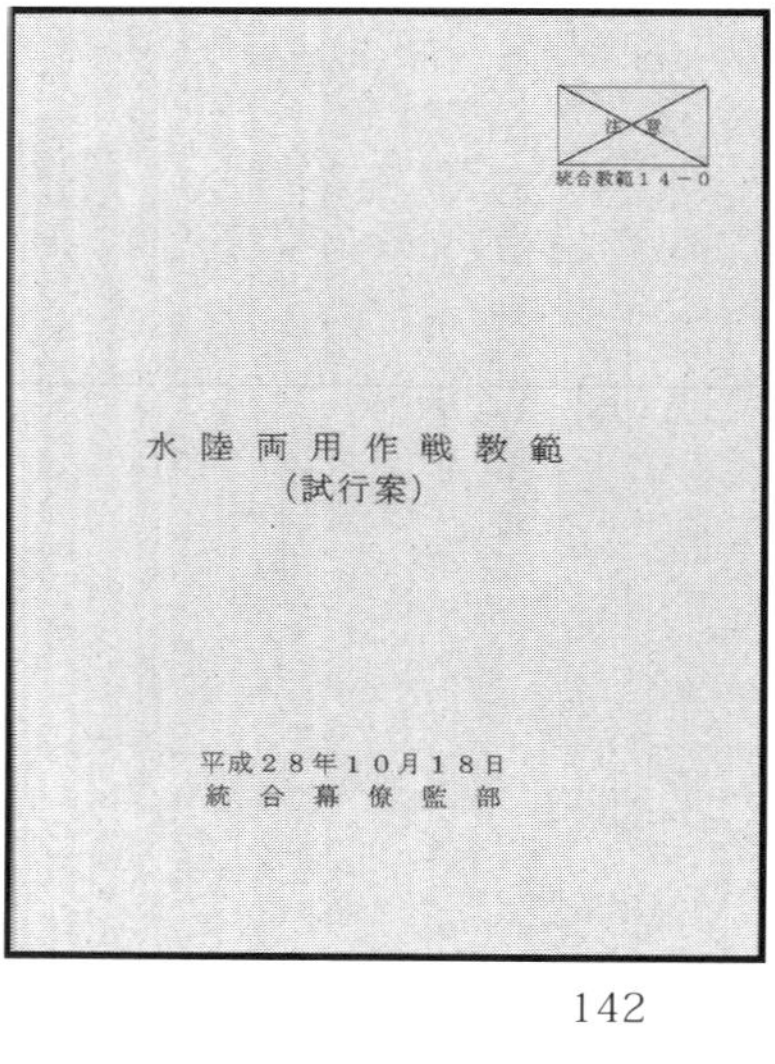
注意

統合教範１４－０

水陸両用作戦教範
（試行案）

平成２８年１０月１８日
統合幕僚監部

教範は、第1章総説で「水陸両用作戦の種類」を記載し、それを水陸両用強襲（Amphibious Assault）、水陸両用襲撃（Amphibious Raid）、水陸両用陽動（Amphibious Demonstration）、水陸両用後退（Amphibious Withdrawal）と記載しているが、これは米軍の記述の完全な物真似だ。

水陸両用統合任務部隊の編成

さて、この教範では、このような水陸両用作戦の基本的運用を示した上で、水陸両用作戦の定義を「水陸両用統合部隊（ＡＦ）が主として海から着上陸する作戦」で

あるといい、その特性は「陸海空の部隊を有機的に組み合わせる統合作戦」であるとし、目的は「敵の占有する地域に着上陸して地歩を確保する」とする。

さて、重要なのは、教範第2章の「編成・指揮」の関係である。ここでは、水陸両用作戦について「**水陸両用統合任務部隊**（ＡＦ）」が編成されること、「水陸両用作戦を実施する**統合任務部隊**（ＪＴＦ）は、**水陸両用統合任務部隊**（ＡＦ）とこれを支援する陸海空の各構成部隊から編成される」としている（１４５頁に編成部隊の図表）。

教範は、少しややこしい記述になっているが、言い換えると、「**陸海空３自衛隊**」と「**水陸両用統合任務部隊**」の両方を指揮する「**統合任務部隊**」が編成され、この指揮下に「**水陸両用統合任務部隊**」が作戦する、ということだ（次頁下図の上陸作戦図）。

問題は、ここでいう「水陸両用統合任務部隊」（ＡＦ）である。すでに編成されている「水陸両用作戦部隊」の実状を見ればこれは分かりやすい。

実は、この教程が制定される前、２０１６年7月1日、海自・掃海隊群の大幅な編成替えが行われた。

これは、これまで護衛艦隊の隷下にあった、大型輸送艦3隻（「おおすみ」「しもきた」「くにさき」）で編成する第1輸送隊（呉）が、**掃海隊群隷下**に編成替えとなったのである。

掃海隊群が、海自の輸送艦隊を指揮するというのは、奇妙に見えるが、これが明らかに水陸両用作戦による「着上陸作戦」を意図したものであったのである。

つまり、「島嶼奪回・着上陸作戦」を指揮・先導するのは、基本的には海自・掃海隊群傘下の対機雷戦部隊（掃海隊）であり、その先導（機雷掃海）なしには、上陸する島々には一歩も近づけないということだ。

要するに、海自・掃海隊群の編成替えは、水陸両用作戦の「着上陸」という初動の、対機雷戦を担う部隊として編成されたのだ（司令部は横須賀。機雷戦部隊は横須賀、呉、佐世保に配備する掃海母艦ほか、対機雷戦艦艇で編成され、水陸両用戦部隊は、呉に配備する輸送艦などで編成）。

言い換えると、この再編目的は、掃海隊群に第1輸送隊を組み合わせることで、着上陸作戦を行う際には、この水陸両用部隊の強襲上陸の指揮を、掃海隊群が執るということだ（次頁参照）。

すでに述べてきた「水陸両用統合任務部隊（ＡＦ）」と称する部隊が、海自掃海隊群の指揮する掃海部隊、輸送艦隊、そして水陸両用部隊（水陸機動団）などで編成されるということだ。

「島嶼奪回」の着上陸作戦では、これらのＡＦを、海上・航空優勢下（制海・制空権）で支援するのが、陸海空の「統合任務部隊」（ＪＴＦ）である。

さて、２０１８年5月初旬から下旬にかけて、水陸機動団の発足後初めての海自との演習が、種子島―九州西方海域で行われた。演習では、海自輸送艦「しもきた」から発進した水陸両用車が島へ上陸する訓練、上陸舟艇ゴムボートからの発進・収容など、水陸両用作戦に係わ

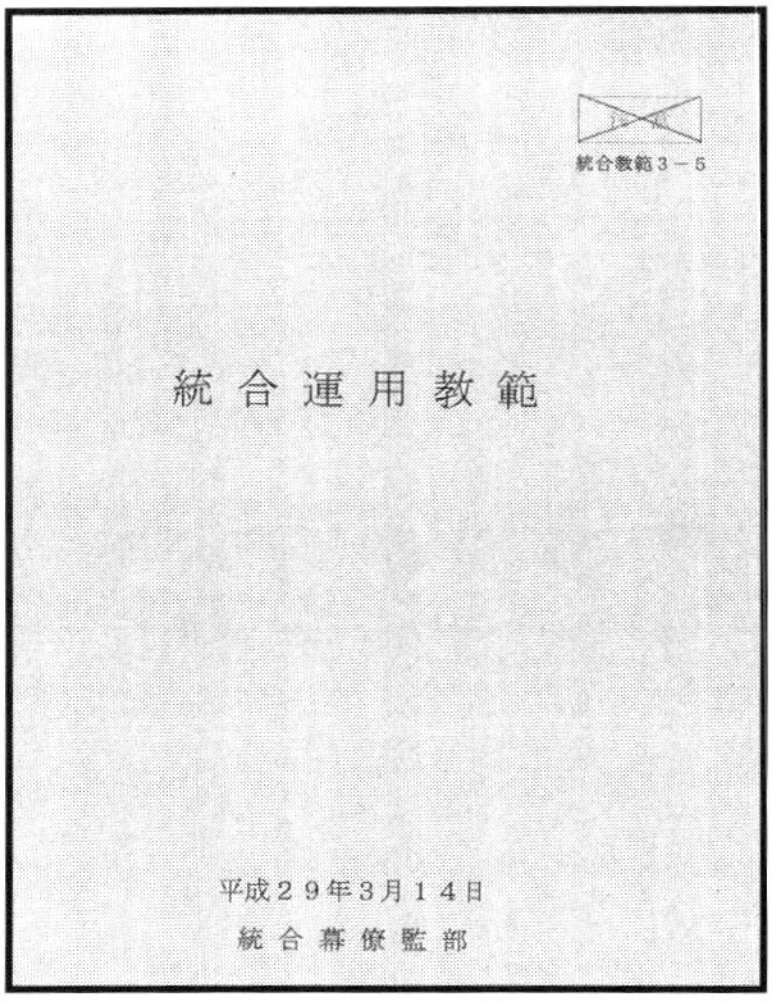

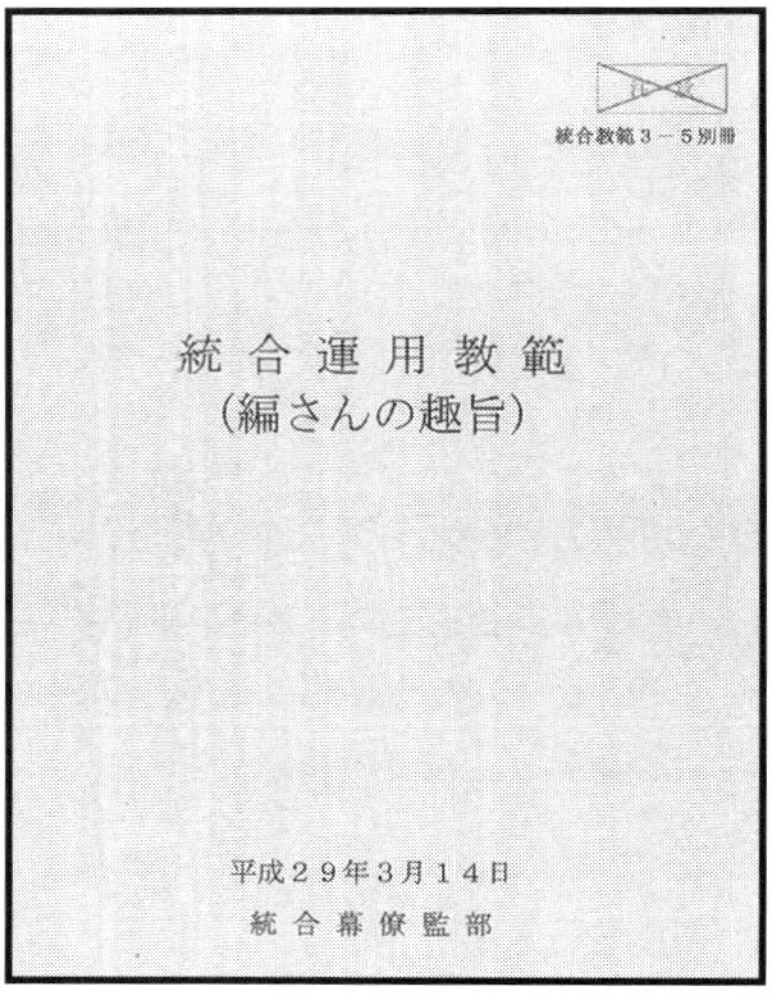

水陸両用作戦の指揮関係を記述する、統合幕僚監部発行の『統合運用教範』

着上陸作戦（統合任務部隊による場合）の編成の一例

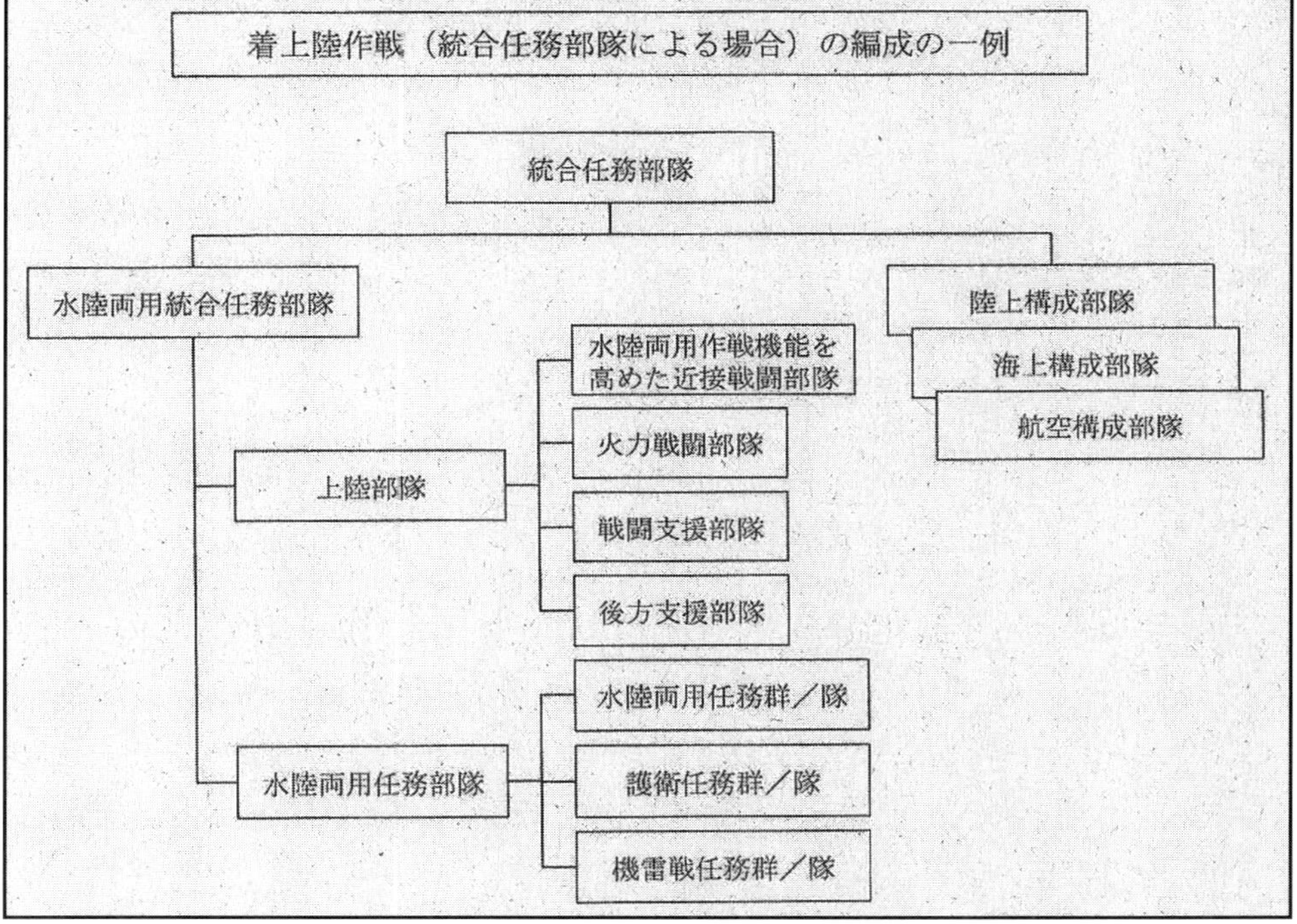

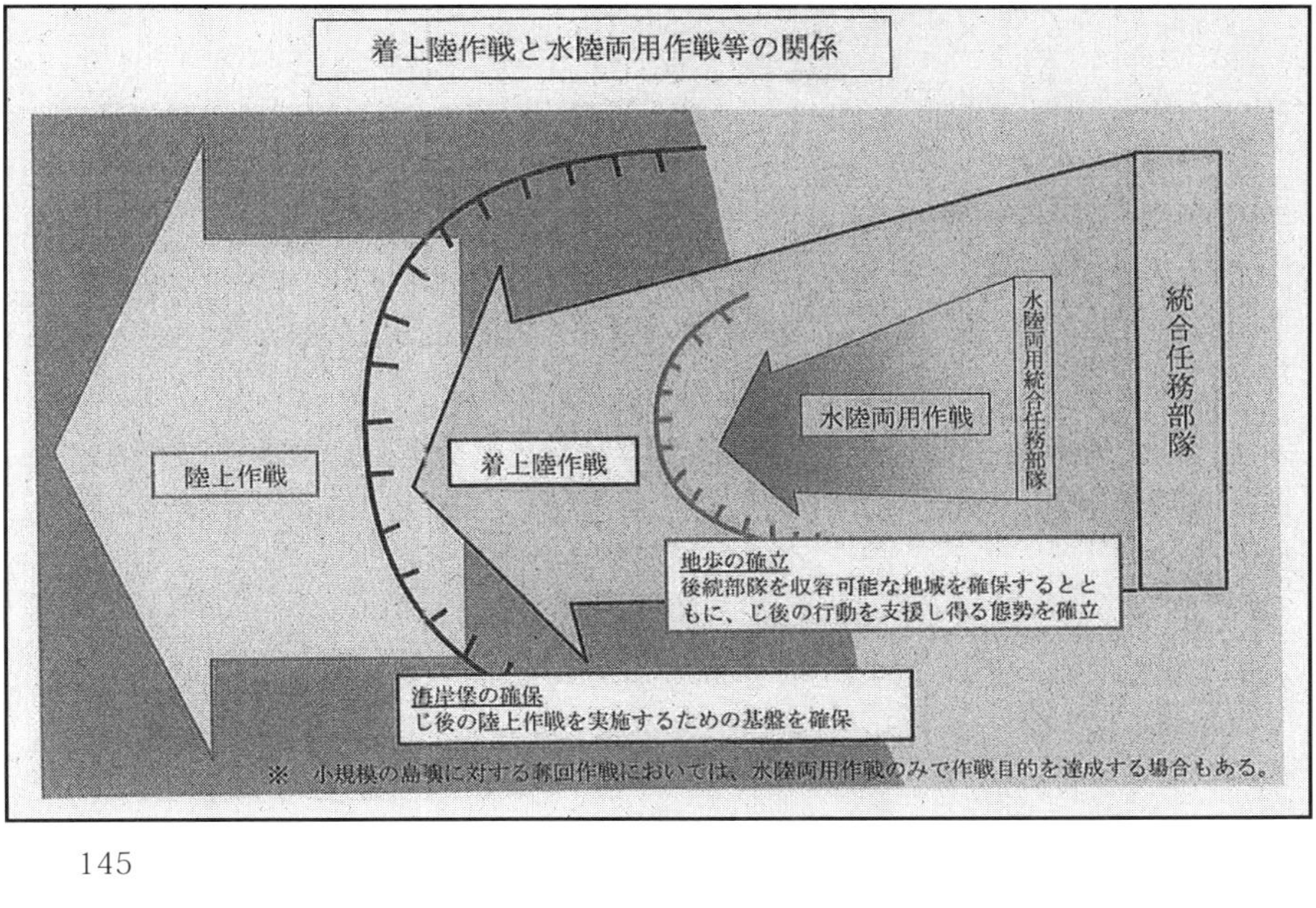

る陸海の協同訓練が行われた。この指揮を執ったのが、明らかに海自の掃海隊群司令であった。

なお、これらの水陸両用統合任務部隊（ＡＦ）、統合任務部隊（ＪＴＦ）の編成については、統合幕僚監部『統合運用教範』、同『編纂の趣旨から』にも記載されている。つまり、「島嶼戦争」下の、上陸・奪回作戦が実戦化の段階に入ったということだ。

掃海部隊の海峡封鎖作戦

見てきたように、掃海隊群の改編と着上陸作戦の指揮関係に明らかだが、想定される「島嶼防衛戦」の最初の重要な戦闘が、島々の周辺に大量の機雷を撒き、あるいは除去する、**機雷敷設戦・対機雷戦**である。

海自の『機雷戦教範』（２０１１年統合幕僚監部）は、筆者にも情報公開されたが、予想通りほとんど真っ黒であった。

海自が機雷戦を秘密にするのは、その機雷戦・対機雷戦能力が、「島嶼戦争」の雌雄を決する戦闘であるからだ。

「島嶼戦争」の全容は後述するが、これは海峡戦争＝通峡阻止作戦が戦略的な要であり、その作戦の中心は、宮古海峡、大隅海峡、与那国水道などのチョーク・ポイントを制することである。

つまり、「島嶼戦争」の初期戦闘を決するのは、宮古海峡など、琉球列島弧の海峡に機雷をばらまき、中国軍の通峡阻止を行うことだ。「安上がりの兵器」と言われる機雷の破壊力は強力である。1発で米海軍のイージス艦を航行不能にさせたケースもある。

ちなみに、海自の機雷戦・対機雷戦は、能力と艦艇の保有数でも、米軍を凌ぐ世界一の水準だ。海自は、「うらが型掃海母艦」を中心に、対機雷戦艦艇26隻を保有している（米海軍は11隻、英海軍は15隻）。

また、湾岸戦争後のペルシア湾掃海に、米軍の要請で出撃したごとく、実戦経験も豊富だ。

実は、この海自は、１９５０年の朝鮮戦争に出動して敵前掃海の実戦経験を持つという、特異な存在なのである。この背景には、旧日本海軍が、大戦後の日本周辺海域の膨大な機雷掃海を行うという理由で、掃海部隊を残存させたということがある。

この掃海部隊が、新設された海上保安庁に人員を横滑りさせ、この海保部隊を基本にして、１９５２年保安隊（54年自衛隊）が発足したのだ。

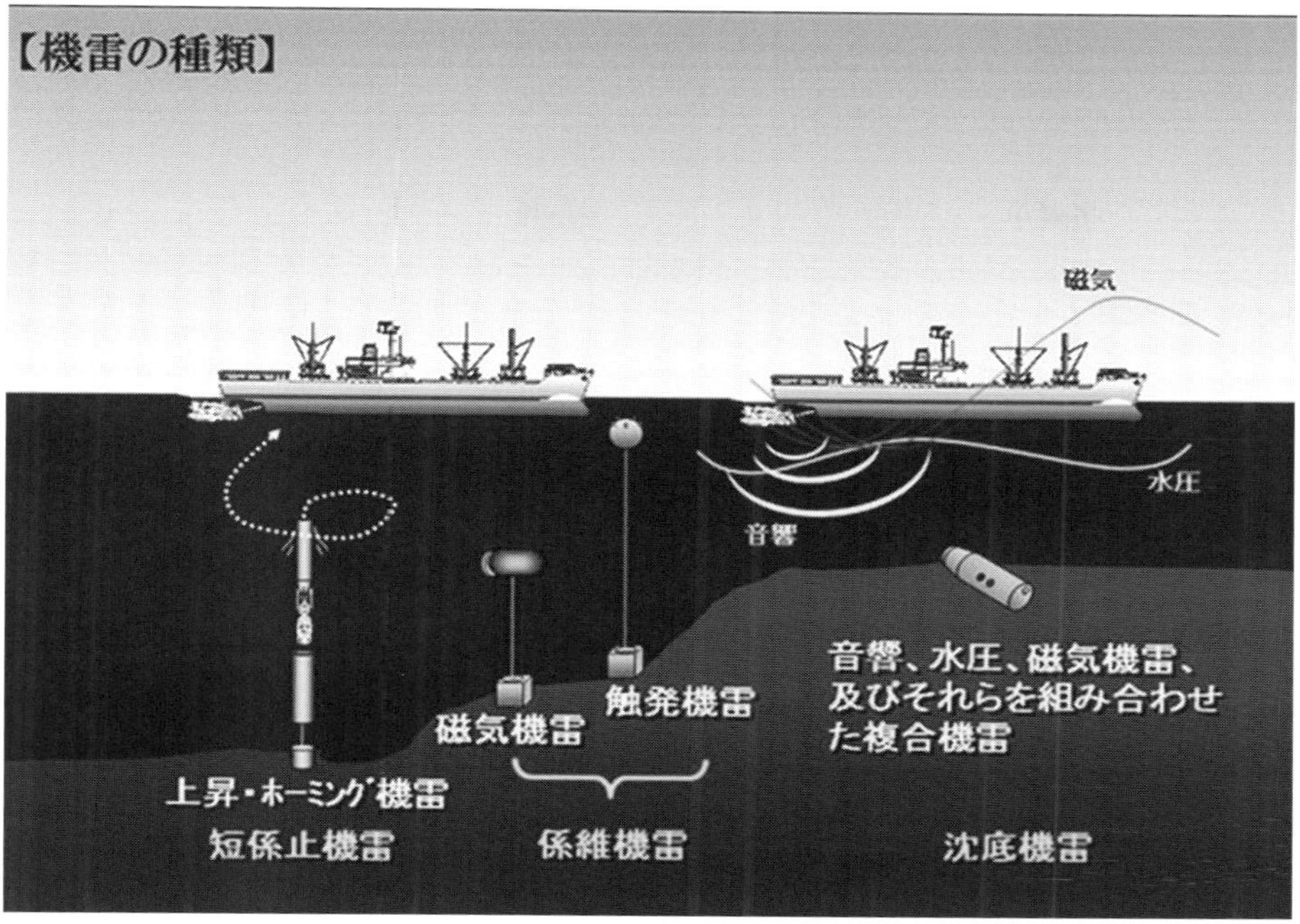
【機雷の種類】
磁気
水圧
音響
上昇・ホーミング機雷
磁気機雷
触発機雷
音響、水圧、磁気機雷、及びそれらを組み合わせた複合機雷
短係止機雷
係維機雷
沈底機雷

304

掃海艦「あわじ」型

沖縄本島への水陸機動団1個連隊の配備

沖縄本島への自衛隊の増強は、以上述べてきたことにとどまらない。報道されているように、この水陸機動団の1個連隊が、新たに沖縄本島へ配備される予定だ。

自衛隊は、もともと水陸機動団については3個連隊の編成を予定している。このうちの2個連隊が、2018年までに編成され、1個連隊が追加配備されるというわけだ。問題はその配備先だ。

自衛隊は、未だに公式には発表していない。ところが、2012年統合幕僚監部の「日米の『動的防衛協力』について」という文書には、この配備先として、キャンプ・ハンセンと明記されているのだ(この文書の詳細は後述)。キャンプ・ハンセンといえば、第12海兵連隊の司令部、第31海兵隊遠征隊（MEU）の配備先だ。次頁文書にも「31MEUとの連携重視」「米側の兵站施設・部隊近傍への配置」と明記されている（キャンプ・シュワブへも1個中隊配備の記述）。

この文書が明記するとおり、水陸機動団は、発足後から米海兵隊の全面的指導を受け訓練してきたことから、米海兵隊との共同作戦を主として行うことになる。した

離島防衛 海自艦に陸自隊員

対中国 常時搭乗200～300人

東シナ海航行を検討

政府は、離島防衛の強化のため、海上自衛隊の輸送艦に陸上自衛隊員200～300人程度を搭乗させ、東シナ海の尖閣諸島（沖縄県）や南西諸島の周辺で航行させる警戒活動の実施について検討を始めた。海洋進出を強める中国を念頭に、離島の占拠などに即応できる態勢を整えることで、抑止力を強化する狙いがある。

海自潜水艦 南シナ海で訓練

中国を牽制 初の派遣

70歳以上 2割超す

水陸機動団の南シナ海遊弋を報じる読売新聞（2019年5月4日付）。南シナ海への海自訓練「航行の自由」作戦への参加（朝日新聞2018年9月7日付）

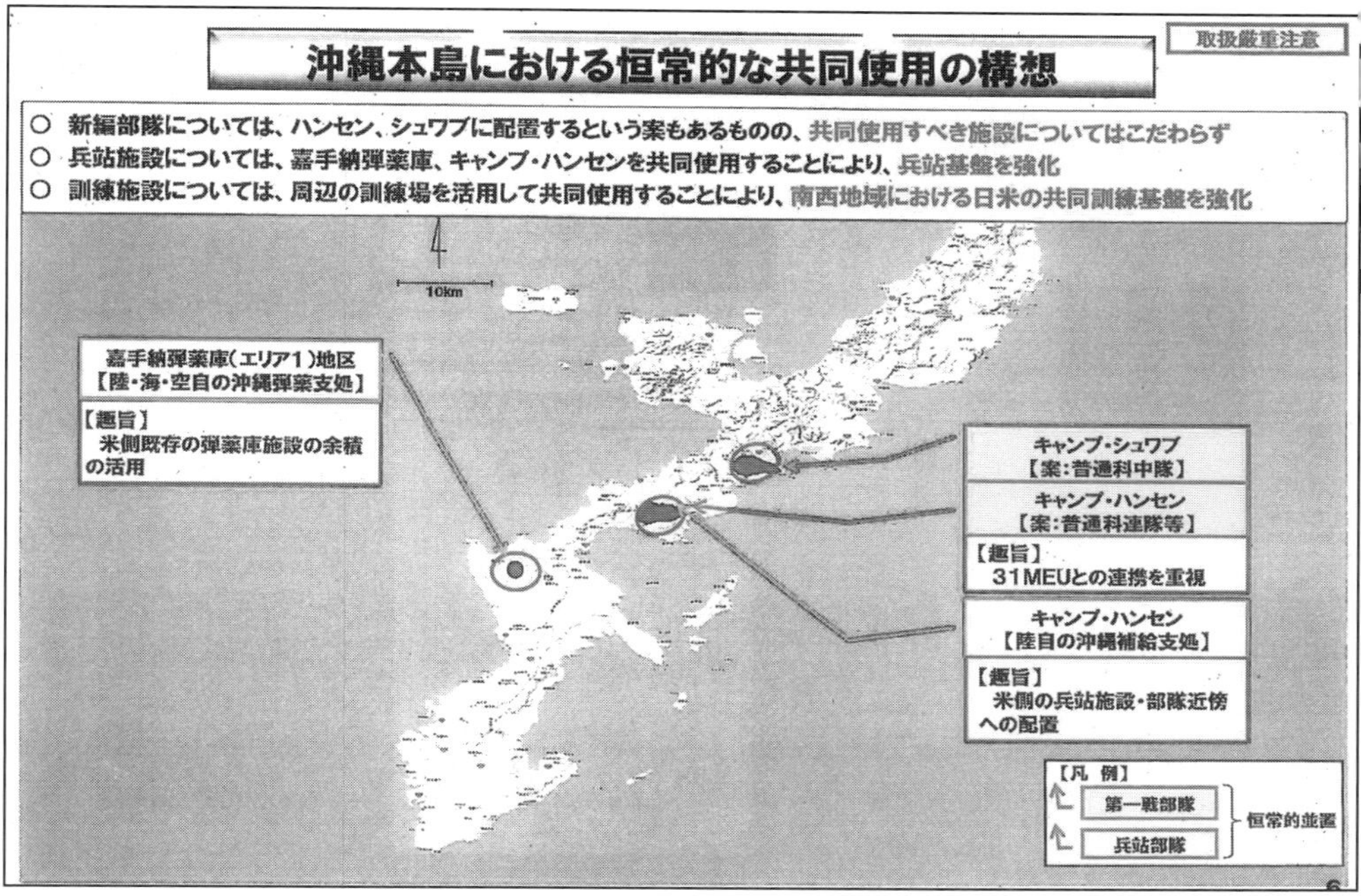

がって、配備先もまた、同じ基地ということだ。

警戒しなければならないのは、このように沖縄本島にも水陸機動団、地対艦ミサイル部隊など、次から次へと自衛隊増強が行われようとしていることだ。

南シナ海へ遊弋する水陸機動団

発足間もない水陸機動団だが、早くもこの部隊は実戦に使用されつつある。

前頁報道でも明らかなように、今年4月30日から7月10日まで、同部隊は、空母へ改造予定の「いずも」に乗船し、「インド太平洋方面派遣訓練」（海幕広報）に派遣されたのだ。報道にあるように、これは「南シナ海の常時搭乗態勢」の一環である。つまり、米海兵隊第31MEUが「海上遊弋」して、「紛争への緊急対処態勢」をとっていることを模倣した、軍事作戦であるということだ（砲艦外交ないし軍事外交という）。

この水陸機動団の南シナ海への遊弋態勢という、恐るべき軍事行動への突入を軽視してはならない。

第8章　対中抑止戦略下の自衛隊の南西シフト態勢

――琉球列島弧を封鎖する海峡戦争

琉球列島弧は「天然の要塞」

今まで、水陸機動団、海自・掃海部隊の運用について見てきたが、ここではもっと鳥瞰して、自衛隊の東西冷戦後の新戦略全体について検討しよう。

次頁は、日本列島から連なる琉球弧を描いた地図だ。これは、琉球弧を逆さま、中国側から見た簡略図である。

こうして見ると、中国大陸は、琉球弧に連なる日本列島に囲まれていることが分かる。いわば、日本にとって琉球弧は、「天然の要塞」「万里の長城」（アメリカの軍事研究者）になっているというわけだ。

この琉球弧の内側の東シナ海は、水深200メートル以内の大陸棚で浅い海だ。だが、琉球弧の前には水深2千メートルを超える沖縄トラフが横たわり、フィリピン海から、世界最深のマリアナ海溝に繋がっていく。これは、日本側の潜水艦には有利であり、中国側からすると危険な海域である。

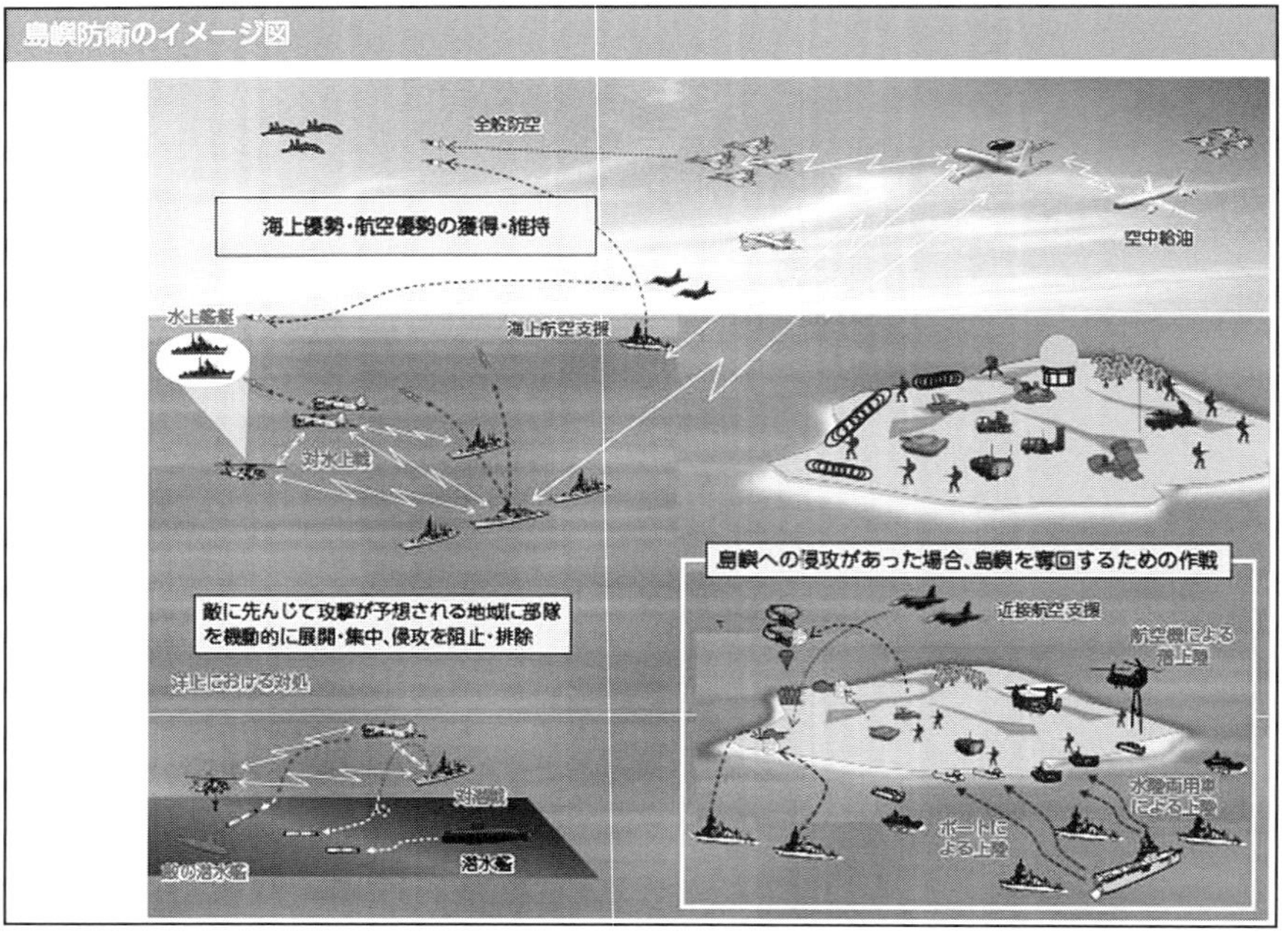

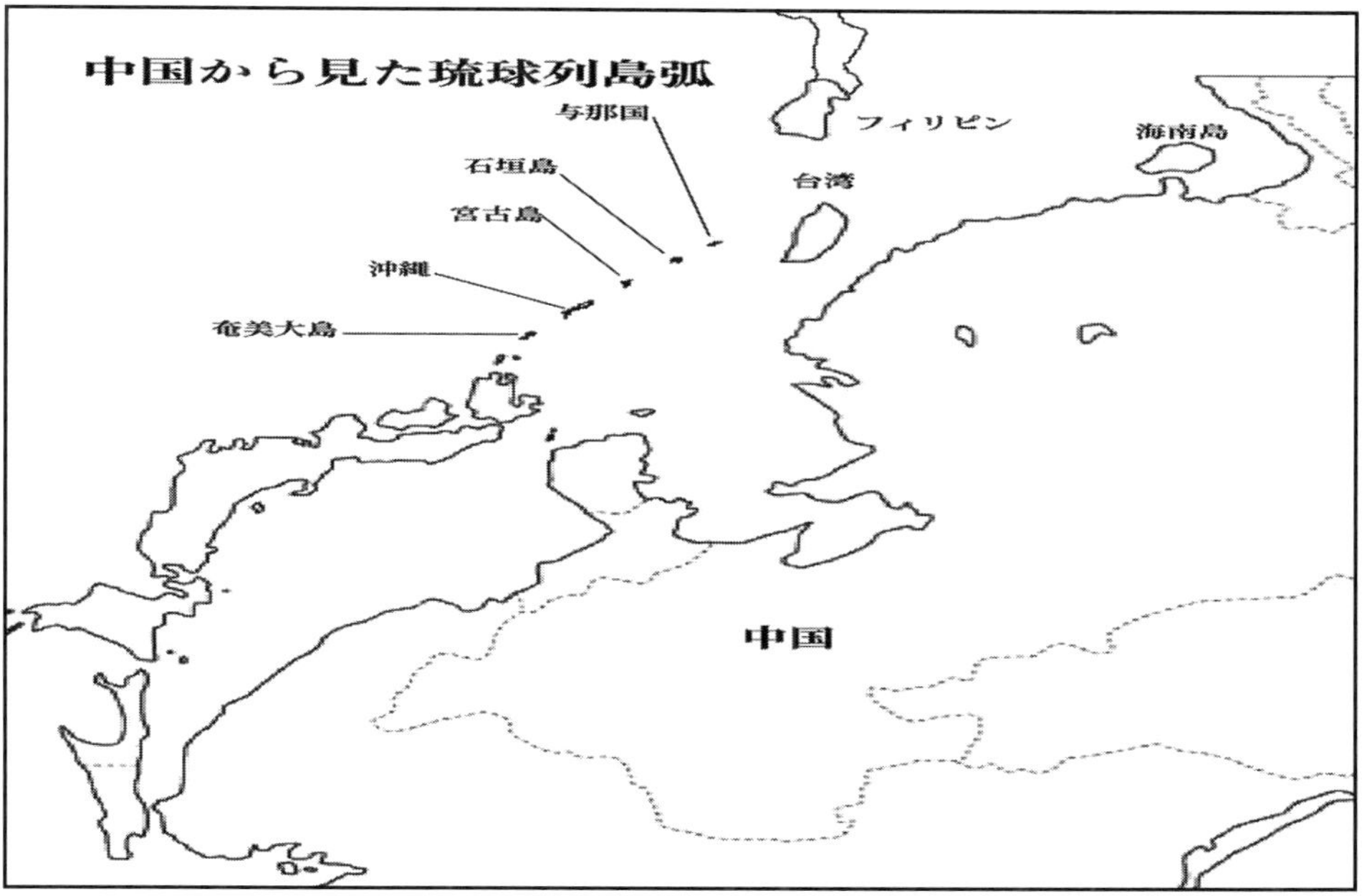

端的に言うと、この琉球弧の島々に沿って、対艦・対空ミサイル網を張り巡らし、琉球弧の海峡、とりわけ、宮古海峡などのチョーク・ポイント（海上水路の要衝）を制圧する作戦が、南西シフト態勢であり、「島嶼戦争」である。

もちろん、このためには統合任務部隊（ＪＴＦ）のところで見たように、海空の制海・制空権（海上・航空優勢）が大前提だが、この対艦・対空ミサイル網と機雷戦・潜水艦戦によって「地域的制海・制空権」を確保する、ということを制服組は主張している。

自衛隊の３段階作戦

前頁は、防衛白書に掲載されている「島嶼戦争」のイメージ図だ。陸海空の総合・統合戦力、特に対水上戦、対潜戦が強調され、島嶼上陸戦が策定されていることが分かる。

そして、すでに水陸機動団の運用で示したが、自衛隊が想定する「島嶼防衛戦」は、「事前配備」「機動運用部隊の緊急かつ急速な機動展開」、「水陸機動団による奪回」の３段階作戦からなりたっている（次頁下図）。

この作戦構想は、改定された陸自教範『野外令』によって、初めて策定された「離島の防衛」戦であり、同時に「島嶼防衛」を口実とした「着上陸作戦」＝上陸作戦も策定された（従来の北方シフトでは「対着上陸作戦」）。

これを次頁の「統合機動防衛力」構想から見ると、「先遣部隊」（事前配備部隊）の「即応展開」→「即応機動連隊」の「1次展開」→「機動師団・旅団」の「2次展開」→「増援部隊」の「3次展開」となる。

3個機動師団・1個機甲師団 4個機動旅団の即応部隊の指定

このような、即応機動連隊・旅団・師団の編成のために陸自は、次頁下のように、九州・熊本の第8師団、山形県の第6師団、北海道の第2師団を機動師団に（第7師団を機動機甲師団）指定、善通寺の第14旅団を筆頭に、群馬の第12旅団、北海道の第5旅団、同第11旅団を機動旅団に指定した。

この機動師団・機動旅団隷下で、すでに第15即応機動連隊（善通寺）が編成され、第42（西部方面隊）、第10（北部方面隊）、第22（東北方面隊）の即応連隊が、２０１９

陸上防衛態勢

- 陸上自衛隊としては、我が国が有する数多くの島嶼部や長大な海岸線といった地理的特性を踏まえた上で、陸上防衛態勢を考えることが必要です。
- このため、陸上自衛隊として下記の3段階による態勢を構築します。
  - ① 第一段階は、平素からの部隊等配置による抑止態勢の確立
  - ② 第二段階は、機動運用部隊等の実力部隊による緊急的かつ急速な機動展開
  - ③ 第三段階は、万一島嶼部の占領を許した場合における、水陸両用部隊による奪回
- この際、地域的に対処態勢の欠落が生じないよう所要の態勢を維持します。

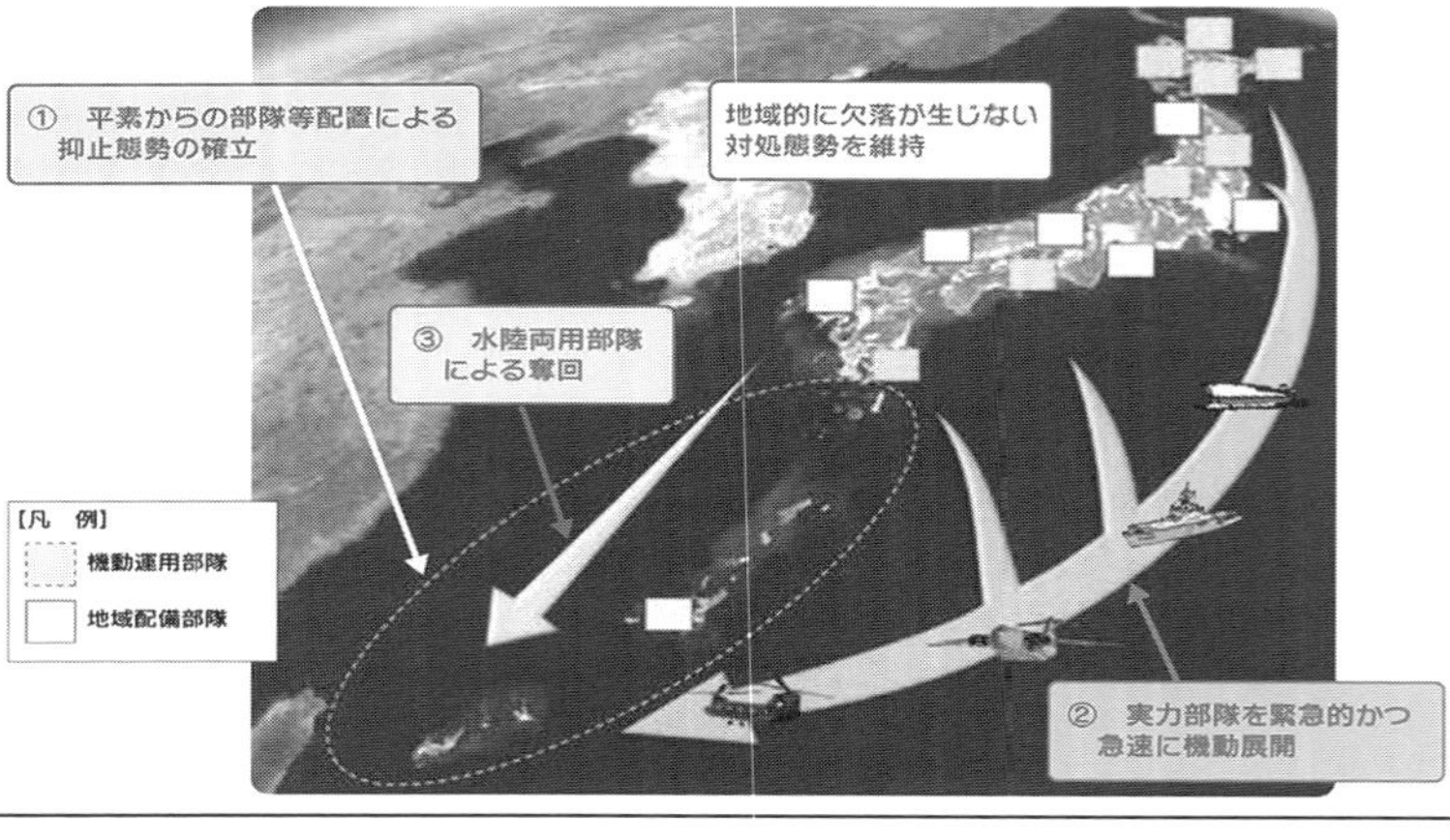

■陸上自衛隊の将来態勢

陸上防衛構想～「統合機動防衛力」の実現～

・陸上自衛隊として、「25大綱」の「統合機動防衛力」を実現するため、「即応機動する陸上防衛力」を構築し、迅速かつ段階的な機動展開を行って、抑止・対処します。

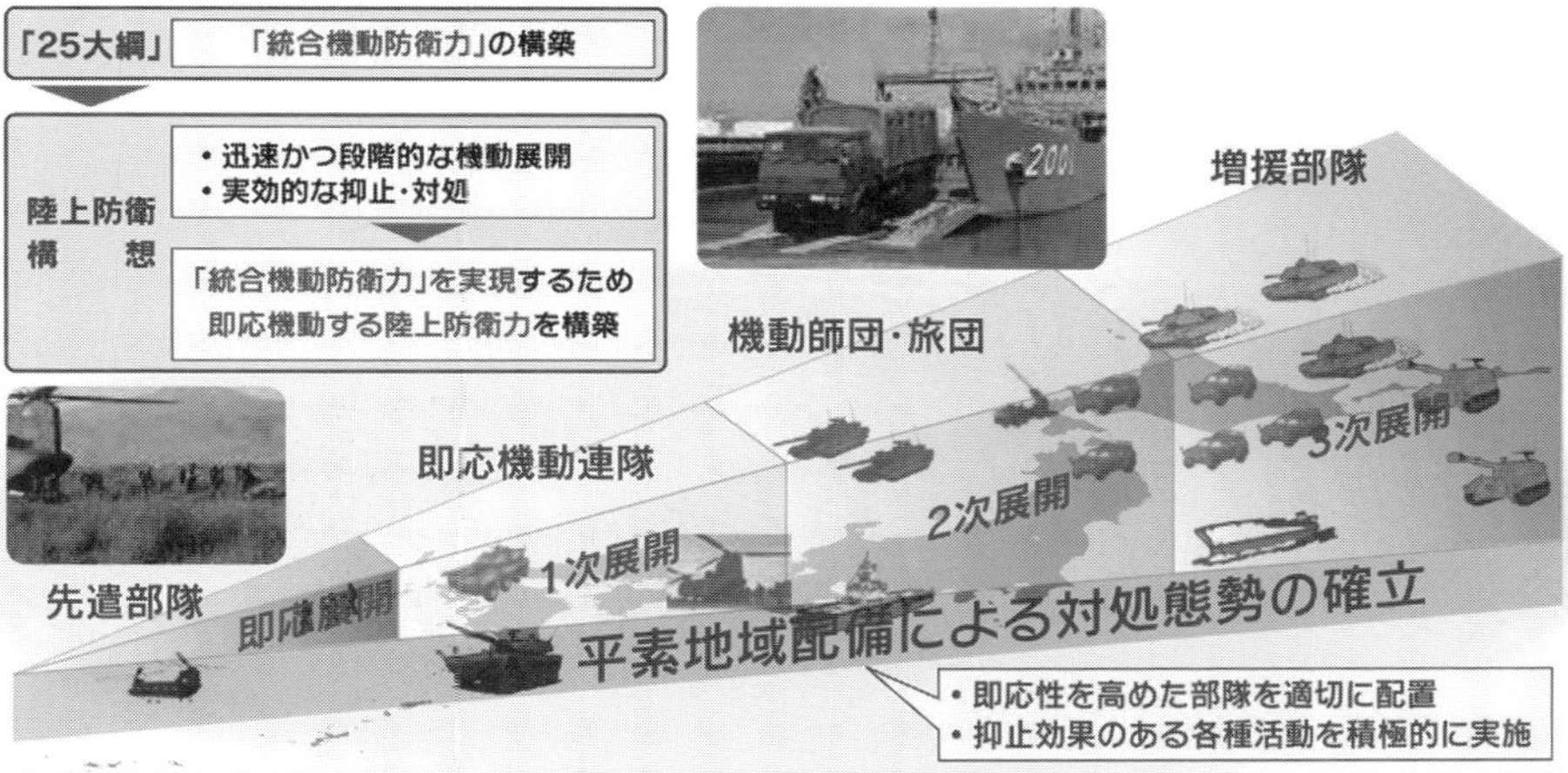

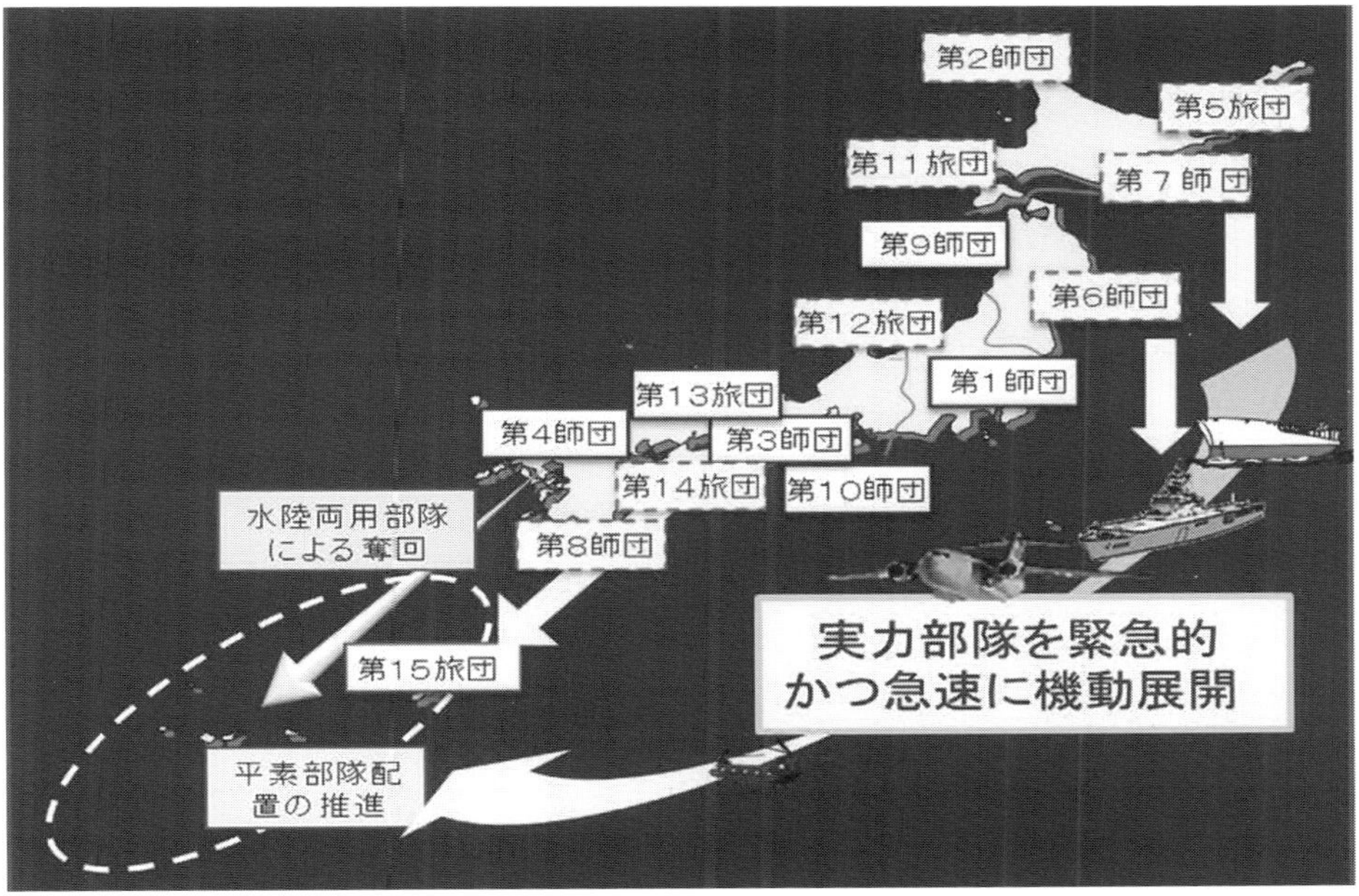

年度までに順次編成された。これは、他の部隊でも順次編成される予定だ。

特徴的なのは、即応機動連隊に、最新式の機動戦闘車（105ミリ砲搭載の装輪装甲車）が配備されるほか、火力支援中隊（野戦特科）・高射小隊（高射特科）が編成される。これらは従来の普通科連隊とは、大きく異なる重装備部隊だ（普通科に「戦車」が配備される！）。

北方シフトから南西シフトへの転換

152・153頁の図を見ると、明らかに北海道から九州—沖縄へ、自衛隊の戦力目標・兵力配置が大きく変化していることが示されている。これが、北方シフトから南西シフトへの大転換である。

この理由は、言うまでもない。1989〜91年のソ連・東欧の崩壊、つまり東西冷戦終了による「ソ連脅威論」の終焉の中での大転換ということだ。

歴史的には、この東西冷戦終焉後、アメリカは冷戦体制に変わる「地域紛争戦略」を策定し、この最初の戦争が1991年の湾岸戦争であったということだ。

また、この地域紛争戦略の下、アジア太平洋では、93

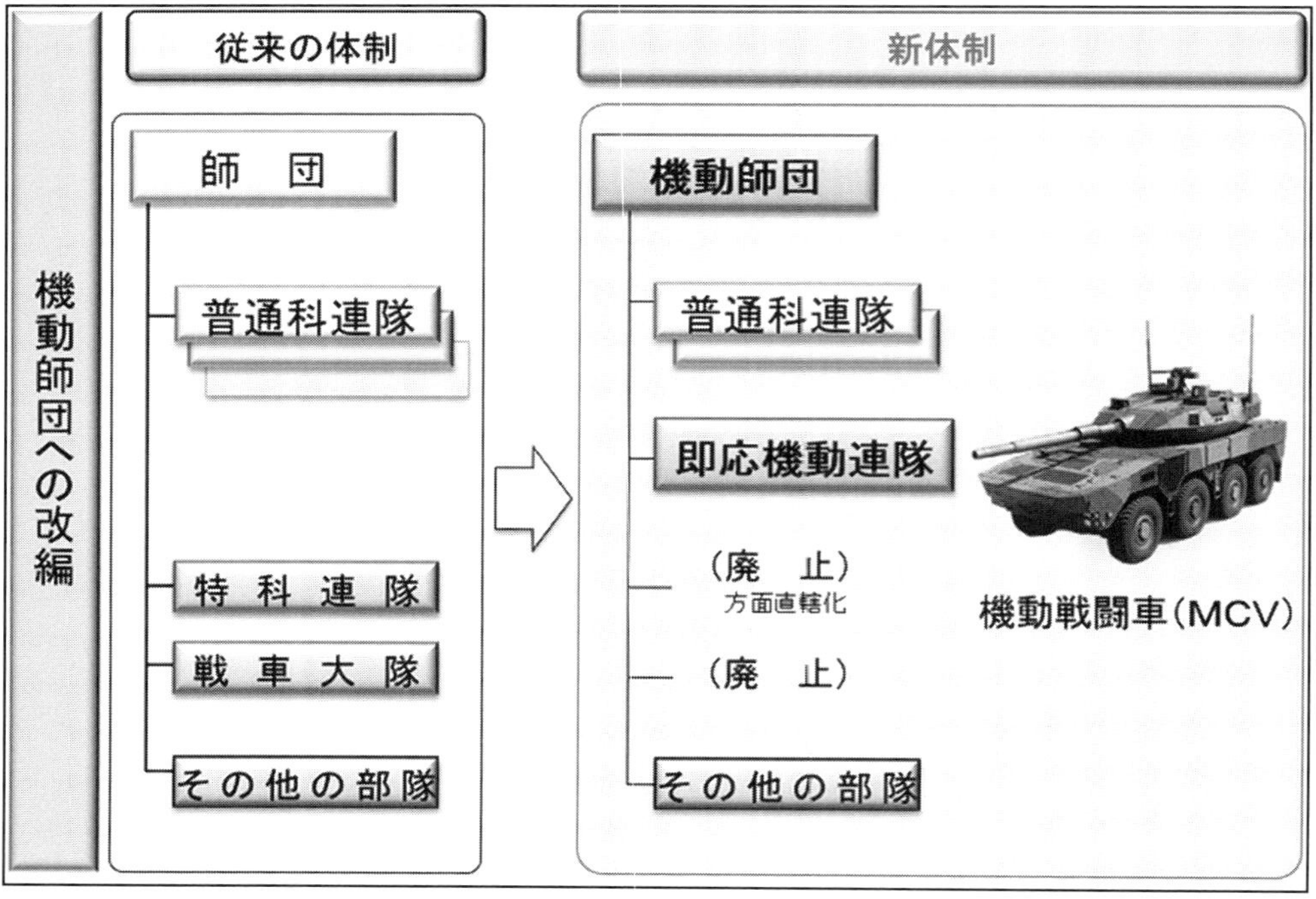

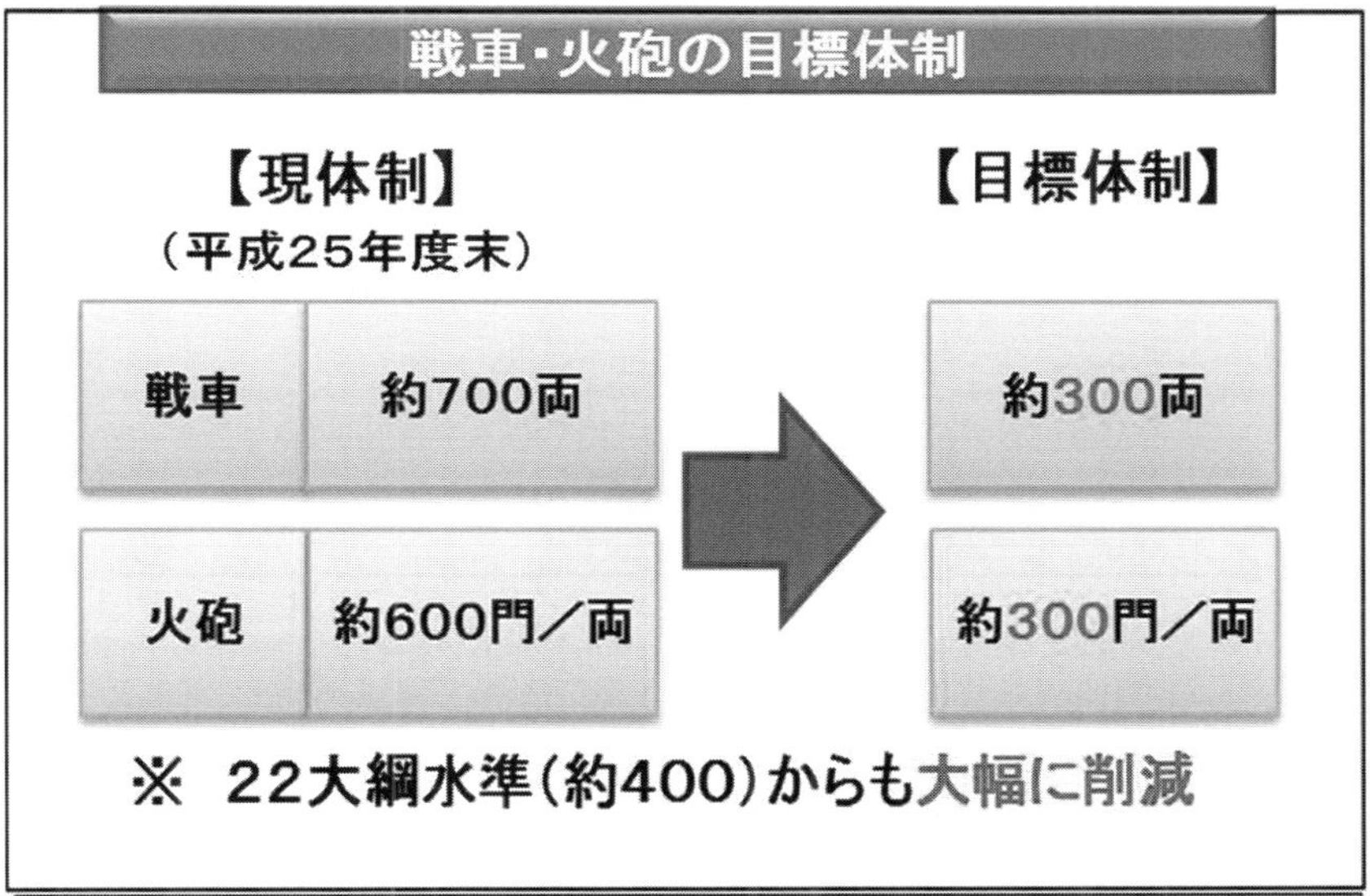

本州・九州の火砲を集約

～94年には朝鮮危機が「演出」され、96年には台湾海峡危機の「演出」がされたが、いわゆる「日米安保の漂流」という状況は、解決しなかったのである（超大国という敵の消失）。

つまり、「北朝鮮危機」、「台湾危機」という問題は、東西冷戦時代の日米同盟が求める対ソ軍拡競争とは、あまりにも桁違いの軍事的必要性しか求められないということだ。

こうして１９９６年、クリントンと橋本首相（当時）の「日米安保再定義」が始まり、この結果、日米安保の適用範囲が、「極東からアジア・太平洋地域」へ拡大された。

直後の１９９７年、再定義に基づき、日米安全保障協議委員会（２＋２）で、「日米防衛協力のための指針」（新ガイドライン）の改定が行われた。改定は１９７８年以来だ。

そして、改定日米ガイドラインに基づき、周辺事態法（99年5月）が制定される。このガイドラインと法律は、直接には朝鮮半島・台湾海峡有事を想定した戦争計画である（朝鮮半島有事の日米共同作戦計画は、「５０５５」といわれ、２００１年9月策定、２００６年12月改定）。

こうした新ガイドライン、周辺事態法に基づき2000年1月、陸自教範『野外令』の大改訂が行われ、「離島の防衛」や「着上陸作戦・上陸作戦」が策定されたのだ。

地域紛争対処から中国封じ込め戦略への転換

ここでの問題は、もともとこの段階での日米新ガイドラインの想定対象は、表向きは朝鮮有事、台湾有事への対処であったが、それはあくまで外交的配慮に基づくもので、本命は「対中国対処」であったということだ。

なぜなら、1970年代の米中・日中国交回復以来、中国は、日米にとり「対ソ準軍事同盟」の関係にあるとされてきたからである。

いわば、97年ガイドラインは、対ソ抑止戦略から対中抑止戦略への、なし崩し的転換であったということだ。分かりやすく言うと、東西冷戦後の北朝鮮・台湾という「地域紛争対処」から、大国・中国を対象化した軍拡競争に舵をきったということだ。

（この時代に、武力攻撃事態対処法・周辺事態法などの有事3法成立「2003年」、国民保護法・米軍行動円滑化法・

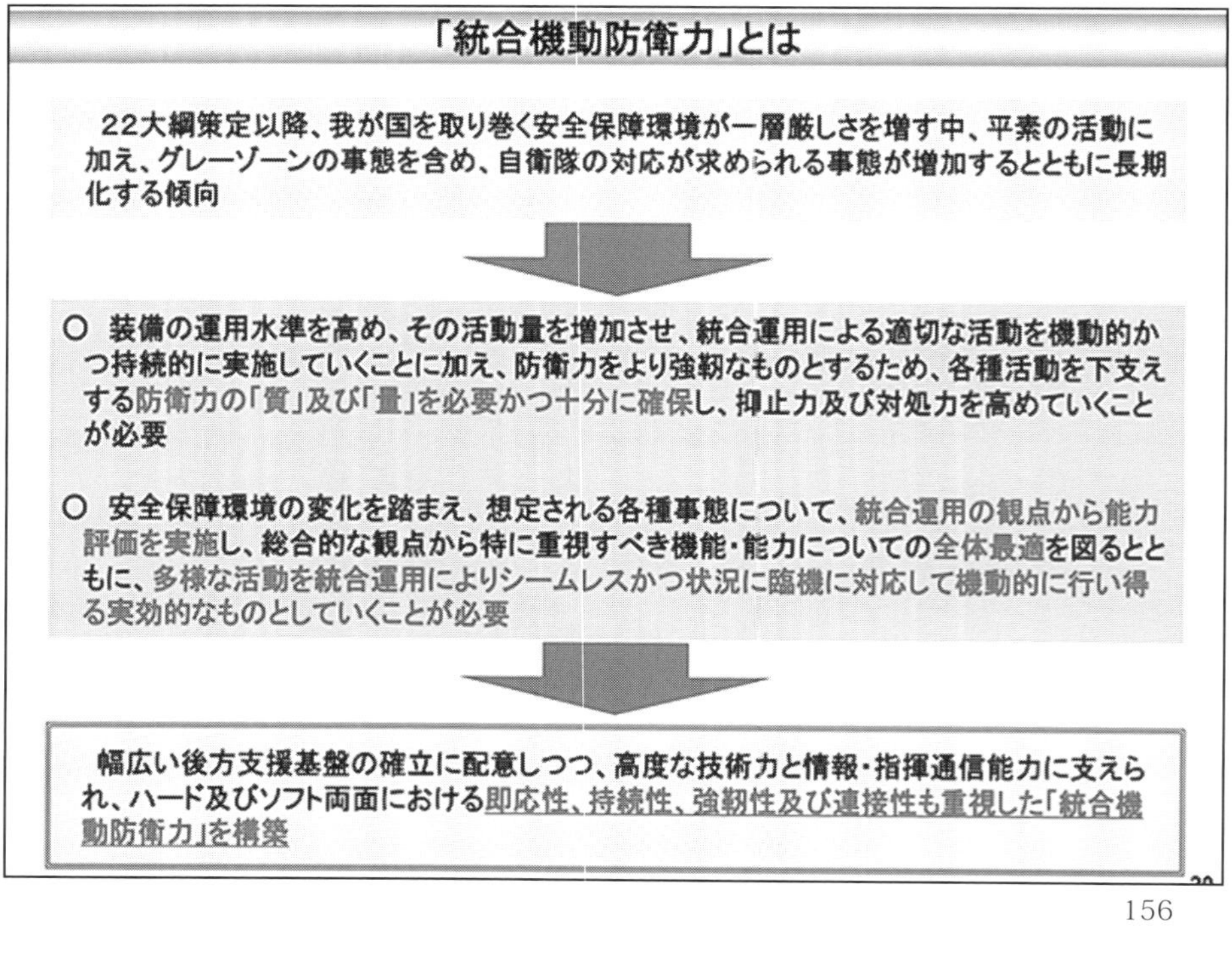
「統合機動防衛力」とは
22大綱策定以降、我が国を取り巻く安全保障環境が一層厳しさを増す中、平素の活動に加え、グレーゾーンの事態を含め、自衛隊の対応が求められる事態が増加するとともに長期化する傾向
○ 装備の運用水準を高め、その活動量を増加させ、統合運用による適切な活動を機動的かつ持続的に実施していくことに加え、防衛力をより強靭なものとするため、各種活動を下支えする防衛力の「質」及び「量」を必要かつ十分に確保し、抑止力及び対処力を高めていくことが必要
○ 安全保障環境の変化を踏まえ、想定される各種事態について、統合運用の観点から能力評価を実施し、総合的な観点から特に重視すべき機能・能力についての全体最適を図るとともに、多様な活動を統合運用によりシームレスかつ状況に臨機に対応して機動的に行い得る実効的なものとしていくことが必要
幅広い後方支援基盤の確立に配意しつつ、高度な技術力と情報・指揮通信能力に支えられ、ハード及びソフト両面における即応性、持続性、強靭性及び連接性も重視した「統合機動防衛力」を構築

（参考1） 22大綱における「動的防衛力」との違い

【動的防衛力とは】

○ 「動的防衛力」は、①警戒監視等の平素からの活動の常時継続的な実施、②各種事態への迅速かつシームレスな対応、③国際協力への積極的な取組みといった「運用」を重視した防衛力

【問題点】

○ 「動的防衛力」の構築に当たっては、活動量の増大に焦点を当てる一方で、厳しさを増す安全保障環境や東日本大震災における活動等を踏まえれば、活動量を下支えする防衛力の「質」と「量」の確保が必ずしも十分とは言えない状況

↓

【質と量の確保】

○ 新たな大綱においては、このような反省に立って、想定される各種事態に十分対応できるか、防衛力の能力評価を実施。その際、これまでのような各自衛隊ごとに能力評価を行うのではなく、自衛隊全体の機能・能力に着目した、統合運用を踏まえた能力評価を初めて実施

【動的防衛力との比較】

○ 「統合機動防衛力」は、「動的防衛力」に比較して、

- ✓ 統合運用の考え方をより徹底
- ✓ 海上優勢・航空優勢の確保や機動展開能力の整備
- ✓ 指揮統制・情報通信能力の強化
- ✓ 地方公共団体や民間部門との連携強化を含め、幅広い後方支援基盤（訓練演習、運用基盤、人事教育、防衛生産・技術基盤、研究開発、知的基盤等）の確立に配意

などにより、即応性、持続性、強靭性及び連接性を特に重視しつつ、多様な活動を状況に臨機に即応して機動的に行い得る、より実効的な防衛力の構築を目指すもの

捕虜取扱法などの有事関連7法の成立［2004年］も注視すべき。）

自衛隊の始めての南西シフト文書

この経過からして、自衛隊の南西シフト態勢への移行は、早くも2000年代初めということになる。

防衛省の「防衛力の在り方検討会議」（2004年）では、冷戦後の防衛力の再検討として、「見通しうる将来において、我が国への本格的な侵略事態が生起する可能性はほとんどない」と言い、想定されるのは「テロ・ゲリラ」などや「島嶼部への侵略」であるとし、陸自では、コンパクト化、例えば「対機甲戦から対人戦闘」へ、戦車・火砲を大幅に削減するとした（155頁図）。

そして、「従来防衛力の希薄であった地域（南西諸島・日本海側）の態勢強化」として、初めて自衛隊の南西諸島配備を公然と主張したのである（文書は、当時防衛省サイトで公開されていたが、現在は不明。全文は拙著『自衛隊そのトランスフォーメーション』所収）。

この「検討会議」文書は、東西冷戦後の自衛隊の戦力構成、兵力配置を初めて見直す重要な文書である。しか

し、すでに冷戦後15年も経ていたのだ。

防衛省の「検討会議」文書は、2004年の防衛大綱、2005年の「日米同盟：未来のための変革と再編」、さらに、2006年、「沖縄ロードマップ」へと具体的に体現されていった（西部方面普通科連隊が、2002年に発足したことに注意。また、日米共同方面隊指揮所演習［ヤマサクラ］の「島嶼防衛戦演習」は、2006年開始）。

この流れの中で、2010年、新たな「防衛計画の大綱」が策定され、防衛省の公式文書としては初めて「南西シフト」が提起される。

こうして、この大綱による「動的防衛力」（1976年の「基盤的防衛力」からの大転換）、続いて2013年には「統合機動防衛力」が策定され（2013年新大綱・前頁・前々頁図）、南西シフト態勢がほぼ確定していくのである。

しかし、読者は疑問に思うだろう。1997年、2004年に策定した南西シフト態勢が、なぜここまで時間がかかり、遅れているのかと。

この理由は明確だ。2001年アフガン、2003年イラクと始まる中東戦争の開始であり、頼みのアメリカが、長期の、泥沼的対テロ戦争に縛られていたからだ。

だが、これらの戦争の「縮小」とともに、2010年には米国防総省のQDR（4年ごとの国防計画見直し）では、「エア・シー・バトル」という本格的な対中抑止戦略が提起され、これを追い風にして自衛隊の南西シフト態勢がようやく始動していくことになったのである。

南西シフト態勢下の統合機動防衛力

2010年の「防衛計画の大綱」改定からわずか3年しかたたずに、2013年の大綱の改定とは、何とも驚くべきことだが、この理由が自衛隊の南西シフト態勢の、本格的編成にあったことは案外知られていない。これは後述するが、アメリカのエア・シー・バトルと一体化した日米の対中抑止戦略の実動化態勢づくりであった。

この2013年の新々大綱のキーワードは、「統合機動防衛力」であり、「統合運用」である。つまり、前大綱の「動的防衛力」に替わり打ち出された概念だ。

この違いは前頁図が言うように、動的防衛力は「運用を重視した防衛力」だが、統合機動防衛力は、「統合運用の考え方をより徹底」し、「海上優勢・航空優勢の確保や機動展開能力」を重点的に整備するとしている。

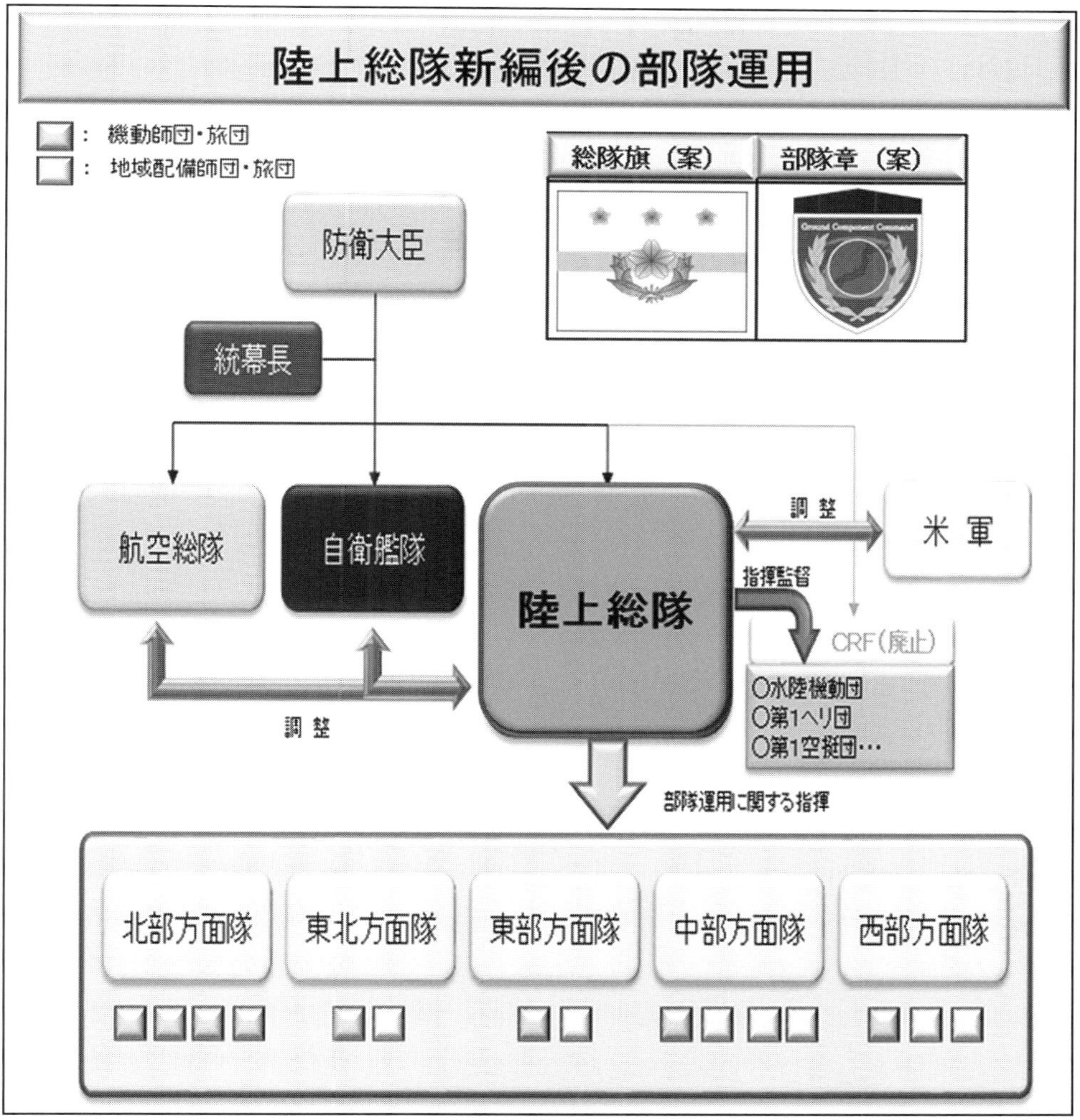

具体的には、「即応性・持続性・強靭性」などを重視しつつ、「多様な活動状況に臨機に即応し、機動的に行い得る実効的防衛力を構築する」という。

大綱では、非常に抽象的に説明しているが、要するに南西シフト態勢下に即応する軍事力を、陸海空の統合的に整備・運用する、その中では特に、南西諸島への機動展開能力を重視する、ということだ。

この機動展開については、奄美・種子島での実戦的機動展開訓練の強化として述べてきた。また、統合機動防衛力―統合運用については、水陸機動団などの着上陸戦闘―奪回などで述べてきたとおりだ。

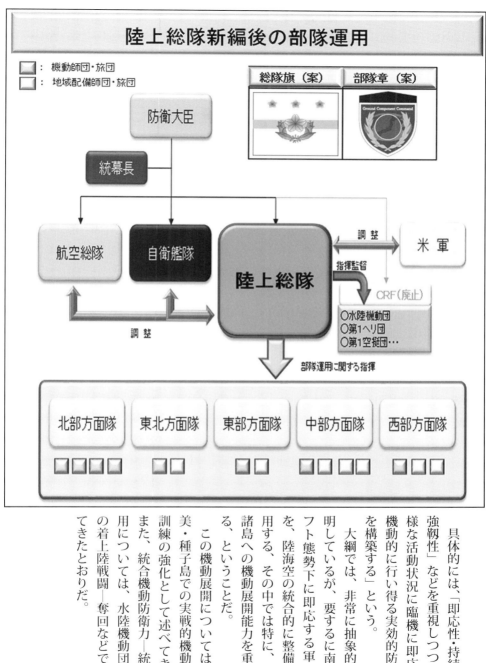

陸上総隊の創設―軍令の独立化

自衛隊は、日米共同作戦態勢が実動化していく１９８０年代終わり頃から、自衛隊の統合化について準備を押し進めてきたが（米統合軍に合わせて）、２００６年には、念願の統合幕僚監部（統合幕僚会議から）が編成され、陸海空を束ねた統合幕僚長も創設された（前頁）。

この経過の上に、２０１８年３月、陸上総隊が設置されたのである（朝霞駐屯地内）。

陸幕首脳は、この陸上総隊について「海自は統一指揮をする護衛艦隊司令部があり、空自も航空総隊司令部があるのに陸自は統一司令部がない」から、「方面隊を束ねる統一司令部を作る」と説明するが、陸自が創設以来、方面隊を最大の作戦単位として編成してきたのは、大きな理由があるのだ。

つまり、陸自の北部方面隊など5個の方面隊は、各地方を管轄し、独立指揮権限を有するのだが、これは陸自があくまで自国内での戦闘を想定していたからである。

言い換えれば、国内での戦闘を想定する限り、陸自は、数個の師団を編成する方面隊規模の兵力、そして、その増援兵力で事足りたのである（長い日本列島での戦闘を想定）。

したがって、この指揮権限を陸上総隊の統一指揮に委ねる態勢は、国内ではなく海外での戦闘を想定したものである。

南西諸島での「島嶼戦争」は、まさしく、この「海外での戦争」と同様の「軍令の独立化」を促進している。

これが、制服組が要求する「南西統合司令部」であり、「前線司令部」の確立だ（自民党の２０１８年防衛大綱改定の提言には、この要求が掲げられていたが、改定大綱では、決定されなかった。だが、制服組のごり押しは不可避）。

新防衛大綱・新中期防の策定

さて、２０１０年から8年の間に3回目の改定となる、２０１８年の新「防衛計画の大綱」―本来、10年先の「防衛計画」の策定―は、２０１９～23年度の装備品調達などを示す、中期防衛力整備計画と合わせて決定された（12月22日閣議決定）。

新中期防（5年間）の防衛費は、総額27兆4７００億円、前中期防から約3兆円の増額という過去最高額となり、国の予算の中で軍事費だけがうなぎ登りという異常

多次元統合防衛力のイメージ

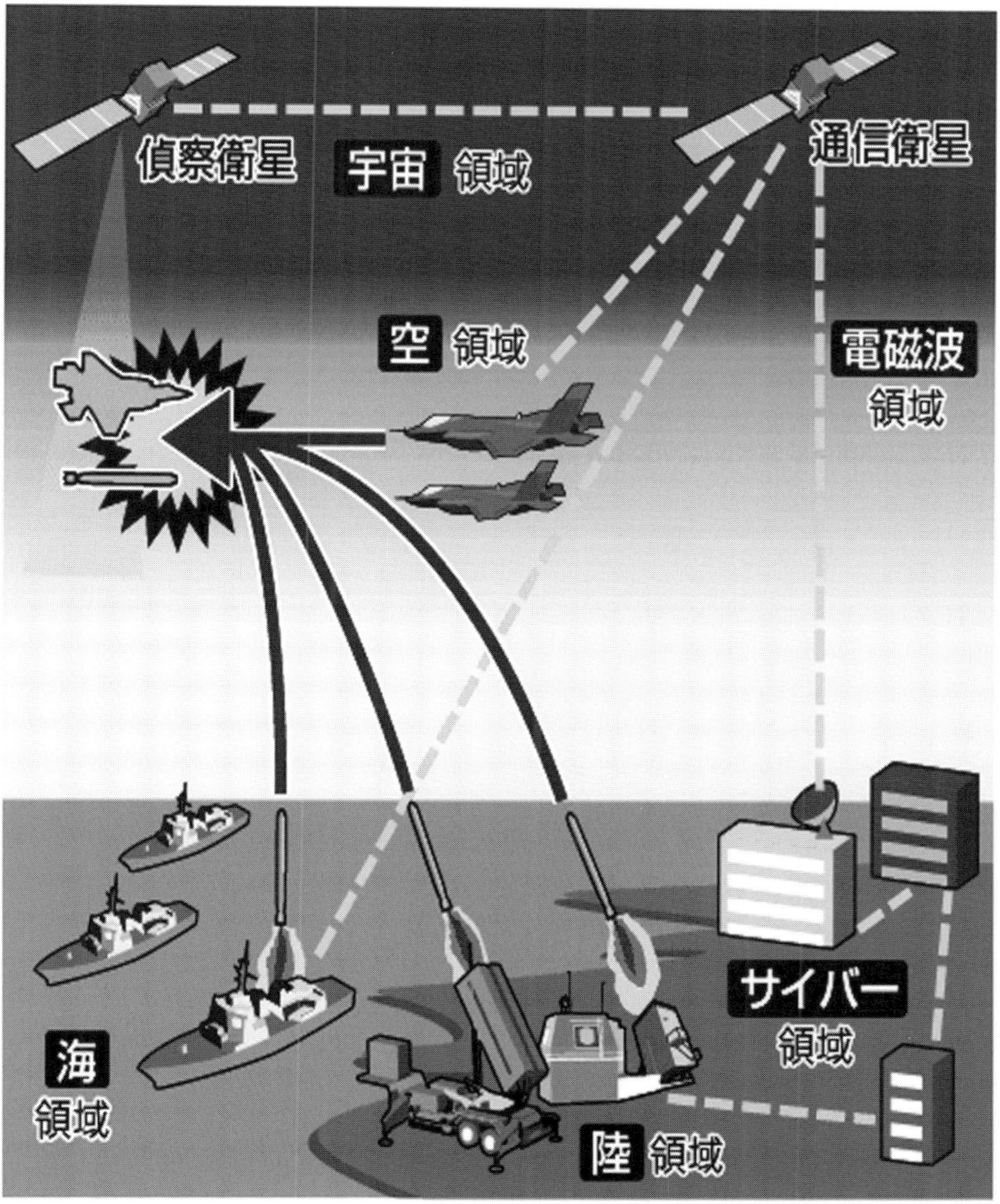

事態となった。

この２０１８年防衛大綱の情勢認識の特徴は、２０１３年大綱と大きく異なり、中国についての記述が北朝鮮よりも先に書かれていることだ。

その中国については、２０１７年12月の米政権「国家安全保障戦略」（ＮＳＳ）」を踏襲して以下のようにいう。

「米国は、依然として世界最大の総合的な国力を有しているが、あらゆる分野における国家間の競争が顕在化する中で、世界的・地域的な秩序の修正を試みる中国やロシアとの戦略的競争が特に重要な課題であるとの認識を示している」（傍点筆者）

ここでの、アメリカの「国家安全保障戦略」は、「新冷戦」の宣言とも言われているが、後述する。

また、「中国は、既存の国際秩序とは相容れない独自の主張に基づき、力を背景とした一方的な現状変更を試みるとともに、東シナ海を始めとする海空域において、軍事活動を拡大・活発化」させ、尖閣列島周辺のみならず「太平洋や日本海においても軍事活動を拡大・活発化させており、特に、太平洋への進出は近年高い頻度で行われ」、「南シナ海においては、大規模かつ急速な埋立てを強行し、その軍事拠点化を進めるとともに、海空域における活動も拡大・活発化させている」と、かつてないほど中国脅威論を全面化させている（傍点筆者）。

このあからさまな「中国脅威論」が、アメリカの「対中・露競争戦略」という対中抑止戦略と歩調を合わせた主張であるのは明白だ。

新防衛大綱では、この情勢認識をもとに、「平時からグレーゾーンの事態への対応」を強化し、「**島嶼部を含む我が国に対する攻撃への対応**」については、「**必要な部隊を迅速に機動・展開させ、海上優勢・航空優勢を確保しつつ、侵攻部隊の接近・上陸を阻止する。海上優勢・航空優勢の確保が困難な状況になった場合でも、侵攻部隊の脅威圏の外から、その接近・上陸を阻止する。万が一占拠された場合には、あらゆる措置を講じて奪回する**」として、水陸両用作戦能力などを強化し、「**迅速かつ大規模な輸送のため、島嶼部の特性に応じた基幹輸送及び端末輸送の能力を含む統合輸送能力を強化**」するとともに、「**平素から民間輸送力との連携を図る**」としている（傍点筆者）。

ここで重点的に記載されているのが、南西シフト態勢の機動展開のための統合輸送能力であり、民間輸送力の

新「防衛計画の大綱」別表

共同の部隊	サイバー防衛部隊		1個防衛隊
	海上輸送部隊		1個輸送群
陸上自衛隊	編成定数		15万9千人
	常備自衛官定員		15万1千人
	即応予備自衛官員数		8千人
	基幹部隊	機動運用部隊	3個機動師団 4個機動旅団 1個機甲師団 1個空挺団 1個水陸機動団 1個ヘリコプター団
		地域配備部隊	5個師団 2個旅団
		地対艦誘導弾部隊	5個地対艦ミサイル連隊
		島嶼防衛用高速滑空弾部隊	2個高速滑空弾大隊
		地対空誘導弾部隊	7個高射特科群/連隊
		弾道ミサイル防衛部隊	2個弾道ミサイル防衛隊
海上自衛隊	基幹部隊	水上艦艇部隊	
		うち護衛艦部隊	4個群(8個隊)
		護衛艦・掃海艦艇部隊	2個群(13個隊)
		潜水艦部隊	6個潜水隊
		哨戒機部隊	9個航空隊
	主要装備	護衛艦	54隻
		(イージス・システム搭載護衛艦)	(8隻)
		潜水艦	22隻
		哨戒艦	12隻
		作戦用航空機	約190機
航空自衛隊	基幹部隊	航空警戒管制部隊	28個警戒隊 1個警戒航空団(3個飛行隊)
		戦闘機部隊	13個飛行隊
		空中給油・輸送部隊	2個飛行隊
		航空輸送部隊	3個飛行隊
		地対空誘導弾部隊	4個高射群(24個高射隊)
		宇宙領域専門部隊	1個隊
		無人機部隊	1個飛行隊
	主要装備	作戦用航空機	約370機
		うち戦闘機	約290機

注1: 戦車及び火砲の現状(平成30年度末定数)の規模はそれぞれ約600両、約500両/門であるが、将来の規模はそれぞれ約300両、約300両/門とする。

注2: 上記の戦闘機部隊13個飛行隊は、STOVL機で構成される戦闘機部隊を含むものとする。

新中期防衛整備計画別表

別　表

区　分	種　　類	整備規模
陸上自衛隊	機動戦闘車	134 両
	装甲車	29 両
	新多用途ヘリコプター	34 機
	輸送ヘリコプター（ＣＨ－47ＪＡ）	３機
	地対艦誘導弾	３個中隊
	中距離地対空誘導弾	５個中隊
	陸上配備型イージス・システム（イージス・アショア）	２基
	戦車	30 両
	火砲（迫撃砲を除く。）	40 両
海上自衛隊	護衛艦	10 隻
	潜水艦	５隻
	哨戒艦	４隻
	その他	４隻
	自衛艦建造計（トン数）	23 隻（約 6.6 万トン）
	固定翼哨戒機（Ｐ－１）	12 機
	哨戒ヘリコプター（ＳＨ－60Ｋ/Ｋ（能力向上型））	13 機
	艦載型無人機	３機
	掃海・輸送ヘリコプター（ＭＣＨ－101）	１機
航空自衛隊	早期警戒機（Ｅ－２Ｄ）	９機
	戦闘機（Ｆ－35Ａ）	45 機
	戦闘機（Ｆ－15）の能力向上	20 機
	空中給油・輸送機（ＫＣ－46Ａ）	４機
	輸送機（Ｃ－２）	５機
	地対空誘導弾ペトリオットの能力向上（ＰＡＣ－３　ＭＳＥ）	４個群（16 個高射隊）
	滞空型無人機（グローバルホーク）	１機

注１：哨戒ヘリコプターと艦載型無人機の内訳については、「平成 31 年度以降に係る防衛計画の大綱」完成時に、有人機 75 機、無人機 20 機を基本としつつ、総計 95 機となる範囲内で「中期防衛力整備計画（平成 31 年度～平成 35 年度）」の期間中に検討することとする。

注２：戦闘機（Ｆ－35Ａ）の機数 45 機のうち、18 機については、短距離離陸・垂直着陸機能を有する戦闘機を整備するものとする。

動員態勢だ。

多次元横断的（クロス・ドメイン）防衛力構想

さて、２０１８年防衛大綱のうたい文句は、前大綱の統合機動防衛力に替わり、「多次元横断的（クロス・ドメイン）防衛力」である（１６１頁図）。防衛官僚・制服組とも、膨大な軍事予算を付けるには、それなりのうたい文句が必要だと考えているということだろう。

　ここでいう多次元とは、陸海空３自衛隊の運用範囲を「宇宙・サイバー・電磁波」という新たな領域にまで広げるというもので、現代戦では、宇宙やサイバー分野での優位性確保が「死活的に重要」といい、防衛力強化の最優先事項に挙げている。

　また、この構想では、今までの統合機動防衛力を引き継ぎつつ、これを宇宙・サイバー・電磁波を含む全ての領域に有機的に融合し、実効的な戦力としてつくり出すことも謳っている。

　ここで重要なのは、政府・自衛隊が、ついに「宇宙戦争」に乗り出すことを決定したことだ。

　この内容は、「情報収集、通信、測位等のための人工衛星の活用は領域横断作戦の実現に不可欠」として、これらの各種能力を向上させ「宇宙空間の状況を地上及び宇宙空間から常時継続的に監視する体制を構築」という。

　また、「相手方の指揮統制・情報通信を妨げる能力を含め、平時から有事までのあらゆる段階において宇宙利用の優位を確保するための能力の強化に取り組む」としている（傍点筆者）。

　すでに、石垣島・宮古島などの章で述べてきたが、南西諸島などに構築されている淮天頂衛星システムが、これらの宇宙戦争の重要な一翼を担っていることが、この大綱で初めて公開されている。

　周知のように、日本は１９６９年、宇宙の利用は「平和目的に限る」という国会決議を行っているが、この決議は、２００８年、「我が国の安全保障に資する宇宙開発・利用の推進」などを目的とした、宇宙基本法の制定によって根本から覆された。

　この結果が、自衛隊の情報（偵察）衛星の開発・推進、そして、淮天頂衛星システムの設置であり、この大綱での宇宙戦争の宣言である。

　これまで、政府は、表向きでは宇宙への進出は「市場の創出と競争力強化などの効果がある」としていたが、今やその衣を脱ぎ捨てて、剥き出しの宇宙戦争に突入していることだ。

これは、すでに2014年段階で公然化していたことでもある。

政府の宇宙における安全保障分野に関する指針「国家安全保障宇宙戦略（日本版NSSS）」では、「日米同盟は我が国安全保障政策の基軸であり、本年中に予定されている『日米防衛協力のための指針』の見直しに宇宙政策を明確に位置付け、測位衛星（準天頂）、SSA及びMDA等の日米宇宙協力により日米同盟を深化させる。特に、準天頂プログラムについては、米国のGPSとの補完関係の更なる強化を図りつつ、アジア・オセアニア地域の測位政策に主体的な役割を果たす」（「国家戦略の遂行に向けた宇宙総合戦略」2014年8月26日、自民党政務調査会・宇宙・海洋開発特別委員会）と、その軍事的位置付けが明らかにされている。

この日本版NSSSは、アメリカの「国家安全保障宇宙戦略」（NSSS）をそっくり真似て設置されたと言われるが、2018年防衛大綱の宇宙戦争態勢も、アメリカとの共同運用・共同作戦態勢である。

大綱策定前の2015年1月、政府は「宇宙基本計画」を決定したが、ここにはアジア太平洋地域におけるアメリカの抑止力を支える宇宙システムの抗堪性の向上ということで、同国との衛星機能の連携強化等を行うと明記している。この具体的内容には、準天頂衛星とGPSの連携を一層強化することが盛り込まれているのだ。

この他、2018年防衛大綱・新中期防には、宇宙戦争、サイバー戦争、「島嶼戦争」に係わる重大な決定が行われている。

この重点項目が、「サイバー防衛隊」の充実・強化（約150名→約220名）である。

また、スタンド・オフ防衛能力として、相手の攻撃圏外（スタンド・オフ）から対処できる、F35Aに搭載するスタンド・オフ・ミサイル（JSM）を取得することが決定された。

さらに、陸上配備型イージス・システム（イージス・アショア、「弾道ミサイル・2個防衛部隊」）の整備が決定（秋田、山口に配備）、長距離巡航ミサイル、「島嶼防衛用高速滑空弾部隊・2個高速滑空弾大隊」の整備も、決定された。

「多用途運用護衛艦」という空母

防衛官僚や制服組の姑息さは、宮古島などへの自衛隊基地建設で如実に示されているが、２０１８年大綱でも露骨に現れている。例えば——

「上記の戦闘機部隊13個飛行隊は、ＳＴＯＶＬ機（短距離離陸・垂直離着陸機）で構成される戦闘機部隊を含むものとする」（大綱別表注記）

「戦闘機（Ｆ35Ａ）の機数45機のうち、18機については、短距離離陸・垂直着陸機能を有する戦闘機を整備するものとする」（１６４頁、中期防の「注記」）

見ての通り、大きな問題となっている空自の短距離離陸・垂直着陸（ＳＴＯＶＬ）の導入を「別表の注記」に小さく表記するのだ。しかも、「中期防別表」では、「戦闘機（Ｆ35Ａ）の機数45機のうち、18機に短距離離陸・垂直着陸機能」と明記するというウソまで並べ立てている。政府の公式文書とは思えないウソだ。Ｆ35Ａは、ＳＴＯＶＬではないのだ。

こういうウソと誤魔化しは、２０１８年大綱の核心的な、全内容に及んでいるが、その最大の誤魔化しが、「多用途運用護衛艦」の整備である。

これは、海自の「いずも型」護衛艦に、Ｆ35Ｂ戦闘機を搭載して文字通り空母として運用する、自衛隊史上、初めての空母保有の決定である（左写真）。

Ｆ35Ｂは、新中期防では18機、新大綱では42機導入と決定されているから、１個空母機動部隊に10機の搭載とすると、３個空母が配備されることになる（残りは予備機）。

海自の保有艦艇で空母への改造が可能なのは、全通甲板２４８メートルをもつ「いずも」「かが」、同じく１９７メートル「ひゅうが型」があ

るが、「いずも型」の改造は決定しているが、「ひゅうが型」は発表されていない。となると3隻目は、新たに建造ということになる。

かつて、日本海軍は、20隻以上の空母保有を誇り、世界有数の海軍大国であったが、海自はこの海軍大国への道を再び歩み始めたのだ（すでに米海軍に次ぐ戦力）。

太平洋全域を勢力範囲・戦場としたのが日本海軍であったが、海自もこの方向へ舵を切ろうとしているのか。

太平洋側の制空権確保が目的か

次頁は、情報公開によって出された文書であるが、これには「いずも型」護衛艦とＳＴＯＶＬ機の運用について「飛行場が限られた南西地域において（航空）侵攻に対処」するほか、「太平洋側の空域において、拡大する諸外国の航空活動に対処」と明記されている。

つまり、「いずも型」護衛艦の改造による空母導入の目的は、南西シフト態勢下の、中国への牽制・対抗であると同時に、太平洋の覇権の確保というところにまで拡大されたということだ。

２０１８年防衛計画の大綱も、この点については露骨に記載している。

「柔軟な運用が可能な短距離離陸・垂直着陸（ＳＴＯＶＬ）機を含む戦闘機体系の構築等により、特に、広大な空域を有する方で飛行場が少ない我が国太平洋側を始め、空における対処能力を強化する」

結論から言えば、海自の空母保有は、東シナ海だけでなく、西太平洋の制海権確保へと動き始めたということだ。しかも、この態勢は、米海軍との共同作戦態勢なのである。

米海軍強襲揚陸艦との共同作戦

２０１９年4月26日、防衛省は、米海軍佐世保基地に最新の大型強襲揚陸艦「アメリカ」（全長約２６０メートル、約4万4千トン）が、今年中に配備されると発表した。

この揚陸艦は、現在配備されている強襲揚陸艦「ワスプ」に替わるものだ。「ワスプ」は、現在、Ｆ35Ｂを10機程度搭載しているが、「アメリカ」は、同機12～20機程度を搭載するという。これに伴い岩国基地では、現在のＦ35Ｂの16機にプラスして、２０２０年に32機態勢に増強される。

ＳＴＯＶＬ機の運用可能機数

○「いずも」型護衛艦
全長　248ｍ

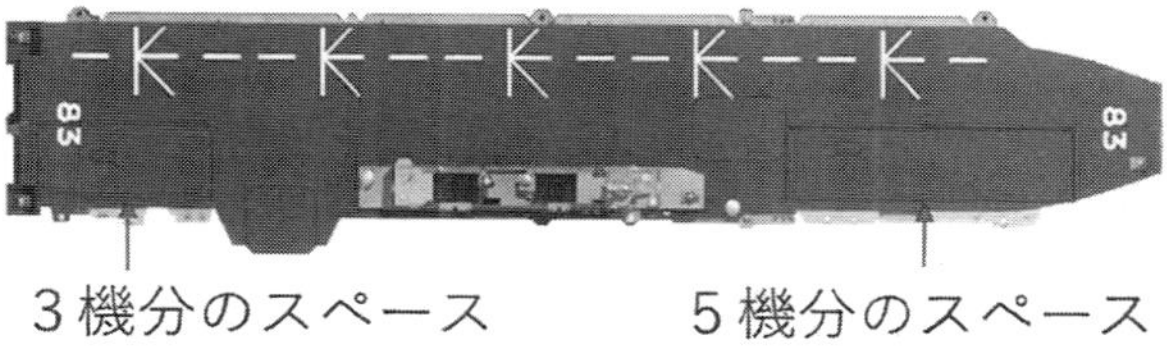

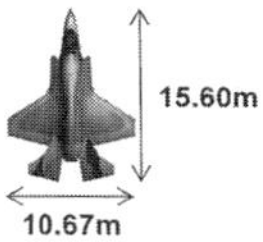

１０機程度が運用可能と見積もり

同時運用するヘリの機数や整備機材の容積により変動の可能性

⑭

「いずも」型護衛艦とＳＴＯＶＬ機の運用について

○　ＳＴＯＶＬ機は、必要な時にのみ「いずも」型護衛艦上で運用されるものであり、常時、「艦載機」として運用されるわけではない。
○　「いずも」型護衛艦は、状況に応じ、対潜ヘリによる対潜戦や、ＳＴＯＶＬ機による防空任務、これらの組合せによる捜索救難など、多用途のために運用する。
○　専用の戦闘機に加えて早期警戒機や電子戦機を搭載する米海軍の空母打撃群とは異なり、長期間・長距離にわたって行動し、艦載機によるパワープロジェクションをするような能力は持ちえない。

航空基地から比較的離れた空域における柔軟な運用

多用途な運用

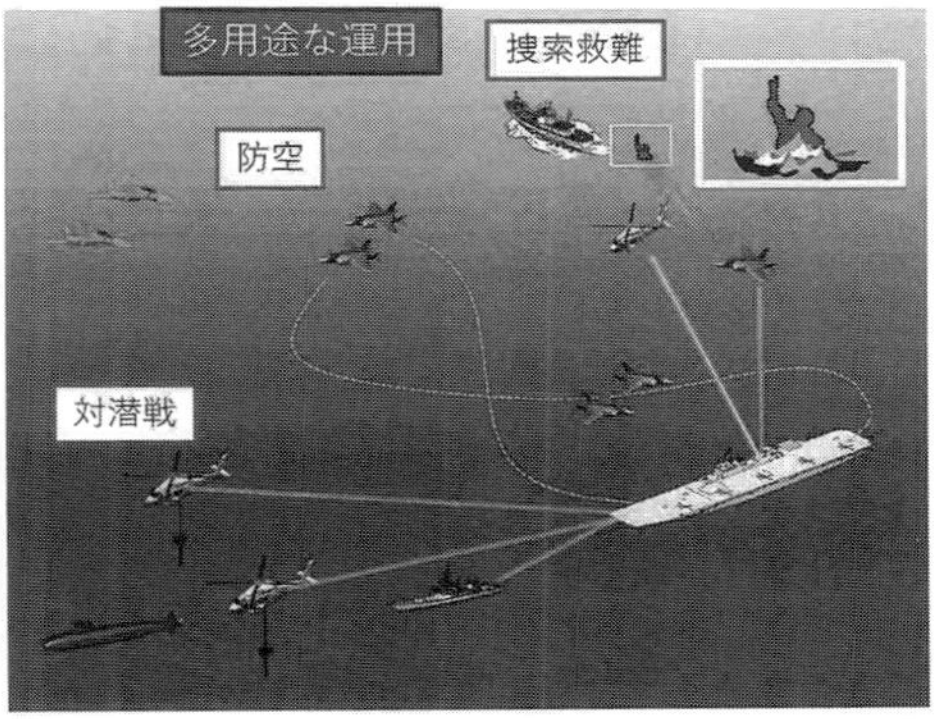

⑨

ところで、この米海軍の強襲揚陸艦にＦ35Ｂを搭載する構想は、「ライトニング空母」と言われる計画であり、現在の米海軍の空母11隻態勢を補完する戦力として発動されている。

このプランは、米海兵隊の、２０１７年「海兵隊航空計画」（2017 Marine Aviation Plan）であり、２０２５年までに１８５機のＦ35Ｂを運用、最新鋭強襲揚陸艦７隻に全て搭載するというものだ。

問題は、海自の「いずも型」護衛艦の空母改造計画とその運用は、このような米海軍の「ライトニング空母」の補完戦力として、太平洋（↓インド洋）にまで任務を広げていくことになることだ。

この問題が誇張ではないのは、すでに毎年繰り返されている、海自と米海軍の、そして、オーストラリア軍、インド軍などとの、南シナ海・インド洋での共同演習を見れば明らかだ（後述）。

海自は、１９８０年代の対ソ抑止戦略下において、対潜哨戒機（Ｐ３Ｃ）１００機保有態勢という、跛行的増強を行い、まさしく米海軍の「補完戦力」として造られてきたという歴史がある。

したがって、海自の空母保有態勢が、このような米海軍の補完戦力として増強されることは不可避となるのだ。

米海軍・佐世保に配備されている「ワスプ級強襲揚陸艦」。搭載するＦ３５Ｂは岩国基地に配備されている。年内に「アメリカ級」に配備替えされる

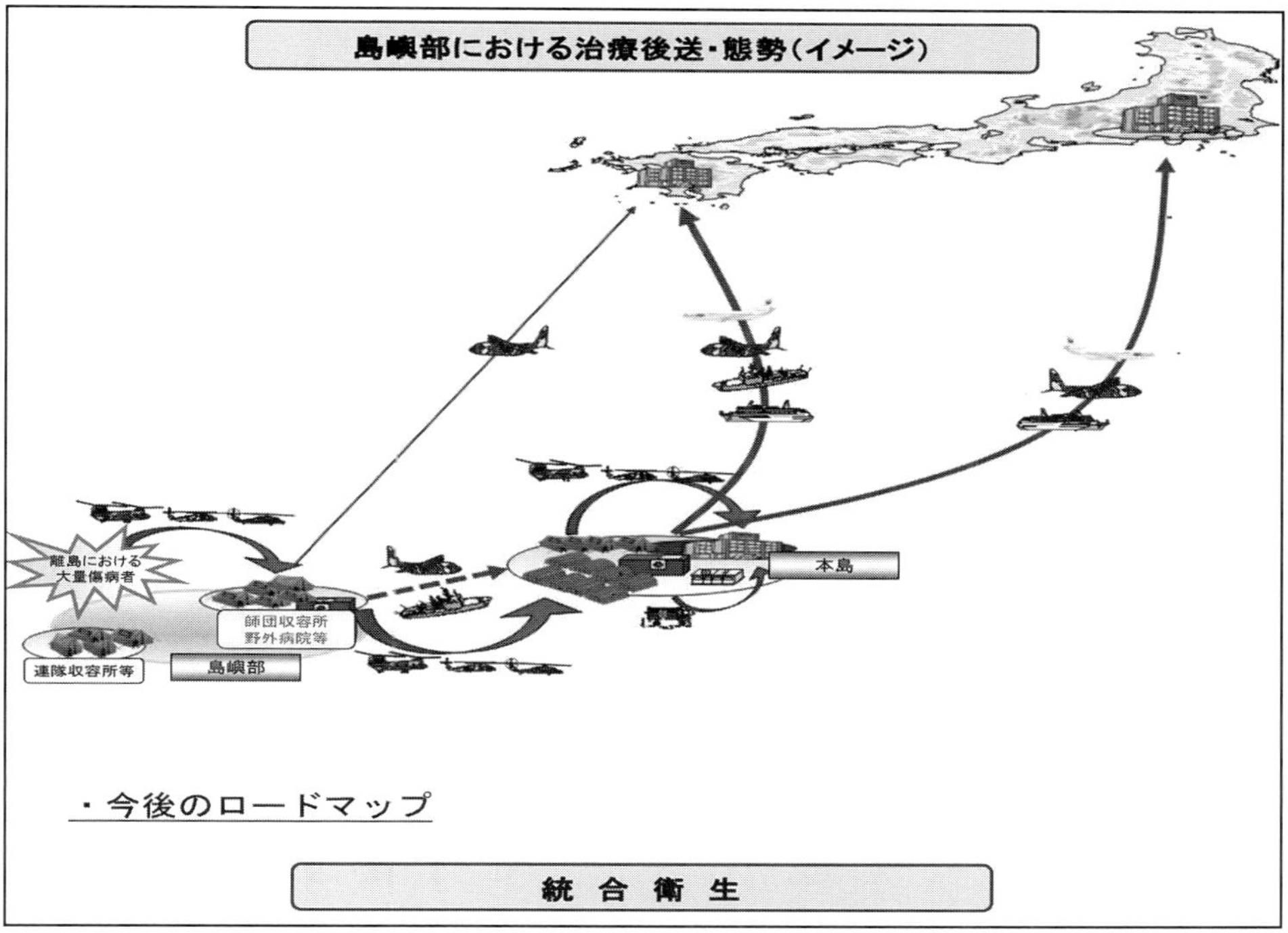

統合衛生——負傷兵士の緊急医療態勢

２０２１年開設予定の、空自入間基地の隣接地（入間市東町側留保地）に造られる新自衛隊病院は、日米の「島嶼戦争」用の野戦病院だ。

この地域には、よく知られるように、防衛医大病院という防衛省管轄の病院があり、民間人にも治療を行っている。この同じ地域に、自衛隊病院を造るというその意図は、明らかだ。航空基地の側にそれを造ることに、大きな意味があるのだ。

筆者へ情報公開された、上図の「島嶼部における治療後送・態勢（イメージ）」を参照されたい。この図では、自衛隊の南西シフト態勢づくりが、ついに、戦傷者を治療する「統合衛生」として始まっていることを現している。

ここでは、まず「離島における大量傷病者」を一旦、戦場に置かれた「連隊収容所等」に収容し、これをヘリで離島に置かれた「師団収容所　野外病院等」に輸送し、そして、「本島」（沖縄）、さらには「本土」の九州—東京周辺に航空機等で後送する態勢が描かれている。

これが、自衛隊が南西シフト態勢下に打ち出した「統合衛生」と称する態勢である。

つまり、自衛隊の南西諸島での「島嶼戦争」において、必然的に多数の兵士の傷病者が続出する。このための緊急医療態勢を必要とされるのだが、これら医療態勢は、民間の医療態勢とは決定的に異なる。それが下図の医療態勢である。

軍隊の「戦闘地域」での医療とは、「第一線救護」として負傷兵の応急処置のもとでの「再戦力化」、「収容所治療」としての応急処置による「再戦力化」（時間をかけた）、そして「病院治療」と明記されているが、複雑な戦闘傷病による、本格的治療が必要となるのである。

この戦争下の緊急治療のために、新たに航空基地の間近に野戦病院を開設する計画が始まったのだ。

そして、この統合衛生と名付けられた計画は、2010年の新中期防で「多様な任務への対応を強化するため統合後送体制等を整備するとともに、海外派遣部隊等に対する医療支援機能を強化する」とされ、このため、「統合幕僚監部における衛生機能の保持要領と島嶼部における事態対処での治療・後送態勢について統合衛生の課題と捉え検討を実施して

別添資料6付紙

部隊区分と治療レベル（陸自の場合）

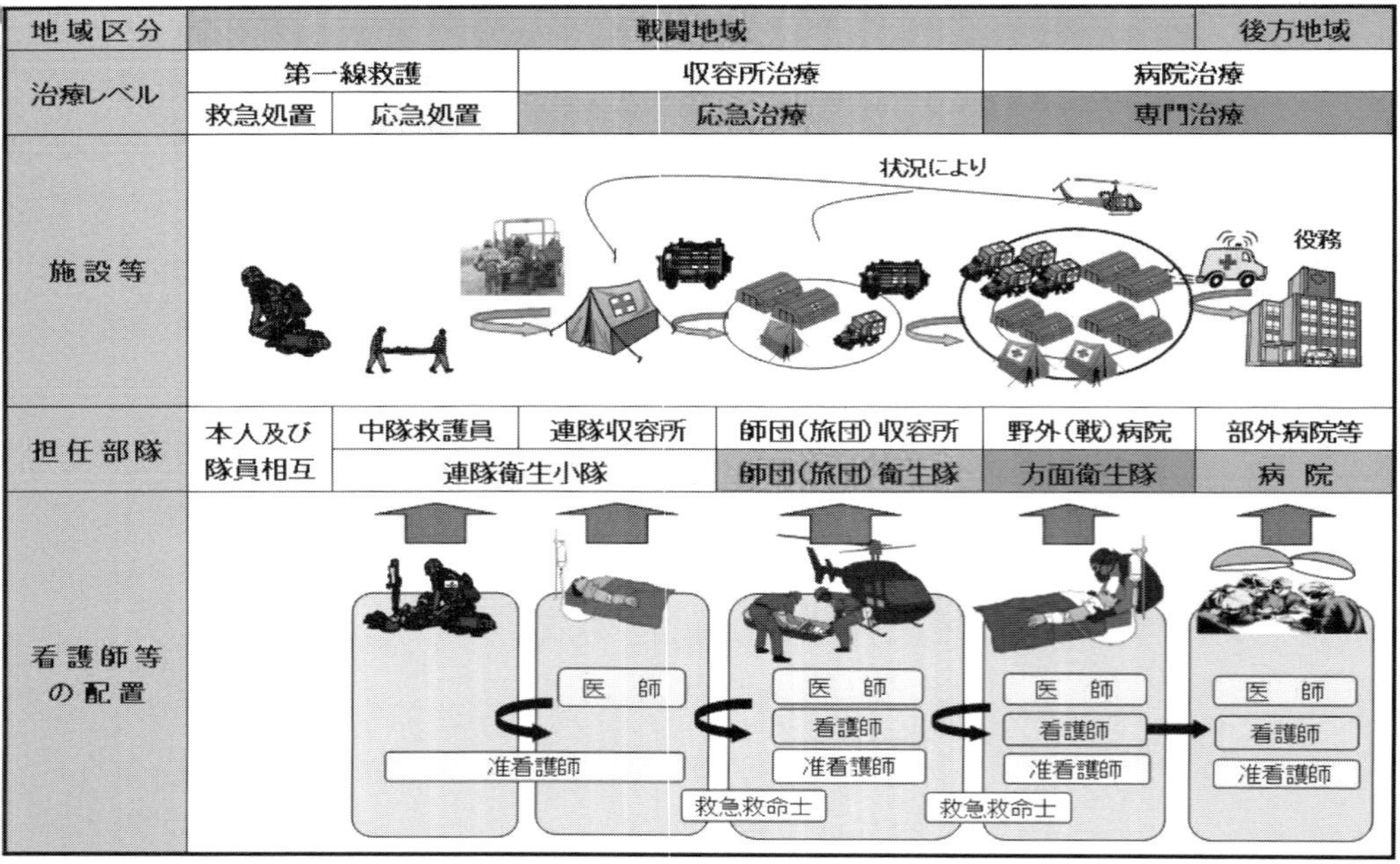

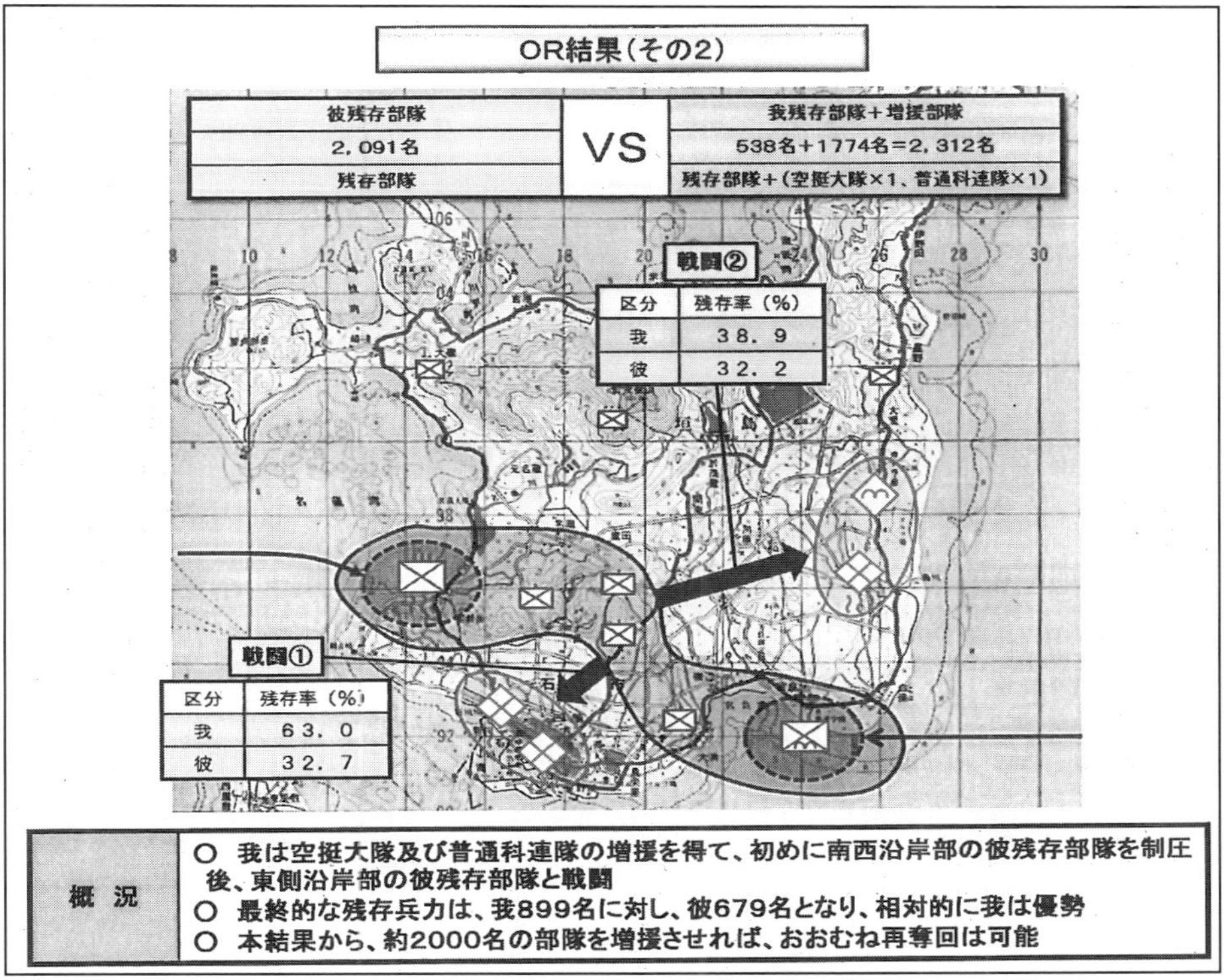

いる」と決定された。

要するに統合衛生とは、陸海空自衛隊を総動員した戦時治療態勢作りであり、「島嶼戦争」下での野戦病院作りである。この病院作りの決定的問題は、戦争下で大量に負傷する住民らを全く対象にしていないことだ。

国会で暴露された石垣島での「島嶼戦争」

２０１８年11月、防衛省の内部文書「機動展開構想概案」（上図・２０１２年３月29日付）が暴露された。この文書は、石垣島への機動展開による奪回作戦の可能性をシミュレーションしたものとして大問題となった。ただ、同文書は、実際の石垣島での「島嶼戦争」を想定したものではなく、「機動展開での動員兵力」をシミュレーションしたと言えよう。

文書は、彼４千５００人に対し、我事前配備の２千人に、プラス１千８００人の奪回部隊を増員すれば、最終的な残存兵力数は彼８９９人、我６７９人で我優勢になるとする。問題は「彼我勢力の一方の残存率が30パーセントになるまで戦闘を実施」という制服組の空論性・残虐性だ。今や、こんな戦闘に耐えられる兵士はいない。

第9章　日米共同作戦下の沖縄本島の増強態勢

——暴露された南西シフト態勢下の沖縄基地

統合幕僚監部の「対中防衛」文書

すでに、沖縄本島の水陸機動団の配備については述べてきたが、これらを含む沖縄での日米共同の基地強化については、制服組の重要な文書が暴露されている。

２０１２年統合幕僚監部の、「日米の『動的防衛協力』について」と「別紙第２」の、「沖縄本島における恒常的な共同使用に係る新たな陸上部隊の配置」という文書がそうだ（全文16頁）。

統幕文書は、２０１８年3月30日、日本共産党によって国会で追及されたが、メディアはこの重大文書については全く触れることなく、同年4月1日、防衛省から突如提出された、イラクなどＰＫＯ文書に飛びついた（これは自衛隊の「陽動作戦」であった！）。

この問題について、会員制雑誌『選択』は、いみじくも「ＰＫＯ日報は刺身のツマ、統幕文書は刺身」（「小野寺氏が動的防衛力文書とイラク日報の存在を同時発表した

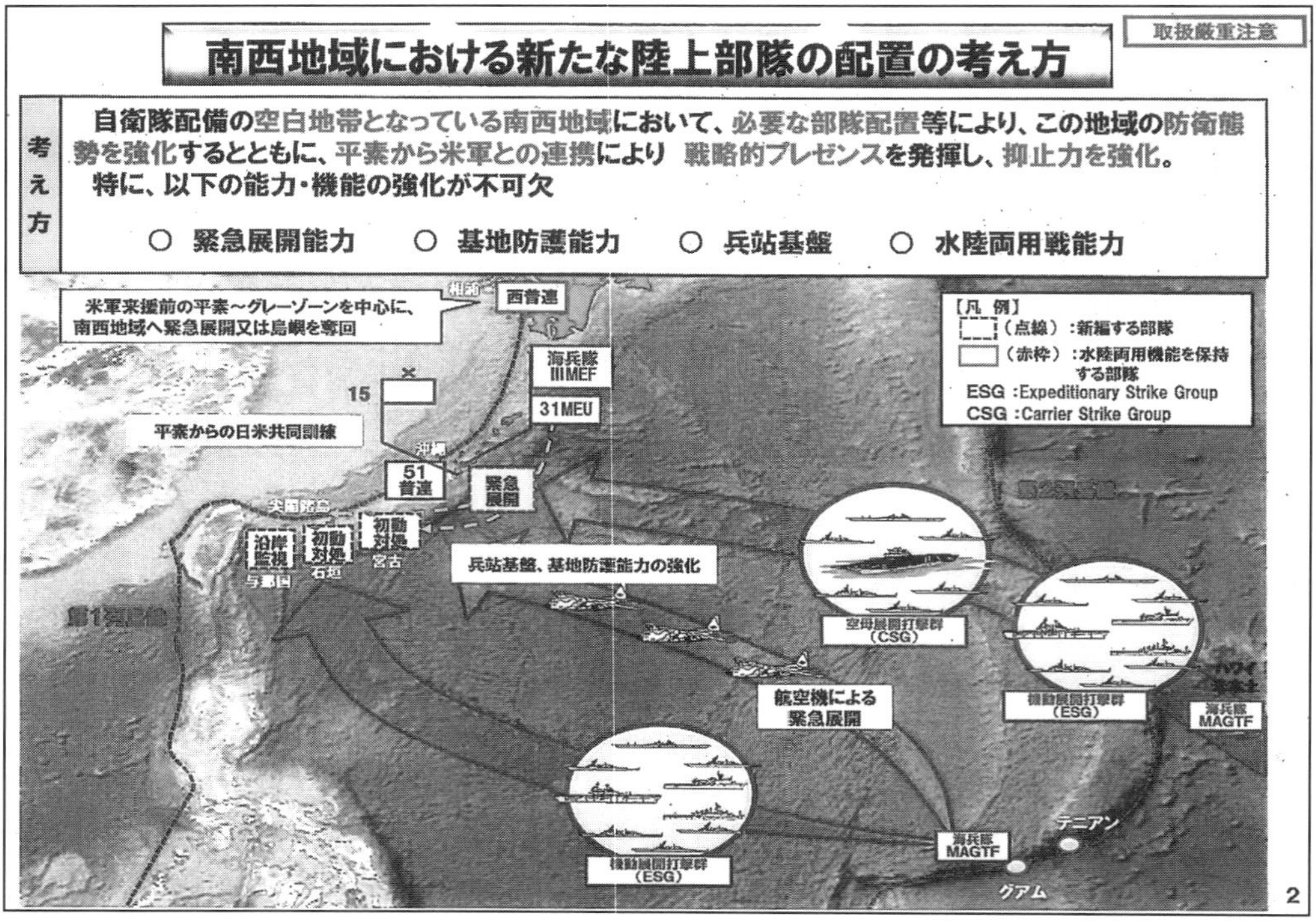

狙いは何か」）と述べている（２０１８年5月号）。

この同じ日に、直接請求もされていないのに、１万５千点にものぼるＰＫＯ文書を出し、陸幕長以下30人もの懲戒処分者を出してまで隠しておかねばならない文書——これが「日米の『動的防衛協力』について」という文書であった。

この統幕文書は、まず、南西シフト態勢に係わる初めての策定された文書である。文書の重大さは、上図（と１７７頁図）に明記するとおり、正面から「対中防衛の考え方」を打ち出していることだ。

「平時の抑止」においては、「米軍との緊密な連携により、中国の影響力拡大を抑制」し、「**中国の東シナ海の海洋権益を抑止**」すると。また、「中国のＡ２・ＡＤ能力に対抗し西太平洋での日米の活動を活発化する」と。

「有事の対処」としては、「**日本の主体的行動及び米軍との共同作戦**をもってこれを阻止」し、「米軍の来援基盤の確立を推進し米軍との共同対処」と。

見ての通り、「対中防衛」をはっきり宣言するとともに、公然と対中の日米共同作戦（戦略的にはＡ２／ＡＤ戦略、後述）を唱えた文書である。

この内容であるから制服組のみならず、自衛隊批判をタブー化しているマスメディアも、完全な報道規制をかけてきたのだ（南西シフト態勢への報道規制）。

沖縄の全米軍基地の日米共同使用

ところで、統合幕僚監部文書のもう1つの重要性は、別紙「沖縄本島における恒常的な共同使用に係る新たな陸上部隊の配置」（174頁図など）にあるように、東シナ海での日米の「戦略的プレゼンス」の確保を謳った文書であることだ。

ここには、自衛隊の南西諸島配備によって「緊急展開能力」「基盤防衛能力」「兵站基盤」「水陸両用戦能力」を確保することともに、有事に一旦、グアム以遠に撤退した米空母機動部隊が、戦闘の推移によって自衛隊の作戦に参戦する図が描かれている。

この日米共同作戦については後述するが、これらの文書の重要性は、統合幕僚監部が初めて南西シフト態勢の全体的策定を行ったということだ。

そして、強調すべきは「戦略的対中プレゼンス」を強化するために、沖縄の全米軍基地の日米共同使用が明確に打ち出されたことだ（下図）。

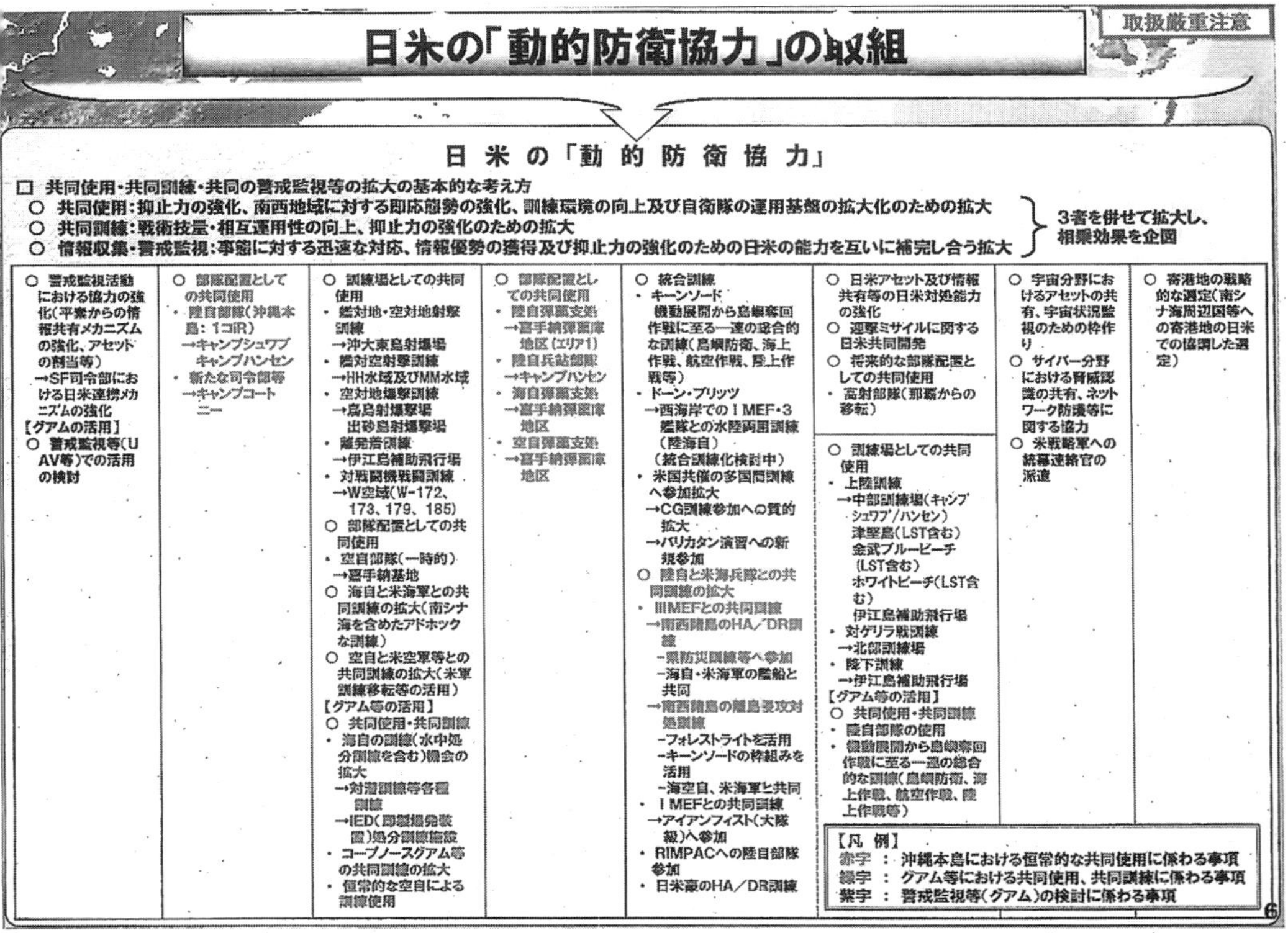

取扱厳重注意
日米の「動的防衛協力」の取組
日米の「動的防衛協力」
□ 共同使用・共同訓練・共同の警戒監視等の拡大の基本的な考え方
○ 共同使用：抑止力の強化、南西地域に対する即応態勢の強化、訓練環境の向上及び自衛隊の運用基盤の拡大化のための拡大
○ 共同訓練：戦術技量・相互運用性の向上、抑止力の強化のための拡大
○ 情報収集・警戒監視：事態に対する迅速な対応、情報優勢の獲得及び抑止力の強化のための日米の能力を互いに補完し合う拡大
3者を併せて拡大し、相乗効果を企図
○ 警戒監視活動における協力の強化（平素からの情報共有メカニズムの強化、アセットの割当等）
→SF司令部における日米連携メカニズムの強化
【グアムの活用】
○ 警戒監視等（UAV等）での活用の検討
○ 部隊配置としての共同使用
・ 陸自部隊（沖縄本島：1コiR）
→キャンプシュワブ キャンプハンセン
・ 新たな司令部等
→キャンプコートニー
○ 訓練場としての共同使用
・ 艦対地・空対地射撃訓練
→沖大東島射爆場
・ 艦対空射撃訓練
→HH水域及びMM水域
・ 空対地爆撃訓練
→鳥島射爆撃場 出砂島射爆撃場
・ 離発着訓練
→伊江島補助飛行場
・ 対戦闘機戦闘訓練
→W空域（W-172、173、179、185）
○ 部隊配置としての共同使用
・ 空自部隊（一時的）
→嘉手納基地
○ 海自と米海軍との共同訓練の拡大（南シナ海を含めたアドホックな訓練）
○ 空自と米空軍等との共同訓練の拡大（米軍訓練移転等の活用）
【グアム等の活用】
○ 共同使用・共同訓練
・ 海自の訓練（水中処分訓練を含む）機会の拡大
→対潜訓練等各種訓練
→IED（即製爆発装置）処分訓練施設
・ コープノースグアム等の共同訓練の拡大
・ 恒常的な空自による訓練使用
○ 部隊配置としての共同使用
・ 陸自弾薬支処
→嘉手納弾薬庫地区（エリア1）
・ 陸自兵站部隊
→キャンプハンセン
・ 海自弾薬支処
→嘉手納弾薬庫地区
・ 空自弾薬支処
→嘉手納弾薬庫地区
○ 統合訓練
・ キーンソード
機動展開から島嶼奪回作戦に至る一連の総合的な訓練（島嶼防衛、海上作戦、航空作戦、陸上作戦等）
・ ドーン・ブリッツ
→西海岸でのⅠMEF・3艦隊との水陸両用訓練（陸海自）（統合訓練化検討中）
・ 米国共催の多国間訓練へ参加拡大
→CG訓練参加への質的拡大
→バリカタン演習への新規参加
○ 陸自と米海兵隊との共同訓練の拡大
・ ⅢMEFとの共同訓練
→南西諸島のHA／DR訓練
-県防災訓練等へ参加
-海自・米海軍の艦船と共同
→南西諸島の離島侵攻対処訓練
-フォレストライトを活用
-キーンソードの枠組みを活用
-海空自、米海軍と共同
・ ⅠMEFとの共同訓練
→アイアンフィスト（大隊級）へ参加
・ RIMPACへの陸自部隊参加
・ 日米豪のHA／DR訓練
○ 日米アセット及び情報共有等の日米対処能力の強化
○ 迎撃ミサイルに関する日米共同開発
○ 将来的な部隊配置としての共同使用
・ 高射部隊（那覇からの移転）
○ 訓練場としての共同使用
・ 上陸訓練
→中部訓練場（キャンプシュワブ／ハンセン）
津堅島（LST含む）
金武ブルービーチ（LST含む）
ホワイトビーチ（LST含む）
伊江島補助飛行場
・ 対ゲリラ戦訓練
→北部訓練場
・ 降下訓練
→伊江島補助飛行場
【グアム等の活用】
○ 共同使用・共同訓練
・ 陸自部隊の使用
・ 機動展開から島嶼奪回作戦に至る一連の総合的な訓練（島嶼防衛、海上作戦、航空作戦、陸上作戦等）
○ 宇宙分野におけるアセットの共有、宇宙状況監視のための枠作り
○ サイバー分野における脅威認識の共有、ネットワーク防護等に関する協力
○ 米戦略軍への統幕連絡官の派遣
○ 寄港地の戦略的な選定（南シナ海周辺国等への寄港地の日米での協調した選定）
【凡 例】
赤字 ： 沖縄本島における恒常的な共同使用に係わる事項
緑字 ： グアム等における共同使用、共同訓練に係わる事項
紫字 ： 警戒監視等（グアム）の検討に係わる事項
6

取扱厳重注意

日米の「動的防衛協力」の取組の全体像

背景

我が国を取り巻く安全保障環境

[redacted]

大綱・構造改革委員会（中間報告）等を踏まえた検討

今後強化すべき機能及び課題

[redacted]

自衛隊の取り組み（中期防衛力整備計画を含む）

日米の「動的防衛協力」の方向性

「2＋2」共同発表（平成24年4月27日）

日米の「動的防衛協力」

取扱厳重注意

日米の「動的防衛協力」の取組の全体像

背景

我が国を取り巻く安全保障環境

中国の軍事戦略（アジア太平洋地域）

対中防衛の考え方

大綱・構造改革委員会（中間報告）等を踏まえた検討

今後強化すべき機能及び課題

- 広域・常続的な情報収集・警戒監視体制
- 迅速かつ柔軟な機動展開能力
- 航空・海上優勢のための作戦能力
- 基地の抗たん性及び使用可能な基地・施設
- 島嶼防衛のための水陸両用戦を含めた各種戦能力
- BMD能力
- 宇宙・サイバー分野への対応
- 平素からの関与（Peacetime Engagement）に関する活動

自衛隊の取り組み（中期防衛力整備計画を含む）

日米の「動的防衛協力」の方向性

「2＋2」共同発表（平成24年4月27日）

日米の「動的防衛協力」

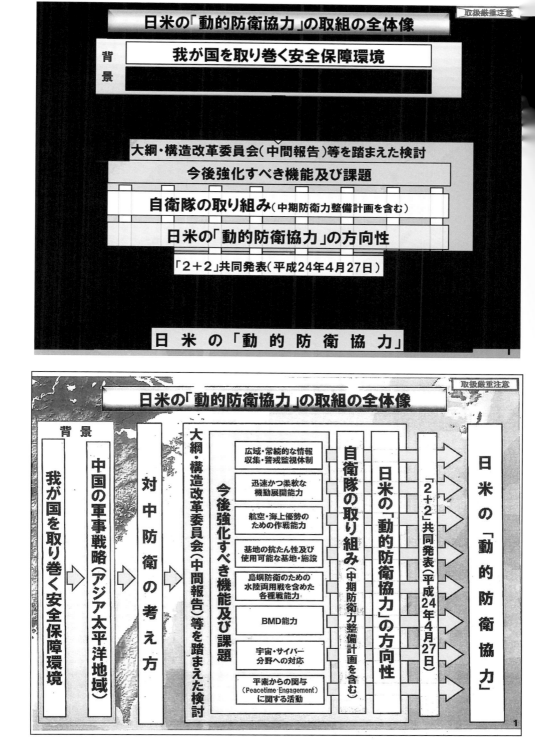

具体的には、「訓練場としての共同使用」として「沖大東島射爆場・鳥島射爆場・伊江島補助飛行場」「北部・中部の訓練場」（いずれも米軍専用）。

「部隊としての共同使用」として、「嘉手納基地・グアム基地」。

「部隊配置としての共同使用」として、「陸海空自衛隊の弾薬支処として嘉手納弾薬庫」。

「陸自兵站部隊としての共同使用」として、「キャンプ・ハンセン」などなどが、列挙されている。

つまり、沖縄本島・離島・沖縄水域の、全米軍基地・訓練場・射爆場の、自衛隊との共同使用を通して「対中の戦略的プレゼンス」を高める、というわけだ。

こうして見ると、新設されようとしている辺野古新基地の、日米共同基地化は必然となる（水陸機動団と米海兵隊との共同作戦）。

改竄された統合幕僚監部文書

メディアが、今ひとつ防衛省の隠蔽工作に加担したのは、この統合幕僚監部の改竄問題であった。

同文書は、１７７頁に一部示したように、全文16頁の

住宅地のど真ん中に位置する普天間基地

うち、３頁が削除、４頁が改竄されていた。

同頁の「日米の『動的防衛協力』の取組の全体像」を改竄前（下図）と改竄後（上図）を見比べれば分かるが、縦書きをわざわざ横書きに修正し、「対中防衛」の項目の「今後強化すべき機能及び課題」を完全に削除・改竄していることが明らかだ（機動展開能力、海上・航空優勢のための作戦能力、水陸両用戦能力、抗堪性などが明記）。

実は、国会で日本共産党により改竄文書として追及された情報公開文書は、筆者が1年前の２０１７年5月、情報公開請求した文書であり、同年9月、16頁文書のほとんどが黒塗りで開示されたものである。

同文書については、共産党は２０１５年にすでに国会で追及していたのだが、防衛省はこの文書の真贋性を認めなかったのである（２０１５年『琉球新報』等報道）。

だが、文書の真贋性は明らかだ。

だからこそ防衛省・自衛隊は、この文書を改竄までして隠したかったのだ。というのは、ここにある「対中防衛」を正面から明記した文書が公然化した場合、中国との外交問題にまで発展することは必至であり、それを危惧したのである。それはまた、政府の意図を忖度したマスメディアの報道規制ともなったのだ。

付け加えると、民主党政権下で策定された、この南西シフト態勢の初めての防衛省文書は、自衛隊の先島―南西諸島の配備について、宮古島・石垣島の対艦・対空ミサイル部隊の配備については、全く明記していない。

つまり、この時期の先島などへのミサイル部隊配備は、**常駐配備ではなく、「有事機動展開」としての配備**であったということだ。

文書はまた、奄美大島配備についても、全く明記していない。ミサイル部隊だけでなく、「警備部隊」についても、だ。つまり、２０１２年段階で策定された南西シフト態勢は、奄美大島については全くの「想定外」であったということだ。

これは、どういうことか。おそらく奄美の場合、制服組が南西シフト態勢下の兵站・機動展開の重要性について、未だ考慮していなかったということだ。

いわば、南西シフト態勢は、初めから自衛隊の長期の戦略プランに基づいて策定されたというのではなく、米軍戦略下で、その後押しで作られたものであるということである（この問題は、防衛研究所などの文献に現れている）。

南西シフト下の日米共同作戦の研究

２０１８年11月４日、東京新聞、共同通信などのメディアは、一斉に自衛隊が初めての「対中国・日米共同作戦計画」を策定することを報じた。

これは、２０１５年改定の日米ガイドラインに基づき、「尖閣諸島での有事を想定」し、２０１９年３月までの取りまとめを目指すというものだ。報道によっては、対象を「尖閣有事」「台湾海峡有事」とするものもある。

だが、これら「尖閣・台湾」は、国民煽動の口実に過ぎないことは、今まで述べてきたことから明らかだ。尖閣をあえて押し出しているのは、この「尖閣対処」が、センセーショナルな国民世論へのアピールになるからである。

ここでいう日米共同作戦計画の対象は、「尖閣諸島」でも「台湾有事」もなく、まさしく対中国の「島嶼戦争」態勢、「琉球列島弧の海峡封鎖」＝第１列島線の封鎖態勢づくりの日米共同作戦計画である。

ところで、日米共同作戦計画は、自衛隊の作戦計画において、どのような位置を占めているのか。

自衛隊では従来、想定しうる「日本攻撃」に対しては、統合幕僚監部が立案する「統合防衛警備計画」と、これを受けて陸海空の各幕僚監部が作成する「防衛警備計画」が策定されている。

そして、これを踏まえて、具体的な運用に関する「事態対処計画」が作られ、さらに、全国の部隊配置、有事の部隊運用を定めた「年度出動整備・防衛招集計画」が作成されている。

「年度出動整備・防衛招集計画」では、その年の出動部隊の配置だけでなく、隊員１人ひとりの動員配置なども、具体的に計画されていると言われている。

つまり、自衛隊は、現在、自衛隊単独の「対中国・統合防衛計画」の策定と並行して、「対中国・日米共同作戦計画」の策定を始めたということだ。

こうした日米共同作戦計画については、日米はすでに、対朝鮮半島の共同作戦計画（前述）、対中東有事の共同作戦計画（１９８０年代）などを策定している。

補足すると、「台湾有事」に関しては、日米の南西シフト態勢は、付随的位置に過ぎないと言うべきだ。なぜなら、琉球弧の海峡封鎖態勢は、対中国の軍艦、民間船舶を含む封鎖態勢づくりであり、全面的な中国の東シナ海への封鎖態勢――中国封じ込め政策である。

さて、こうした対中国・日米共同作戦の具体的内容については、すでに統幕作成の「日米の『動的防衛協力』について」などで、一部見てきたとおりである。

その結論的核心は、自衛隊の海空部隊の海上・航空優勢確保（制海・制空権）のもとで、海自の対潜部隊・対機雷戦部隊が、中国海軍の水上部隊・潜水艦部隊を東シナ海に封じ込めるというものだ。

そして、陸自の「島嶼防衛戦」部隊である、石垣島・宮古島・奄美大島などの、琉球列島弧に配備された対艦・対空ミサイル部隊などが、第1列島線全体を封鎖するという作戦だ。また、この作戦では、宮古島などのチョーク・ポイントでの海峡封鎖が戦略的環である。

このような、自衛隊が「主体的」に行う「島嶼戦争」を、米空母機動部隊は、中国のミサイルの飽和攻撃による初期被害を避けるために、一端、グアム以東に撤退し、自衛隊による対中国戦闘（ミサイル戦争）後に、おもむろに東シナ海周辺に進出し、自衛隊との共同作戦→米軍による戦略的攻勢作戦に入るというわけだ（上は米機動部隊と海自の共同作戦）。

174頁の統幕文書には、この大まかな概略図が描かれている（次章に詳述）。

第10章　アメリカのアジア太平洋戦略と南西シフト態勢

——海洋限定戦争としての「島嶼戦争」

エア・シー・バトル構想とは

すでに述べてきたことから明らかなように、自衛隊の南西シフト態勢は、日米共同作戦態勢の中に組み込まれ、作戦・運用される。

この南西シフト態勢の、戦略的基礎となっているのが、米軍の「統合エア・シー・バトル構想」（ＪＡＳＢＣ）だ。

この構想は、２０１０年ＱＤＲにおいて提示されたが、大きく３つの柱でなりたっている。

１つは、「統合作戦」の提起であり、「統合空海戦闘構想の開発」として「米国の行動の自由への、増大する挑戦に対抗して、全ての作戦領域—空、海、陸、宇宙、及びサイバースペース—を通じて、空軍と海軍が能力をいかに一体化するかに取り組む」（ＱＤＲ）とされている。

２つ目は、「統合部隊による中国への縦深攻撃」であり、「ネットワーク化され、統合された部隊による縦深攻撃で、敵部隊を混乱、破壊、打倒すること」とされている（２０１３年「エア・シー・バトル室」）。「縦深攻撃」とは、文字通りの中国本土への攻撃を意味する。

３つ目は、Ａ２／ＡＤ戦略の提示であり、第１列島線・第２列島線の中に、中国軍を封じ込めるというものだ。

もともと、Ａ２／ＡＤ戦略は、「中国のＡ２／ＡＤ能力対処」を問題にしていたが、これは今や、中国の海空戦力・対艦・対地ミサイルによる第１列島線への接近に対する、アメリカの「対抗的封じ込め戦略」（２０１２年「米国国防指針」）となっている。

ちなみに、Ａ２／ＡＤ戦略とは、接近阻止・領域拒否(Anti-Access/Area Denial）といい、第１列島線・第２列島線（左図）として示される。

さて、問題は、エア・シー・バトル構想は、通常兵器による対中国の大規模戦争を想定しており、「中国への縦深攻撃」まで想定していることだ。これでは、この戦略を貫いた場合、核戦争へのエスカレートは必至ということになる。

したがって、エア・シー・バトルの公表直後から批判が噴出し、今日ではＪＡＭ—ＧＣ（ジャム・ジーシー）へと名称変更されている。

この新たな変更の内容は、「国際公共財におけるアク

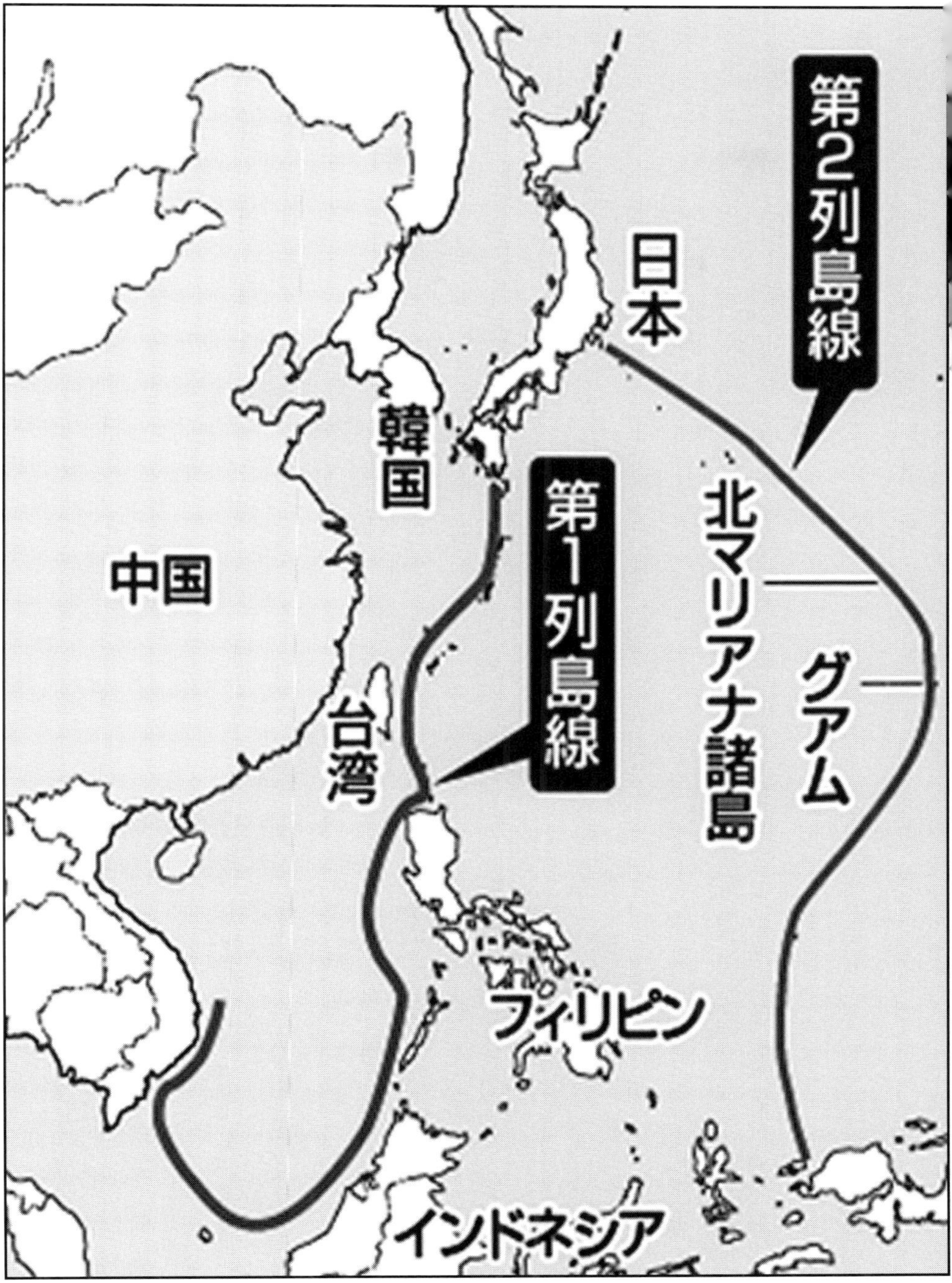
第2列島線
日本
韓国
中国
第1列島線
北マリアナ諸島
グアム
台湾
フィリピン
インドネシア

セスと機動のための統合構想」と言われているが、依然としてその内容は公表されていない。ただ、次頁図に明記されているように、エア・シー・バトルが海空戦力主体であるのに、JAM—GCでは、陸軍戦力も追加された構想であるということだ（防衛研究所作成）。

しかし、重要なのは、エア・シー・バトル構想で提示された米軍の対中国のA2／AD戦略は、すでに作戦化されており、この構想のもとでの「対中抑止戦略」は、実体化されているということだ（2017年米政権「国家安全保障戦略NSS」など）

オフショア・コントロール戦略

さて、このようなエア・シー・バトル構想の欠陥を補正し、実際的に具体化されつつあるのが、オフショア・コントロール戦略（OSC）という新たな構想である。

オフショア・コントロールは、米国防大学研究所のハメス上級研究員が提唱したものであり、「海洋拒否戦略」、あるいは「海洋限定戦争」とも言われている。

ハメスによると、オフショア・コントロール戦略は、3つのテーマから構成されるという。

第1には、第1列島線内の海洋使用の拒否である。

第2には、第1列島線上の海・空領域の防衛である。

そして、第3には、第1列島線外側の海・空領域の支配である。

この戦略によって、核戦争へのエスカレーションの可能性は縮小し、コストを削減することができるとする。

米空母機動部隊

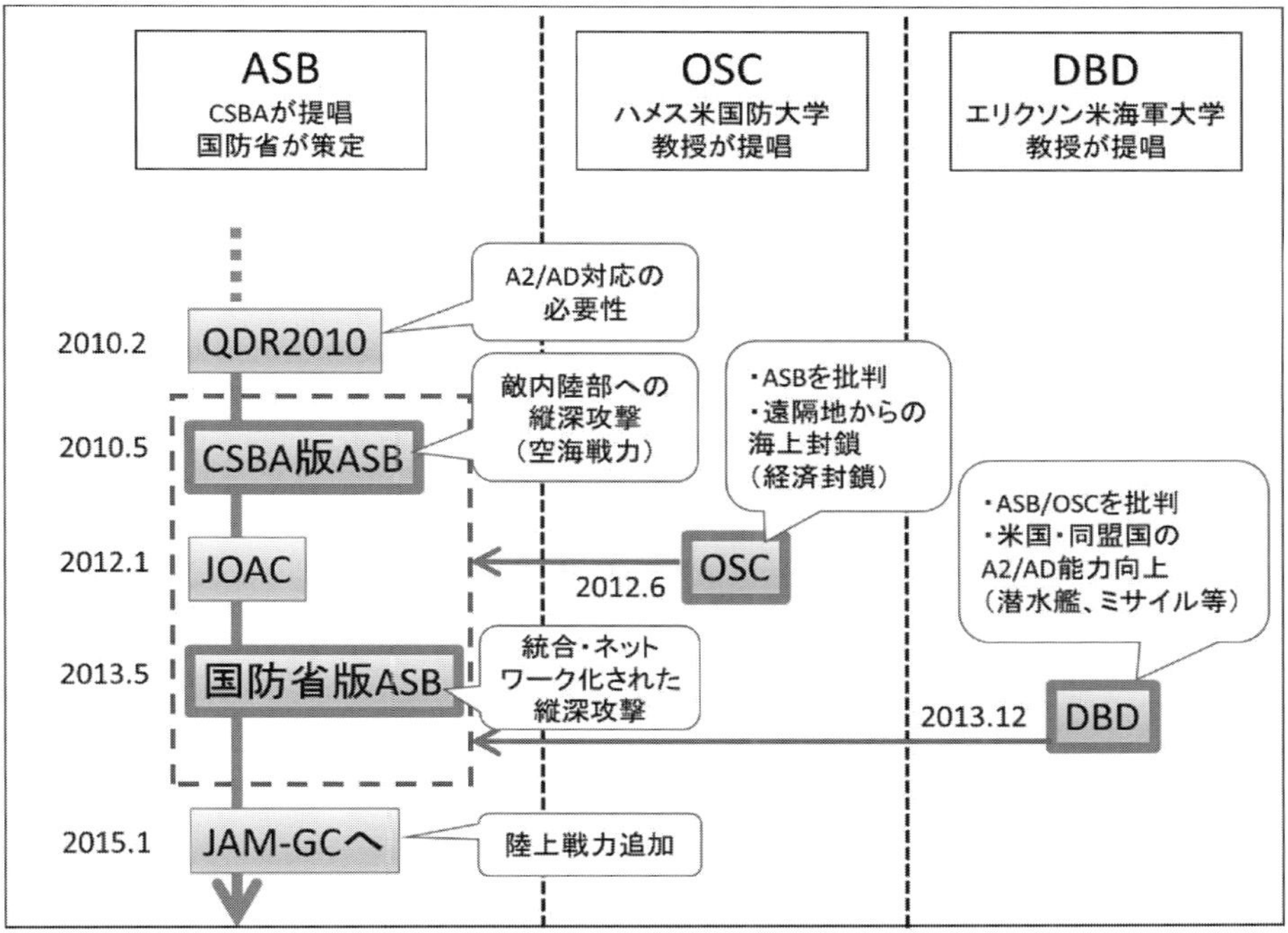

このオフショア・コントロールの核心的戦略は、具体的には、**米国・同盟国の航空力・海軍力を駆使して、中国の石油・天然ガスなどの海上輸送を遮断し、中国商船の中国の港への出入を阻止・封鎖する**ということである（中国はロシアからを含むエネルギーを遮断され、海上交通・海上貿易を遮断される。中国は国内総生産の50％を輸出入に依存し、海外貿易の85％は海上経由）。

そして、これらの海上封鎖態勢は、**「中国沿岸部海上封鎖」と「遠距離海上封鎖」**の2つの戦略が示される。

「中国沿岸部海上封鎖」とは、米軍・同盟軍による海空作戦による軍事的圧力と並行して、「中国の沿岸部直近から始まる海上封鎖」と「第1列島線に沿っての海上封鎖」が提示される。

また「遠距離海上封鎖」とは、マラッカ海峡―ロンボク海峡（インドネシア群島）―スンダ海峡（フィリピン・台湾間）での中国船の停船、拿捕などの海上封鎖（中国の石油輸入量の78％を遮断）を行うということだ。

この「遠距離海上封鎖」の前提は、中国が遠洋航海での戦闘能力がないため、少数の米軍艦艇などで封鎖できるというものだ。

この態勢は、すでに実戦化されている。米海軍は

2010年からシンガポールのチャンギ海軍基地へ「沿岸域戦闘艦LCS」を配備。4隻の態勢に増強する。

シンガポールは、米国との間で2005年「防衛および安全保障分野でのより緊密な協力パートナーシップのための戦略的枠組み協定」を締結している。

こうしてみると、自衛隊の南西シフト態勢――「島嶼戦争」＝琉球弧の封鎖態勢は、これらオフショア・コントロール戦略を基礎にして日本に実体化したものであることが分かる。

これを自衛隊の研究では、オフショア・コントロール下の「拒否的抑止戦略」（DBD）として提示している。

琉球列島弧の通峡阻止戦

日米の南西シフト態勢について、前述のハメスや元米国海軍大学教授トシ・ヨシハラは、オフショア・コントロールに沿って、以下のように具体的戦略として提示する（この作戦は、自衛隊制服組に採用されている）。

第1は、第1列島線内でのこの作戦の大半は、**限定的航空戦・ミサイル戦・潜水艦・機雷・水中無人艇**で行われる。

第2に、この戦略は、米国は「展開兵力の種別・量を核の閾値以下に留めることが肝要」であるとする。

第3は、「戦闘行為の**範囲と持続時間**を充分に低くすること」である。日本本土はもとより、沖縄本島にさえ戦火を拡大しない「先島戦争」論であり、「島嶼戦争」である。また戦闘は、短期間に限定する、とする。

第4は、「中国軍に多大な出血を強要しない、**海軍力により孤立化させる限定作戦**」である、とする。

第5は、「作戦目標は、第1列島線内に無人地帯」を作り出すことであり、**東・南シナ海の封鎖・コントロール**であるとする。

海洋限定戦争論とは

要するに、トシ・ヨシハラらが描く海洋限定戦争は、第1列島線・琉球弧―東シナ海に中国軍を封じ込める、海峡封鎖作戦であるということだ。この琉球弧を彼らは「天然の要塞」であり、「万里の長城」といい、中国軍に不利な戦略環境であると説いている。

しかし問題は、トシ・ヨシハラらが言うように、この「島嶼防衛戦」が、海洋限定戦争として「限定」されるのか？

水陸両用車（AAV7）で上陸訓練を行う米軍（辺野古基地）

戦争は、西太平洋全域に及ぶのは必至ではないのか？ということだ。

トシ・ヨシハラらの「海洋限定戦争」戦略は、アメリカは、核戦争に至らないように、「展開兵力の種別と量」を限定し、「戦闘の地理的範囲」を拡大せず、短期間の戦闘に終わらせることを目標として、海軍力を中心とした限定作戦であるとしている。

要するに、当初のエア・シー・バトル構想で批判された、中国との全面戦争へのエスカレートを避けるために、「島嶼防衛戦」＝「海洋限定戦争」という戦略が構想されている。

だが問題は、次のように問うべきだ。仮に日米の「海洋限定戦争」によって敗北し、「孤立化」した中国が、そのまま引き下がるだろうか、と。

中国軍が、敗北した戦力を回復し、さらに増強するのは間違いないし、次の戦争は不可避ということだ。

つまり、「島嶼防衛戦」は、当初には一旦限定されたとしても、いずれ「西太平洋戦争」への全面的拡大は、必然である。そして、この戦争はまた、不可避的に第3次世界大戦へ、らせん的回帰していくということだ。

米中・日中の経済相互依存関係

ところで、誰もが疑問を感じるのは、**日米中の経済相互依存の関係の中**で、米中はもとより日中間でも「限定戦争」が可能なのか、戦争となれば日中経済の崩壊だけでなく、世界経済が崩壊するのではないかという意見だ。

特に、日中経済の相互依存は、この10年で急速に進んでいる。対世界貿易量では、2015年、日中間は24パーセントにもなっており、日米貿易量の15パーセントを一挙に超えてしまった。

トシ・ヨシハラらの「海洋限定戦争論」＝「島嶼防衛戦論」は、こういう日米中の経済相互依存体制への「1つの回答」ではあるが、やはり、自衛隊制服組と同様、日中を含む国際経済の構造を根本的に熟考していない。

つまり、「海洋限定戦争」であったとしても、日米中の軍事的衝突は、金融危機を含む世界経済への深刻な打撃を与えることは不可避であるということだ。

愚かなことに、自衛隊制服組は、第1次大戦時の英独貿易関係をあげて、「経済の相互依存性は軍事衝突に影響せず」という「研究」まで行っている。

ただ問題なのは、後述する安倍政権の「インド太平洋

米軍嘉手納基地、滑走路の周りに航空機掩体を多数設置。基地の抗堪性強化が行われている

戦略」に見るように、日米軍による第1列島線＝琉球弧の封鎖態勢は、すでに見てきた統幕文書が明記しているが、「平時」においては「中国の海洋権益の拡大を阻止する」封鎖態勢をつくることであり、いゆわる「**砲艦外交**」「**軍事外交**」**政策**であるということだ。

言うならば、この間の朝鮮に対する、アメリカの軍事的圧力――空母機動部隊を朝鮮半島周辺に遊弋させ、威嚇的圧力をかけ、政治的に屈服させる――である。

この第1列島線の封鎖によって、中国はロシアからを含むエネルギーを遮断され、海上交通・海上貿易を遮断される。つまり、「封鎖する」という軍事的圧力だけで、経済的・政治的妥協、屈服に追い込むというわけだ。

しかし、ここではまた、中国側がこの封鎖を突破する軍事態勢をつくり出すという対抗的行動が生じる。南シナ海への中国の進出がそうである。

こうして今や、日米による、第1列島線に連なる国々への、対中戦略への全面的動員が始まろうとしている。フィリピン、ヴィトナム、シンガポールの「インド太平洋戦略」への動員である。

始まっているのは、東シナ海・南シナ海、アジア太平洋全域での激しい軍拡競争であり、「新冷戦」の始まりともいうべき事態なのだ。

「島嶼防衛戦」の主体は自衛隊、米軍は補完

今までの記述で、「島嶼防衛戦」全体の戦略は概観できると思われるが、いくつかの補足をしておこう。

すでに、統合幕僚監部の「日米の『動的防衛協力』について」という文書について紹介してきたが、自衛隊が策定した「島嶼防衛戦」は、言うまでもなく、日米共同作戦を基本にしている。

しかし、作戦的には、同文書で示してきたように、中国軍のミサイル部隊の飽和攻撃を回避するために、米軍および米空母機動部隊は、グアム以東に一時的に撤退する（沖縄本島の米軍を含む）。

これは、作戦面だけではない。法制的にも、米軍は後陣である。

日米ガイドラインは、「日本に対する武力攻撃が発生した場合」、主体は自衛隊、米軍は支援と規定している。「自衛隊は、島嶼に対するものを含む陸上攻撃を阻止し、排除するための**作戦を主体的に実施**する。必要が生じた場合、自衛隊は島嶼を奪回するための作戦を実施す

る。このため、自衛隊は、着上陸侵攻を阻止し排除するための作戦、水陸両用作戦及び迅速な部隊展開を含むが、これに限られない必要な行動をとる」

「米国は、日本と緊密に調整し適切な支援を行う。米軍は、日本を防衛するため**自衛隊を支援し及び補完**する」(以上は、2015年4月27日改定)

明らかなように、琉球弧での「島嶼防衛戦」は、「日本領土の防衛」という形式をとることになるが、この場合、主体は自衛隊、米軍は支援という共同作戦である。

米軍の西太平洋へのリバランス

ここで、先述してきたアメリカの戦略構想を踏まえて、米軍のアジア太平洋への具体的戦略を少し見ていこう。

2010年QDRなどでは、エア・シー・バトル構想などとともに、米海軍戦力60%を西太平洋に配置することが決定されている。

2010年QDRを踏まえた、「21世紀の海軍力のための協力戦略」(2015年3月、海軍作戦部長、海兵隊総司令官、沿岸警備隊長官の連名)という文書でも、これをさらに強化している。

「現在の地球規模的な安全保障環境は、インド・アジア太平洋地域の増大する重要性、米国の地球規模的な海上アクセスに挑戦する接近阻止・領域拒否(A2AD)能力の継続的な開発と展開など……海洋領土紛争、海上貿易への脅威、とりわけエネルギーの流れに対する脅威により特徴づけられている」

そして、海軍の現在の予算案は、300隻以上の艦船を提供し、2020年までに約120隻の前方配備を可能にするが、これは、グアム、日本などの地域への海外前方配備海軍部隊、シンガポールなどの海外基地から展開する前方活動部隊等へ振り分けるという。

また、インド・アジア—太平洋戦略が注目されるに伴い、同地域に配置される艦船、航空機、海兵隊部隊の数を増やすという。

「2020年までに、海軍艦船と航空機の約60%が同地域に配備される。海軍は日本に空母打撃群、空母航空団、水陸両用即応群を維持し、グアムにすでに配備されている部隊に攻撃用潜水艦1隻を追加し、永続的な地域プレゼンスのためにシンガポールに前方配備された沿岸戦闘艦(LCS)の数を4隻に増やすなどの費用対効果の高いアプローチを実施」すると。

米海兵隊の緊急展開のための事前集積船(サイパン沖)

また、アメリカは、「同盟国・提携国の間の戦闘効果を強化する。我々は、特にインド・アジア太平洋および欧州における水陸両用作戦での相互運用性の改善」を行うといい、「沿岸環境においてより分散型の制海と戦力投射を実施する。これは、陸上の脅威を撃退し、敵が重要な地形を利用することを否定し、あるいは『遠征軍21』に説明しているように遠征前進基地および海上前哨基地を設立するための拡張可能な選択肢を提供するため、職務ごとに組織化して団結した水陸両用部隊に組み込まれる前方展開部隊と増派遠征部隊の活用を含む」と(以上は傍点筆者)。

この最後の引用が、「いずも型」空母と米強襲揚陸艦の「沿岸環境においてより分散型の制海と戦力投射」、つまり、西太平洋での新たな「日米空母部隊」の作戦投入の計画なのである。

南西シフト態勢下の辺野古新基地

アメリカの、A2/AD(接近阻止・領域拒否)戦略下の在日・在沖米軍は、2012年の統幕文書で見てきたように中国軍のミサイル飽和攻撃を避けるために、空母機動部隊はもとより、嘉手納空軍部隊さえもグアム以東へ一時的に退避する作戦をとると言われている。こういう認識であるのに、なぜ辺野古新基地を造るのか、という疑問が出てくるだろう。

周知のように、辺野古新基地の計画は、１９９６年日米両政府の「沖縄に関する特別行動委員会（ＳＡＣＯ合意）」の決定でなされた。

ここでは、普天間基地の辺野古への移転・新基地建設が決定されたが、続く２００６年の「再編実施のための日米のロードマップ」では、辺野古新基地建設とともに、在沖海兵隊司令部などの要員ほか家族、約９千人のグアム移転が決定されたのである。

この在沖海兵隊のグアム移転計画の背景には、当時の世界的な米軍のトランスフォーメーション計画「軍事における革命」が進行しており、太平洋では「グアム統合軍事開発計画」（２００６年、米太平洋軍作成）などが発表されている。

これらの一連の計画は、東西冷戦後の米軍再編の過程であり、この再編過程と96年沖縄の少女暴行事件を大きなきっかけとする沖縄での反基地闘争の高まりが、それを加速させたのである。

上陸訓練中の在沖海兵隊

しかし、すでに見てきたが、今日、在沖米海兵隊のグアム移転は、２０１０年ＱＤＲのエア・シー・バトル構想――Ａ２／ＡＤ戦略によって不可避となったのだ。

つまり、中国軍のＡ２／ＡＤ能力への対処ということから、海兵隊司令部などはもとより、在沖米軍自体が、第1列島線からグアム以遠に撤退するという戦略へ移行し始めたということだ。これは、航空基地自体の抗堪性《こうたん》の強化とともに、部隊や基地の分散化による抗堪性の確保も、必要とされている。

にもかかわらず、日米、特に日本政府が、辺野古新基地の建設に拘るのはなぜか？　在沖海兵隊の主力がグアム移転を決めているわけだから、「海兵隊の引き留めによる対中抑止」という方便はなりたたない。

結局、日本政府の辺野古新基地への拘りは、日米共同の南西シフト態勢の一環として辺野古新基地建設を造るということに他ならない。

２００６年の「再編実施のためのロードマップ」には、沖縄米軍「施設の共同使用」が明記されている。

「キャンプ・ハンセンは、陸上自衛隊の訓練に使用される。施設整備を必要としない共同使用は、２００６年から可能となる」

「航空自衛隊は地元への騒音の影響を考慮しつつ、米軍との共同使用のために嘉手納飛行場を使用する」

この２００６年の沖縄米軍基地の日米共同使用の決定が、２０１２年統幕文書の、沖縄における全米軍基地の共同使用にまで行き着いたことは明らかだ（前述）。

こうなると、辺野古新基地は、米軍基地というよりも「米軍基地の形をとった自衛隊基地」として造るというのが、政府・自衛隊の本音であろう。

「新冷戦」＝「暖かい戦争」の始まり

アメリカの、２０１０年のエア・シー・バトル――Ａ２／ＡＤ戦略から始まったアジア太平洋重視政策が、日本の対中・南西シフト態勢を強引に押し進めていくことは、必至である。

この中で、２０１７年12月にトランプ政権下で「国家安全保障戦略（ＮＳＳ）」、そして、２０１８年1月、米国防省の「国家防衛戦略（ＮＤＳ）」が提起され、新たな対中・対ロ「競争戦略」が策定された。この競争戦略の重点は、もちろん対中国であり、対中抑止戦略の本格的発動である。

このような、対中国対決政策の一環が、トランプ政権下で決定された、「中距離核戦力全廃条約」（ＩＮＦ条約）の廃棄だ。

条約は、東西冷戦下でのヨーロッパにおける中距離核兵器の開発・配備競争という状況の中で、核弾頭および通常弾頭搭載の地上発射型弾道ミサイルと同巡航ミサイル（５００から5千５００キロの中距離射程）を全面的に廃棄・禁止するとして締結された（１９８７年）。

このトランプ政権のＩＮＦ条約の廃棄決定は（続いてロシアも廃棄）、言うまでもなく、対ロシアというよりも、対中対決政策の一環である。

そして中国が、１９８０年代以降の、米ロの中距離ミサイル開発禁止という状況の中、この開発に力を注いできたことは事実である。この結果は、米日中の軍事力において、中国軍がこの中距離弾道ミサイルの分野で、圧倒的優位を持つことになった。

問題は、アメリカが西太平洋へのリバランス――海軍戦力の一大強化とともに、中距離弾道ミサイルの開発においても中国との軍拡競争に踏みきったことだ。

この事態を「新冷戦」の始まりと、メディアは報じ始めている。

しかし、この事態は、かつての米ソ冷戦（相互対立・相互浸透）と異なり、剥き出しの覇権争い、つまり、アメリカ側による剥き出しの「帝国主義間対決」の仕掛けである。

言い換えれば、これはアジア太平洋の権益を巡る、アメリカによる「帝国主義的争闘戦」になりつつあるということだ。別の見方をすると、これは第1次世界大戦への回帰ともいえる情勢だ。つまり、既存の超大国に対抗する新たな超大国の登場による、経済的・政治的争闘戦の始まりというべきである。

自衛隊制服組の一部では、これらを「暖かい戦争」(Warm War）と呼びつつあるが、勢力圏がほぼ確定していた冷戦体制と異なり、地域的覇権をめぐる、小衝突、小戦争が頻繁に起こるという事態を示している。

アメリカ（日本）の戦略的目的は、中国を「東シナ海沿岸」へ封じ込めることであり、アジア太平洋地域の「覇権の絶対的護持」であることは疑いない。

インド太平洋戦略への転換

こうした、新冷戦態勢の象徴的出来事が、２０１８年

5月、米太平洋軍の「インド太平洋軍」への呼称替えである。

太平洋・インド洋を管轄する米軍の呼称替えは、単なる名称の変更ではない。これは、トランプ政権の「インド太平洋戦略」に基づく決定である。

重要なのは、この「インド太平洋戦略」なるものは、もともと安倍政権の提唱によるものだということだ。

これは、「セキュリティダイヤモンド構想」として安倍首相が、2012年に、国際NPO団体PROJECT SYNDICATEに発表、英語論文で書かれた対中国包囲網形成に関するものである。

この内容は、日本、オーストラリア、インド、アメリカ・ハワイの連携を強化することで、中国の東シナ海、南シナ海進出を牽制するというものだ（日本のメディアは、これを無視・沈黙）。

そして、2016年、ASEAN首脳会議で、安倍政権はこれを「インド太平洋戦略」を提唱し、トランプもこの内容を取り入れたのである（安倍政権は、この「インド太平洋戦略」が中国を刺激するとして、「戦略」から「構想」に呼称替えした）。

急ピッチで進む対中国包囲戦略

姑息な名称替えをしても、日本のインド太平洋戦略が、紛れもなく公式の「中国封じ込め戦略」の発動であることは、進行する事実が現している。

現在、メディアが沈黙している中で驚くほど進んでいるのは、日米豪英仏加の軍事的提携（物品役務相互提供協定・ACSA締結）と共同演習だ。

日米ACSA（物品役務相互提供協定）は、平時だけでなく有事の日米の武器・弾薬・役務などを相互に提供するとしているが、オーストラリア、イギリス、フランス、カナダとのACSAも、日米ACSAに準じる相互の提供協定である。

ACSAは、2013年日豪、2017年日英、2019年日仏間で締結された。この具体的内容は、自衛隊法100条以下に明記されており、国会でも自衛隊法改定が行われている。しかし、その国会審議は、まったくのおざなりだ。

重大であるのは、国会やメディアが沈黙している状況下の、安倍政権の「中国封じ込め戦略」のもとで、日米豪英（印・仏を含む）との、アジア太平洋での共同演習が、頻繁に繰り広げられていることだ。

日米印の共同演習は、インド洋、太平洋で繰り返し行われているが、２０１６年には、日英共同演習開始（空軍）、そして、２０１８年には、日英陸軍の共同演習も行われた。もっとも、日米英仏の海軍の共同演習も、太平洋で公然と行われている。

こういう中で、政府は、**英・豪などとの「訪問部隊協定」**の締結を提唱している。つまり、**準軍事同盟**になりつつあるということだ。

結局、見ての通り、安倍政権は、アジア太平洋地域の主要な「旧宗主国」全てを動員し、アメリカの中国封じ込め政策を補完する、日本の対中抑止戦略を発動しているといえよう（２０１７年「外交青書・白書」も、「日米同盟に基づくプレゼンスを基盤とする地域への米国のコミットメントは揺るぎないことを確認し、また、『自由で開かれたインド太平洋戦略』を共に推進していくことで一致」と明記する)。

「島嶼戦争」＝東シナ海戦争の危機

東・南シナ海では、今一触触発の危機が、水面下で生じていることをほとんどの民衆は知らされていない。

２０１８年9月30日、「航行の自由作戦」中の米イージス駆逐艦「ディケーター」は、中国海軍の蘭州級駆逐艦の、わずか約40メートルの距離まで「異常接近」した。軍艦同士でのこの距離は、完全に衝突不可避の事態であった。

また、米海軍の「航行の自由作戦」下での中国海軍との衝突に近い状況は、２０１３年12月、カウペンス事件として知られている。このときには、米艦は中国軍艦と約４００メートルで、異常接近している。当時の最新のミサイル巡洋艦のエリート艦長は、この事件で精神に異常をきたし退任したことも、報じられている（マイケル・ファベイ著『米中海戦はもう始まっている』）。

毎年の防衛白書などでは、東シナ海情勢は、平時から有事へ、シームレスに発展するとし、南西シフト態勢を急ぐことを繰り返し明記する。

しかし、この危機を生じさせているのは、政府・自衛隊自身だ。先島―南西諸島への自衛隊配備と同時に、今や、自衛隊は南シナ海への「航行の自由作戦」に参加していると言ってもいい。

繰り返される、日米海軍の東シナ海・南シナ海での共同演習も問題だが、始まった水陸機動団を乗船させた「いずも」などの南シナ海での演習は、もはや中国軍への挑発というべき事態だ。

朝日新聞は、「周辺各国への寄港や共同訓練を通じて、中国を牽制する狙いがある。今回は『日本版海兵隊』と言われる陸上自衛隊の水陸機動団の隊員約30人も初めて乗艦した」と報じた（2019年4月30日付）。

この水陸機動団の海自艦艇への乗船は、米海兵隊第31MEUの態勢を真似た、つまり、「海上での遊弋」による海上覇権の確保態勢づくりである。

「いずも」と水陸機動団の南シナ海への進出は、もはや完全な軍事行動である。こんな重大なことが、メディアでは小さく報じられ、国会では論議さえされない。

日中・米中は、海軍同士も、空軍同士も、一触触発の情勢にあるのだ。

とりわけ、日中間では、ホットラインさえも確立していない。2018年5月、日中の「海空連絡メカニズム」がようやく合意されたが、日中ホットラインは未だ開設されていない（2007年協議開始。米中間は2014年に確立）。

こうした状況であるにも拘わらず、自衛隊の先島―南西諸島への新配備が、急ピッチで進んでいる。重大な問題は、政府・自衛隊が押し進める、南西シフト――国境線への軍事力の配置は、紛れもなく中国への戦争挑発であることだ。

宮古島・石垣島などへのミサイル部隊の配備が完了すれば、事態は一挙に一触触発の状態にまで行き着く。

おそらく、安倍・自民党政権（制服組も）は、東シナ海・南シナ海での小衝突を予測し、望んでいるかも知れない。というのは、この政権が狙う改憲は、「有事の改憲」という確実な改憲である。

かつて、田中角栄は「朝鮮半島で戦争が起こったら改憲する」と言ったが、「平時の改憲」という不確実性を支配層は選択しないだろう。あり得る「国民投票での否決」は、自民党戦後体制の崩壊へと直結するからだ。

したがって、自衛隊の先島―南西諸島配備と改憲は、同時に提起されていると言わねばならない。

第11章　「島嶼戦争」態勢下のミサイル軍拡競争

——次々に開発される新型ミサイル

ミサイル戦場と化す南西諸島

公然とは語られていないが、南西諸島は今、ミサイル戦争の「実験場」である。地対艦・地対空ミサイルを始め、高速滑空弾・極高速滑空弾の開発・配備、スタンド・オフ・ミサイル、島嶼間巡航ミサイル、そして、イージス・アショアもまたそうだ（後述）。

防衛省は、まだ公然とは発表していないが、ＰＡＣ３なども先島諸島には配備される。なぜなら、配備が予定される陸自の地対空ミサイルは、対航空機用で、弾道ミサイルには対処できないからだ（すでに宮古島・石垣島では、有事機動展開訓練を行っている）。

次から次へと発表される、新型ミサイルの開発・配備だが、新防衛大綱では、「島嶼防衛用高速滑空弾部隊・2個高速滑空弾大隊」の開発・配備が決定（次頁）。

高速滑空弾は、ロケット推進のマッハ5〜10という超高速のミサイル（次頁）で、一度大気圏外まで上がり、弾道ミサイルと同じような軌道で突入するということから、撃ち落とすのは難しいとされている。

防衛省の「極高速滑空弾事業」（２０１８年度政策評価書）では、早期装備型の「ブロック１」を、２０２５年度を目途に実用化し、性能向上型の「ブロック２」を２０２８年度までに実用化するとされる。

スタンド・オ

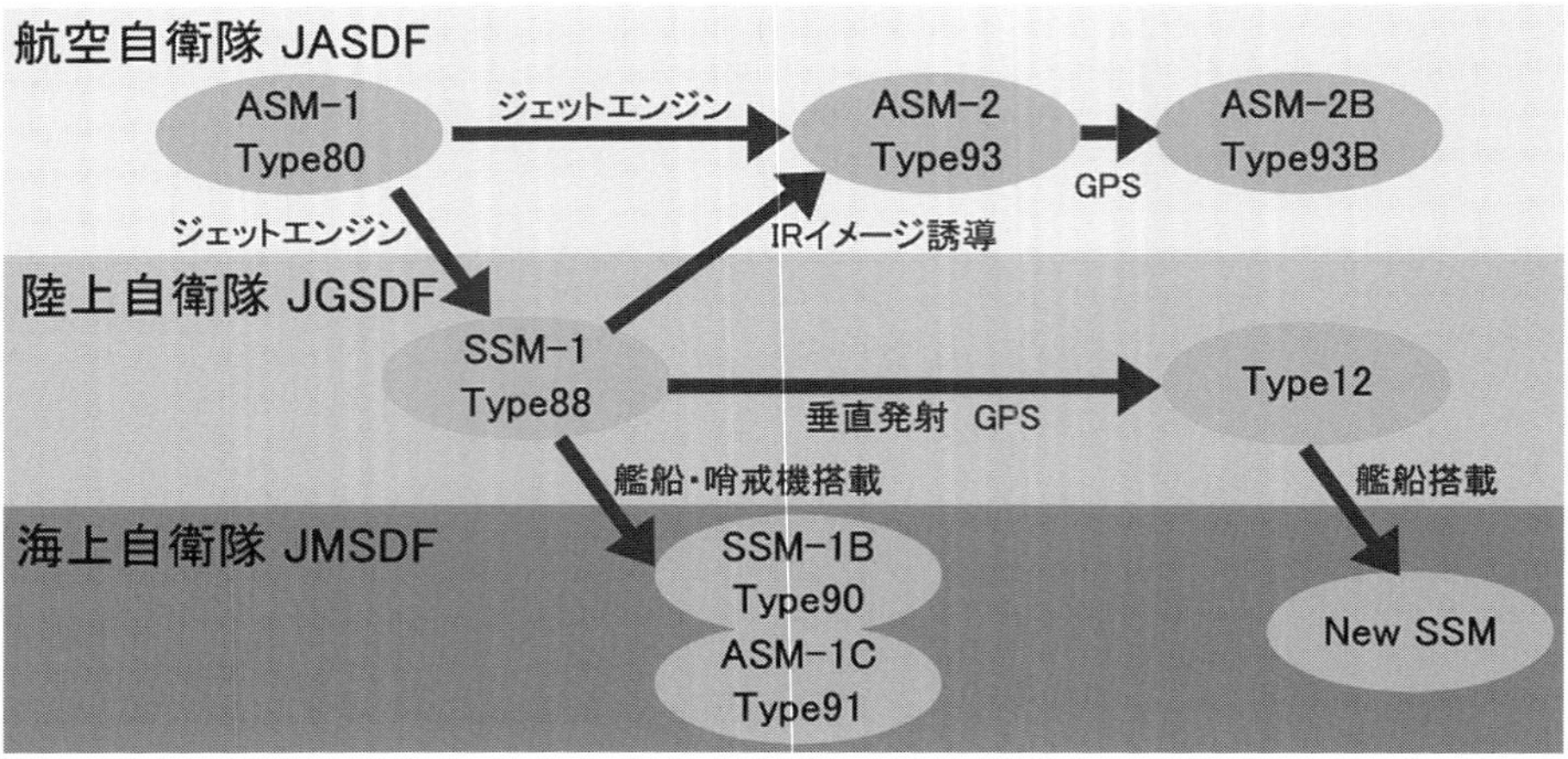

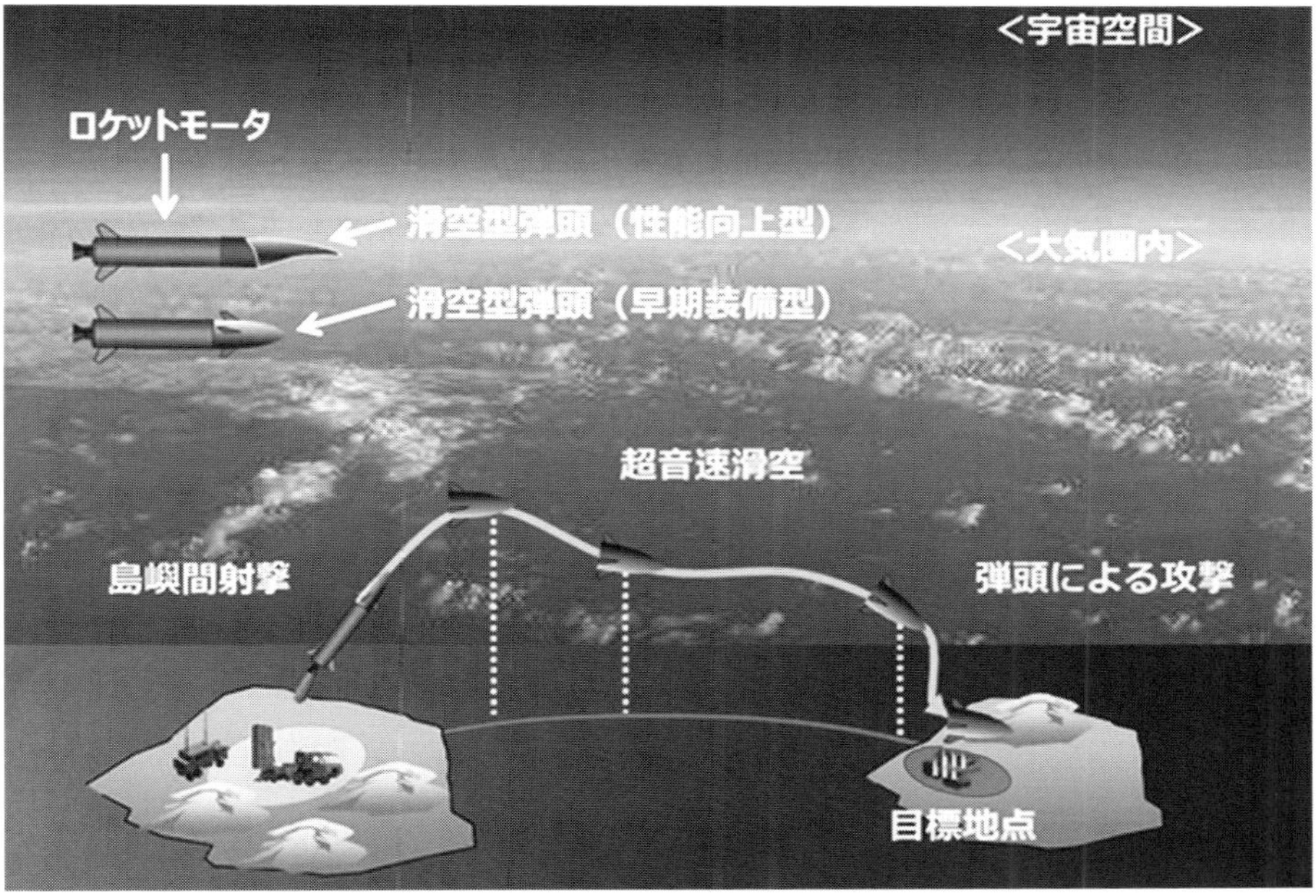

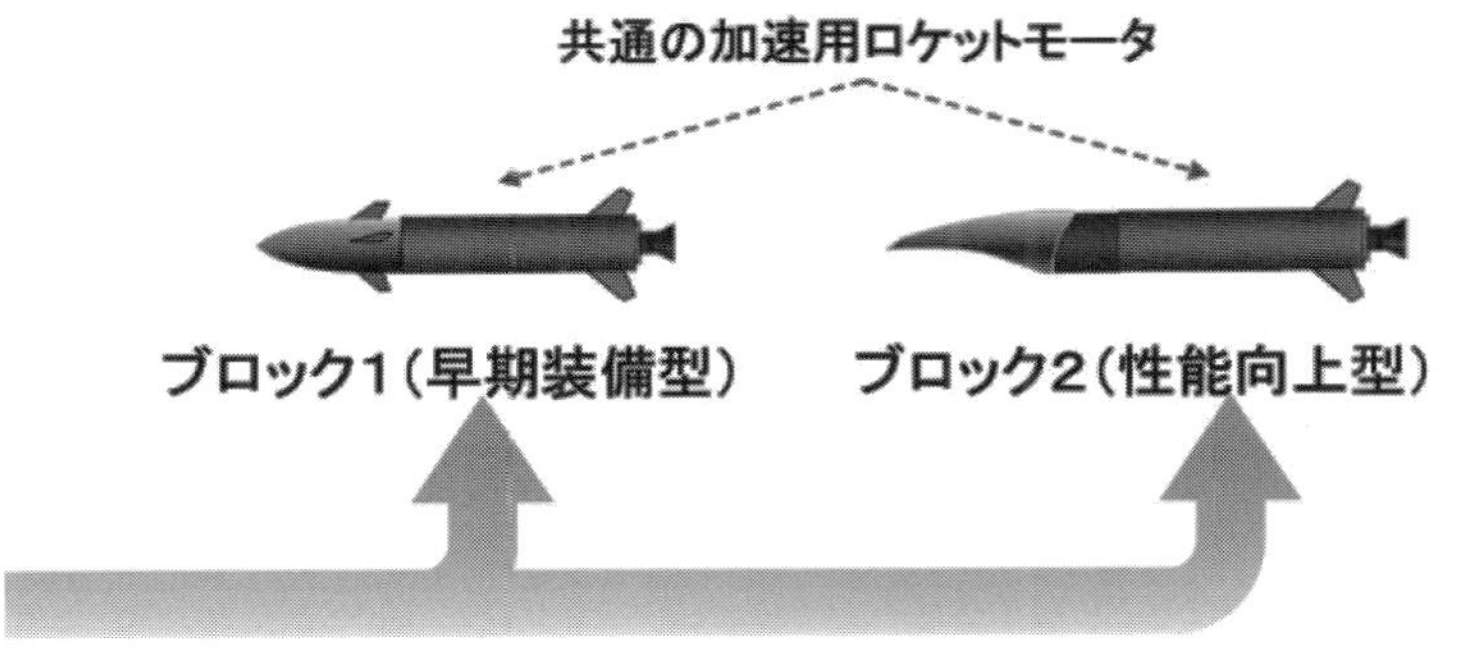

島嶼防衛用高速滑空弾（ブロック化）
（イメージ）

フ・ミサイルは、Ｆ15戦闘機などに搭載し、敵の空対空ミサイルの射程外（スタンド・オフ）から攻撃する約９００キロ前後の射程をもつ、アメリカ製のミサイル（ＪＡＳＳＭ・ＬＲＡＳＭ）配備が検討されている（前頁図は、陸海空自衛隊のミサイル開発の例）。

　そして、すでに宮古島などへ配備が決定されている12式地対艦ミサイルについては、射程延長の開発が決定。この新型ミサイルの射程は、約３００キロ以上と言われている。

　重大なのは、ついに自衛隊が巡航

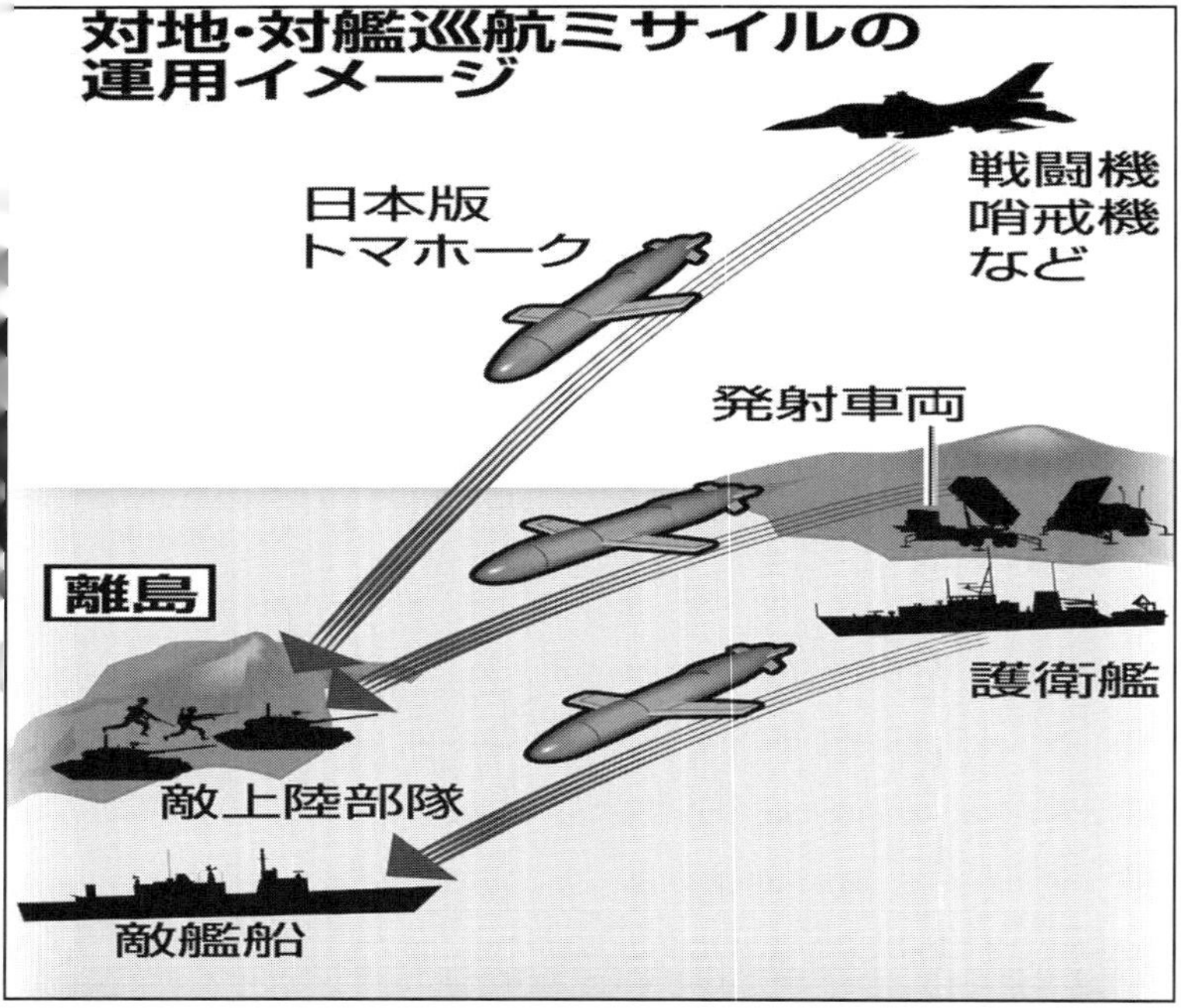

ミサイルの開発に踏みきったことだ。これを2017年度の防衛省「政策評価書（事前の事業評価）」は以下のようにいう。

「防衛省の施策である島しょ部に対する攻撃への対応等において、（中略）統合運用下において遠方からの射撃機会増加のための射程延伸や、対艦誘導弾のステルス化及び高機動化による残存性向上に関する要素技術の研究を行うものである。この際、各種発射母体（車両、艦船、航空機等）で運用できるようにファミリー化を考慮する」（傍点筆者）

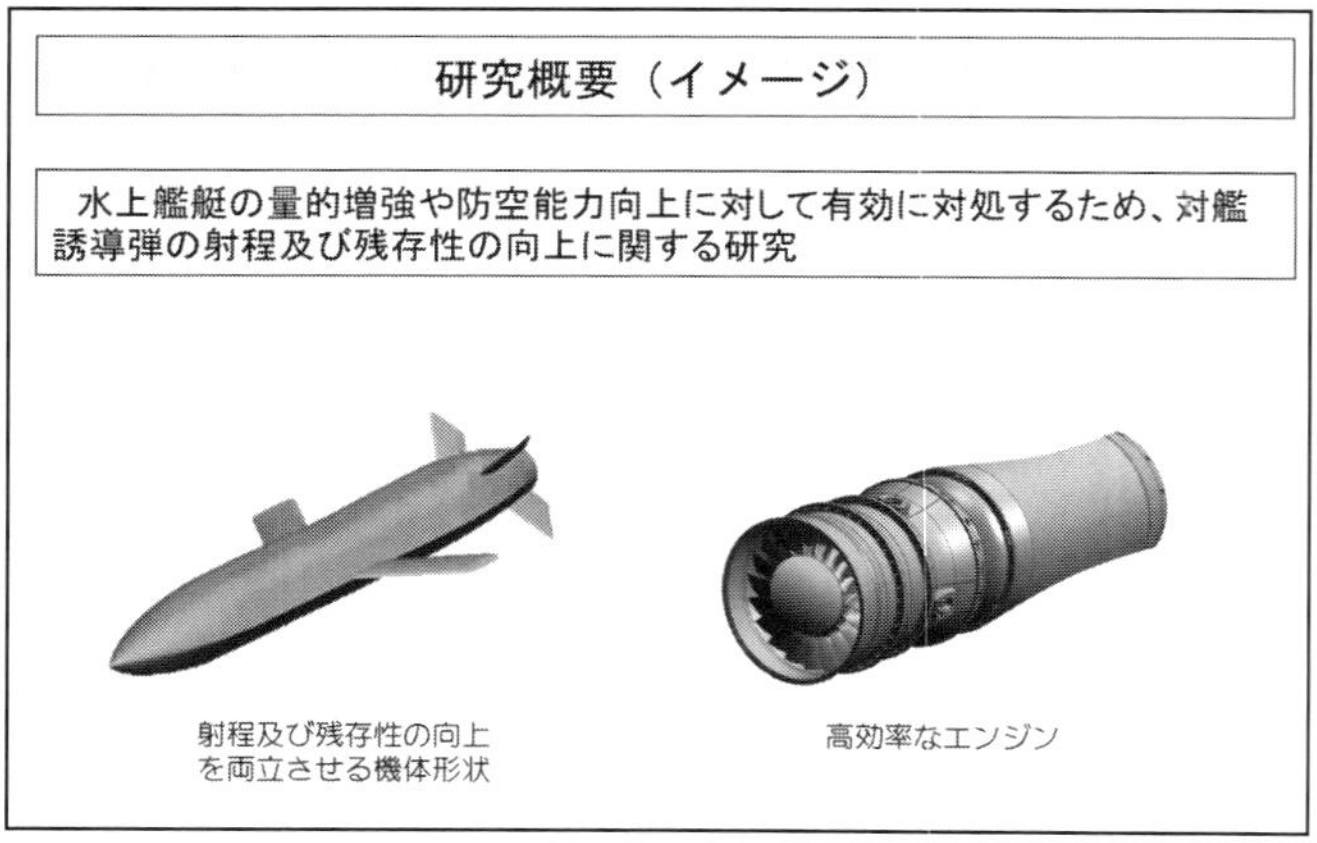

狡猾な役人文書の中に、この新開発の巡航ミサイルが、地上・艦船・空中発射の巡航ミサイルであることが書き込まれている。上図などが、その運用構想だ。

先島—南西諸島ミサイル戦場化が、今急速に進行しているのである。

イージス・アショア配備は、対中ミサイル防衛網

この先島―南西諸島での、ミサイル戦争―軍拡競争の始まりの中、安倍政権はまた、イージス・アショアの基地建設を秋田・山口で強引に押し進めようとしている。

だが、その天文学的に増大する軍事費とともに、住民無視の配備計画のずさんさが暴露され、立ち往生している（運用経費は総額で５０００億円を超える）。

筆者がこの問題で指摘しておくべきことは、イージス・アショア計画は、「朝鮮対処」ではなく「中国対処」であるということだ。実際に、政府の対朝鮮というイージス・アショア防御網の範囲には、中国も入っている。問題はシンプルで、朝鮮半島の北側は中国大陸であるということだ。

また、重要なのは、イージス・アショア計画を、対中国として公然化した場合、中国の激烈な外交的対応は避けられないということだ。

ところで、萩市・阿武町「ご説明資料」（２０１９年5月防衛省）を見ると、予想通りだが配備部隊は多数に上る。イージス・アショア運用部隊、対空防護部隊、警備部隊、通信・会計などの管理部隊など約２５０人と発表されている。

実際には、これを遥かに上回る部隊配備が行われる。なぜなら、左図がいう「航空攻撃から防護」する地対空ミサイル配備だけでなく、潜水艦発射の巡航ミサイル対処部隊なども、必然的に増強配備されるからだ。

つまり、標的となる「固定基地」を防御するために限りない防御手段が必要という、悪循環に陥っているのだ。

結論は、この膨大な経費を必要とするイージス・アショア配備の決定が、愚かな、トランプ政権への忠誠＝「爆買い」であるということだ。

そして、この安倍政権の決定を忠実に推進してきた制服組、特に、河野前統合幕僚長の重大な責任を追及すべきだ。

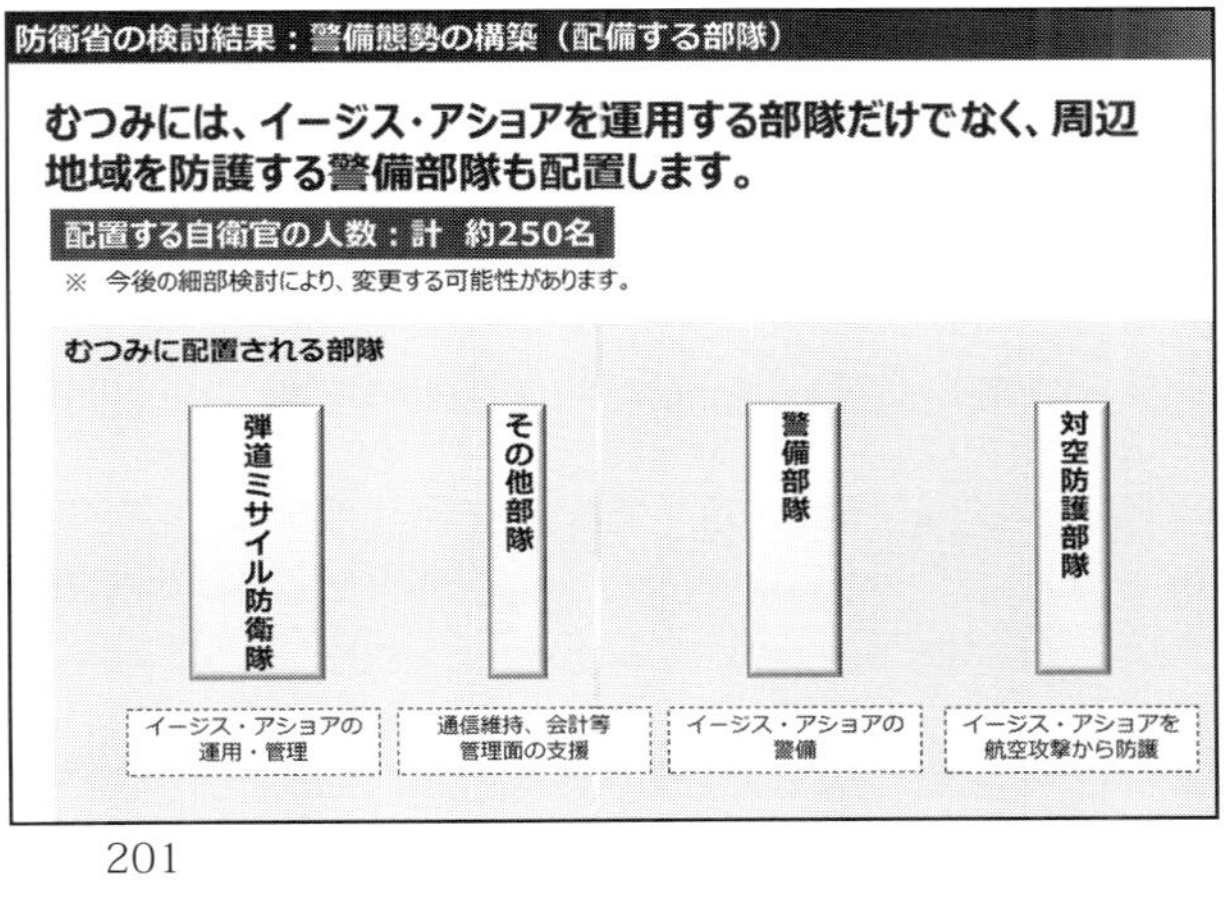
防衛省の検討結果：警備態勢の構築（配備する部隊）
むつみには、イージス・アショアを運用する部隊だけでなく、周辺地域を防護する警備部隊も配置します。
配置する自衛官の人数：計　約250名
※　今後の細部検討により、変更する可能性があります。
むつみに配置される部隊
弾道ミサイル防衛隊
その他部隊
警備部隊
対空防護部隊
イージス・アショアの運用・管理
通信維持、会計等管理面の支援
イージス・アショアの警備
イージス・アショアを航空攻撃から防護

．防衛省の検討結果：電波の影響を防ぐための措置（レーダーの運用）

■ イージス・アショアのレーダーは、探知後、ミサイルの飛翔・上昇に合わせてメインビームを照射し、追尾を行います。

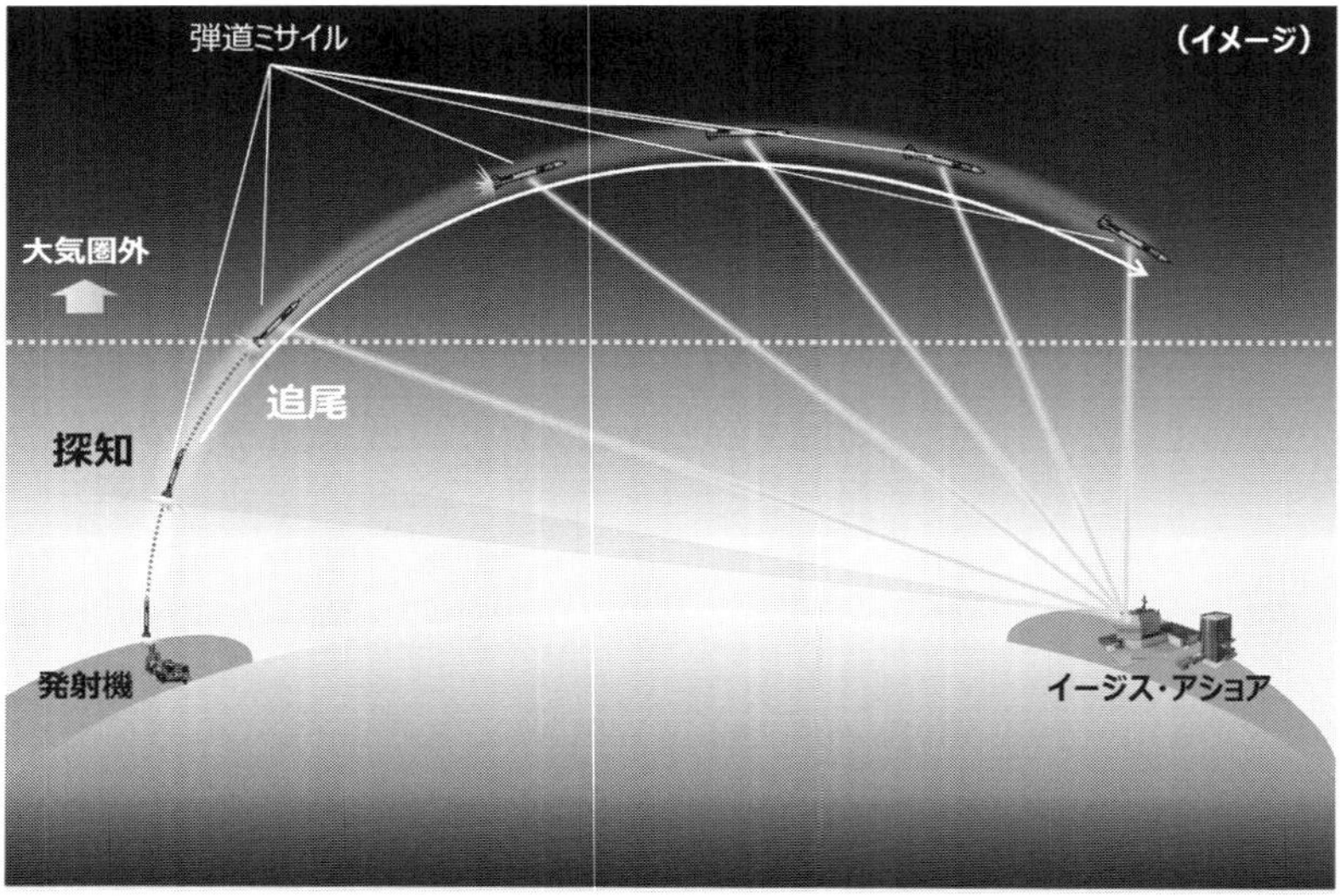

2．防衛省の検討結果：警備態勢の構築（事態緊迫時）

■ 事態に応じて、陸自・空自の対空防護部隊や、海自護衛艦・哨戒機、空自戦闘機を展開し、飛来する脅威から、周辺地域を防護します。

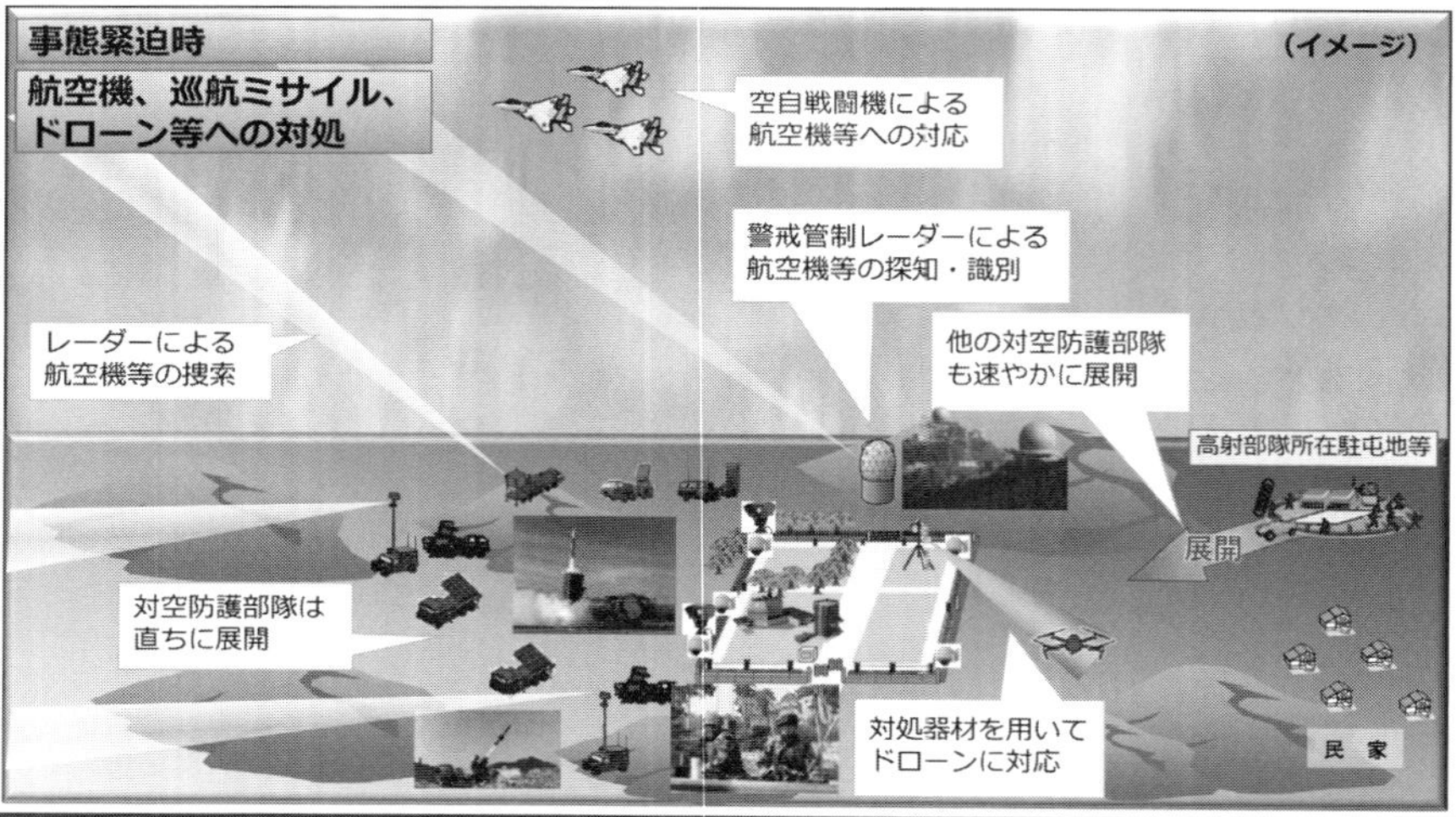

第12章　アジア太平洋の軍拡競争の停止――非武装地帯宣言を求めて
――かつて南西諸島は非武装地帯だった

日本と中国の軍拡停止―軍縮へ

こうした、急ピッチで着々と進む、深刻な東・南シナ海戦争の危機を打開するためには、今、何が必要なのか？

結論から言えば、全平和勢力、平和を望む民衆が、日本と中国の軍拡の即時停止――軍縮交渉に直ちに入るべきことをアジア―世界世論に訴え、日中政府に要求することだ。

繰り返し述べてきたが、自衛隊の「島嶼防衛戦」は、平時から有事へとシームレスに発展することが想定されている。これは何を意味するのか？

平時と有事の区別がないということは、南西諸島の島民たちが、戦火を避けて島外へ避難する時間的余裕は全くない、ということだ。

国民保護法（武力攻撃事態等における国民の保護のための措置に関する法律）では、住民避難が定められている。だが、同法では、政府が「武力攻撃事態」「武力攻撃予測事態」などを認定することが必要であるから、平時から緊急事態へ、有事事態へと切れ目なく移行するこの戦争では、住民避難は、全く不可能だ。

実際に、自衛隊制服組の島嶼防衛研究では、「島嶼防衛戦は軍民混在の戦争」になり、「避難は困難」とすることが明記されている。これらの研究の中では、避難が困難だから、イスラエルのように各家に地下サイロを造るべき、という見解も出されている。

現実の「島嶼戦争」では、作戦面からも住民避難は困難だ。この戦争の初期戦闘では、自衛隊が宮古海峡などの主要なチョーク・ポイント、中国軍の予想上陸地点や港湾に、大量の機雷をばらまくことが予測される。

つまり、先島諸島だけで10万人を超える住民たちを避難させる輸送手段は、ないということだ。また、国民保護法による住民避難の法律上の実施責任は、自治体であり、自衛隊はそれに「作戦上支障ない限り協力する」というものだ。

このような、島民・住民の避難が不可能という状況下で、見てきたように「島嶼防衛戦」は、対艦・対空ミサイル部隊が島中を移動し、戦場化する。また、島嶼間の高速滑空弾や、島嶼間の巡航ミサイルなども、雨霰のごとく降り注ぐのだ。

まさしく、先島諸島などの小さな島々は、一木一草残らず焼き尽くされ、破壊し尽くされるだろう。

ワシントン海軍軍縮条約による島嶼要塞化の禁止

現在の、アジア太平洋地域の軍拡競争の始まりは、1920〜30年代の軍拡競争に類似している。しかし、このような、アジア太平洋地域の軍拡を阻み、軍縮へと導いた貴重な経験を、私たち日本人はもっている。

知られているとおり、第1次世界大戦直後、アジア太平洋は、凄まじい軍拡競争へとたたき込まれた。しかし、大軍拡の時代の1921年、ワシントン海軍軍縮条約による「島嶼要塞化の禁止」条約が締結されたのである。

この年、米・英・日は、軍艦の保有数を制限した軍縮条約を締結（主力艦の対英米比6割、いわゆる5・5・3への制限）したが、この中にアジア太平洋地域の「要塞化禁止条項」も取り決められたのだ。

この条約は、日本政府の提案によって、太平洋の各国の本土、および本土にごく近接した島嶼以外の領土について、現在存在する以上の「軍事施設の要塞化」が禁止された。

日本に対しては、千島諸島・小笠原諸島・奄美大島・琉球諸島・台湾・澎湖諸島、サイパン・テニアンなどの南洋諸島の要塞化を禁止した。

アメリカに対しては、フィリピン・グアム・サモア・アリューシャン諸島の要塞化を禁止した（1921年12月13日、日米英仏が調印、22年8月5日批准、23年8月17日公布の四箇国条約。正式には「太平洋方面ニ於ケル島嶼タル屬地及島嶼タル領地ニ關スル四國條約」。条約の締結により日英同盟は廃棄）。

ところが、1930年代、戦争の危機が深まってくると日本統治下のサイパンのアスリート飛行場（現サイパン国際空港）を始め、秘密裡の軍事化が始まる。

そして、日本は、1934年12月、単独でワシントン海軍軍縮条約の破棄を決定し、アメリカに通告、1936年、ロンドン軍縮会議からの脱退も通告した。

こうして、軍縮条約は実行力を失い、第2次世界大戦に雪崩をうって突入していったのだ（1944年には、沖縄・与那国・石垣島・宮古島などの先島で、基地建設が始まる）。

南西諸島の「非武装地域宣言」を！

さて、アジア太平洋戦争の時代の軍縮の努力は、いかなる意義を持つのか？　これは私たちに、歴史の教訓をリアルに残しているのではないのか。

翻って現在、日本において、アジア太平洋で本格的に始まっている軍拡競争を、軍縮に導く動きや努力がなされているのか？

南西シフト態勢下の先島―南西諸島への自衛隊配備などを、ただただ傍観したり、見過ごしているだけではないのか？

例えばSNSには、「日中の相互依存関係の中で戦争が起きるわけがない」とか、「核戦争の時代に島嶼占領・奪還はあり得ない」とか、あるいは、「大国・中国を敵にして地対艦・空ミサイル配備など空論だ」などの、政治的・軍事的現実を見ようともせず、かつ先島―南西諸島への自衛隊配備に反対もしない、無責任な主張が溢れている。こういう無責任な言動や傍観から私たちは脱するべきだ。

その内容は、先島―南西諸島において、政府・自衛隊が進めようとしているこの自衛隊配備＝「島嶼防衛戦」に対し、世界に向かって「非武装地域宣言」を行い、一切の軍隊の配備・駐留を阻むことだ。

この宣言は、ハーグ陸戦条約第25条に定められた「無防守都市」であることを、紛争当事者に対して宣言することであり、国際的にも認められたものだ。この宣言によって、先島などへの攻撃は国際法違反となるのである。かつて、フィリピンのマニラをはじめ、この宣言を行った都市も数多くある。

そして、見てきたように戦前の先島―沖縄は、国際法上の「無防備地域」であった。１９４４年3月、沖縄本島、先島諸島への日本軍上陸までは、軍隊・基地は全く置かれていなかったのだ。

特に、石垣島は、戦中の1年半という例外的時期を除いて、明治以来およそ１５０年の間、完全な非武装地域であった。この事実の前に、自衛隊のいう「防衛の空白地帯」などは、単なる屁理屈にしかならない。

私たちは、このような歴史に学び、先島―南西諸島の無防備地域宣言を、確固としてアジアと日本―世界に発信しなければならない。

そのために、先島―南西諸島への新基地を拒む住民・島民への連帯の声を力強く上げねばならない。

＊ワシントン四箇国条約本文

太平洋方面ニ於ケル島嶼タル屬地及島嶼タル領地ニ關スル四國條約（ワシントン・1921年12月13日、日本外交年表竝主要文書上巻，外務省，536—539頁）

亞米利加合衆國、英帝國、佛蘭西國及日本國ハ一般ノ平和ヲ確保シ且太平洋方面ニ於ケル其ノ島嶼タル屬地及島嶼タル領地ニ關スル其ノ權利ヲ維持スルノ目的ヲ以テ之カ爲條約ヲ締結スルコトニ決シ左ノ如ク其ノ全權委員ヲ任命セリ（人名略）

第一條　締約國ハ互ニ太平洋方面ニ於ケル其ノ島嶼タル屬地及島嶼タル領地ニ關スル其ノ權利ヲ尊重スヘキコトヲ約ス締約國ノ何レカノ間ニ太平洋問題ニ起因シ且前記ノ權利ニ關スル爭議ヲ生シ外交手段ニ依リテ滿足ナル解決ヲ得ルコト能ハス且其ノ間ニ幸ニ現存スル圓滿ナル強調ニ影響ヲ及ホスノ虞アル場合ニ於テハ右締約國ハ共同會議ノ爲他ノ締約國ヲ招請シ當該事件全部ヲ考量調整ノ目的ヲ以テ其ノ議ニ付スヘシ

第二條　前記ノ權利カ別國ノ侵略的行爲ニ依リ脅威セラルルニ於テハ締約國ハ右特殊事態ノ急ニ應スル爲共同ニ又ハ各別ニ執ルヘキ最有效ナル措置ニ關シ了解ヲ遂ケムカ爲充分ニ且隔意ナク互ニ交涉スヘシ

第三條　本條約ハ實施ノ時ヨリ十年間效力ヲ有シ且右期間滿了後ハ十二月前ノ豫告ヲ以テ之ヲ終了セシムル各締約國ノ權利ノ留保ノ下ニ引続キ其ノ效力ヲ有ス

第四條　本條約ハ締約國ノ憲法上ノ手續ニ從ヒ成ルヘク速ニ批准セラルヘク且華盛頓ニ於テ行ハルヘキ批准書寄託ノ時ヨリ實施セラルヘシ千九百十一年七月十三日倫敦ニ於テ締結セラレタル大不列顛國及日本國間ノ協約ハ之ト同時ニ終了スルモノトス合衆國政府ハ批准書寄託ノ調書ノ認證謄本ヲ各署名國ニ送付スヘシ

本條約ハ佛蘭西語及英吉利語ヲ以テ本文トシ合衆國政府ノ記録ニ寄託保存セラルヘク其ノ認證謄本ハ同政府之ヲ各署名國ニ送付スヘシ

太平洋方面に於ける島嶼たる屬地及島嶼たる領地に關する四國條約所屬聲明

大正一〇年（一九二一年）一二月一三日華盛頓ニ於テ署名調印　大正一二年（一九二三年）八月一七日告示

（写真は沖縄本島に残る日本海軍司令部壕内）

著者略歴

小西 誠（こにし まこと）
1949年、宮崎県生まれ。航空自衛隊生徒隊第10期生。軍事ジャーナリト・社会批評社代表。
2004年から「自衛官人権ホットライン」を主宰し事務局長。
著書に『反戦自衛官』（社会批評社・復刻版）、『自衛隊の対テロ作戦』『ネコでもわかる？有事法制』『現代革命と軍隊』『自衛隊 そのトランスフォーメーション』『日米安保再編と沖縄』『自衛隊 この国営ブラック企業』『オキナワ島嶼戦争』『標的の島』『自衛隊の島嶼戦争─資料集・陸自「教範」で読むその作戦（part1）』『自衛隊の南西シフト─戦慄の対中国・日米共同作戦の実態』（以上、社会批評社）などの軍事関係書多数。
『自衛隊の島嶼戦争─資料集・自衛隊の幹部用教範が定めるその作戦（Part2）』、電子ブック・キンドル版の発売中
また、『サイパン & テニアン戦跡完全ガイド』『グアム戦跡完全ガイド』『本土決戦 戦跡ガイド（part1）』『シンガポール戦跡ガイド』『フィリピン戦跡ガイド』（以上、社会批評社）の戦跡シリーズ他。

●要塞化する琉球弧
──怖るべきミサイル戦争の実験場！

2019年9月13日 第1刷発行

定 価 （本体2200円＋税）
著 者 小西 誠
装 幀 根津進司
発 行 株式会社 社会批評社
東京都中野区大和町1-12-10 小西ビル
電話／03-3310-0681 FAX／03-3310-6561
郵便振替／00160-0-161276
URL http://www.maroon.dti.ne.jp/shakai/
Facebook https://www.facebook.com/shakaihihyo
E-mail shakai@mail3.alpha-net.ne.jp
印 刷 シナノ書籍印刷株式会社